安全保障関連法

■ 変わる安保体制 ■

読売新聞政治部 編著

信山社

はしがき

　自衛隊は，1954年の発足以来となる変革の時期を迎えている。2015年9月に成立した安全保障関連法で，自衛隊の活動範囲や内容，国際的な活動，米軍との連携，武器使用のルールが大きく見直されたからだ。安保政策の歴史的な転換となる安保関連法を分かりやすく解説するのが本書の目的である。

　2015年9月19日に成立した安全保障関連法は二つの法律からできている。その長い正式名称を記してみる。

「我が国及び国際社会の平和及び安全の確保に資するための自衛隊法等の一部を改正する法律」（略称・平和安全法制整備法）
「国際平和共同対処事態に際して我が国が実施する諸外国の軍隊等に対する協力支援活動等に関する法律」（略称・国際平和支援法）

　名は体を表すように，安保関連法が目指すのは，日本と国際社会の平和と安全の確保である。「戦力」の保持を禁じた憲法9条の下で，日米同盟を軸とする抑止力を高め，より踏み込んだ国際貢献を可能とする。

　本書には，専門用語がたくさん登場する。存立危機事態，重要影響事態，武力行使の新3要件，武力の行使との一体化，駆けつけ警護，後方支援活動，武器等防護……。

　こうした用語を理解するには，政府の公式説明だけでは十分とは言えない。法案の中身は，政府と与党の自民，公明両党が議論を重ね，妥協する中で固まった。政府・与党の動きを詳細に取り上げたのは，関連法を理解する一助になると考えたからである。

　安保関連法は多岐に渡るが，中核はなんと言っても，集団的自衛権の限定的行使の容認だろう。自国が攻撃されていなくても，外国に対する第三国の攻撃を武力で阻止できるとする権利だ。国連憲章には加盟国の「固有の権利」と明記された。

　政府の憲法解釈は当初，揺れ動いたが，1970年代に「国際法上，集団的

はしがき

自衛権を保有するが，憲法上，行使できない」との内閣法制局の見解が定着した。81年の見解は，集団的自衛権が行使できなくても，「不利益が生じるというようなものではない」と言い切った。確かに，米国と旧ソ連が対峙した冷戦時代，日本は，圧倒的な軍事力を誇る米軍を頼みに，自国防衛に専念すれば良かった。

だが，冷戦終結で，集団的自衛権がないことの不利益が明るみに出た。イラクがクウェートを侵略した1990年の湾岸戦争と93年からの北朝鮮による「朝鮮半島核危機」である。

米国や国際社会の要請に対し，日本は次々と「ノー」を繰り返した。

「仮に朝鮮半島で武力紛争が起きても，損傷した米艦船を日本まで曳航できない」「国連のお墨付きを得て，侵略軍と戦う多国籍軍に補給もできない」

このままでは，日本の安保・外交政策を制約し，日米同盟の信頼性を揺るがせる，との危機感を自民党の一部や外務省，防衛省が抱いた。憲法解釈の見直しの動きはこうして始まった。

読売新聞が先鞭をつけたとの自負がある。1995年5月3日憲法記念日の朝刊で発表した「総合安全保障政策大綱」で，集団的自衛権の行使を認めるよう提唱した。記事では「日本が米国防衛のために本土まで出かけていく，という可能性を想定するのは，単なる議論の遊びであって，まったく現実味がない」と指摘した。今で言う，限定的行使を想定していた。

集団的自衛権を巡る議論に追い風となったのが，中国の軍事大国化である。

中国は，国内総生産（GDP）で日本の2倍を超え，防衛（国防）予算では3倍以上となる。中国の国力は日本を圧倒し，その差は広がりつつある。核戦力は言うに及ばず，宇宙，サイバー空間でも日本をはるかに上回る存在である。共産党独裁の中国の対外政策は透明性に欠け，威圧的な外交をしばしば用いてきた。東南アジア各国と領有権を争う南シナ海では，岩礁を埋め立て，軍事基地の建設を強行した。尖閣諸島沖の日本の領海には公船を恒常的に送り込んでいる。

北朝鮮の暴発に備え，中国を抑止するには，自衛隊と米軍が一層連携できるようにする必要がある。急速に安保環境が悪化する中，憲法改正のメドが

はしがき

立たない以上，集団的自衛権を一律禁じた憲法解釈を変更する以外に道はない。

にもかかわらず，歴代内閣にとって，憲法解釈の変更は高いハードルだった。政権基盤が弱く，取り組む余裕がなかったり，そもそも安保政策の優先順位が高くなかったりしたためである。世論に抗してまで，不人気な安保政策を実現しようとする政治家は多くない。

第2次世界大戦前のフランスもそうだった。ナチスドイツの脅威に向き合わないまま，過度の平和志向におぼれた結果，ドイツに敗北し，占領される憂き目にあった。フランス政界の様子を文芸評論家アンドレ・モーロワは著書にこう記した。

「政界首脳者たちは，世論を指導するというよりは，世論に迎合するよう習慣づけられていました」「勇気を必要とする現実への直面を避けて，いつわりの世界に逃避していた」(『フランス敗れたり』ウェッジ刊　高野彌一郎訳)

現実に直面するため，憲法解釈の見直しに手をつけたのは第1次安倍内閣である。以降，民主党への政権交代を挟み，第2次安倍内閣が作業を再開し，2014年12月の衆院選で発足した第3次内閣でようやく結実した。

安倍首相の印象的な発言がある。

「集団的自衛権はこの先50年，発動する機会はないだろう。でも，発動できる態勢を整えておくのが我々の役割だ」

抑止力を高め，戦争を防ぐには「百年兵を養う」気構えが必要だ。だが，民主党など野党は，中国の将来の脅威にどう対応するのか，内向き志向の米国とどう連携するのか，を議論するよりも，法案批判キャンペーンに熱中した。野党が訴えた「戦争法案」「徴兵制が復活する」「米国の戦争に巻き込まれる」「立憲主義の破壊だ」との言い回しは，いずれも，旧社会党が過去の安保法制審議で使っていた。

1960年の日米安保条約の改定では，数十万人ものデモ隊が国会を囲み，「戦争に巻き込まれる」論が横行した。自衛隊の国際貢献であるPKO協力法は「海外派兵法」と名付けられた。朝鮮半島有事に備えた周辺事態法は「違憲立法」と呼ばれ，外国の侵略に備える武力攻撃事態法や国民保護法は

はしがき

「軍部独裁の戦前に戻る」「国民総動員の復活」といった批判にさらされた。

その後，いずれの批判も沈静化した。それもそのはずだ。もともと根拠のない，ためにするものだったからである。

戦後，武装解除された日本は，自衛権も，自衛の組織もない状態から出発した。その後，憲法解釈を何度も変えることで，変転する安保環境に対応し，国の平和と安全を確保してきた。この歴史に目をふさぎ，今回の憲法解釈の変更を「立憲主義に反する」と指弾する主張に正当性があるのだろうか。

安保関連法を「違憲」と断じた憲法学者の多くは，そもそも自衛隊さえ違憲とみなしている。自衛隊を国民の圧倒的多数が評価する中で，世間から大きく解離した憲法学者の見解をどこまで尊重すべきなのだろうか。

報道機関の一員として，現実を踏まえ，冷静で客観的な視点を提供する必要性を痛感する。本書がその一助になれば幸いである。本書は，読売新聞紙上に掲載された，「憲法考」をはじめとする安全保障関連法についての記事に，大幅な加筆修正を施し，テーマ別に整理した。文中の肩書は当時のものを使用し，表やイラストは新聞掲載時のままとした。執筆は鈴木雄一，湯本浩司，尾山宏，白石洋一が担当した。私たちを叱咤激励しながら，速やかな出版に導いてくれた信山社の皆さん，特に稲葉文子氏にお礼の気持ちを伝えたい。

2015年9月19日

読売新聞政治部長　田中隆之

◆ 目　　次 ◆

はしがき

第1章　安全保障の現実

1 中国の脅威 ―――――――――――――――― *4*
　■ 不戦の誓い……………………………………………… *4*
　■ 安保法制はなぜ必要なのか…………………………… *4*
　■ 海の万里の長城………………………………………… *5*
　■ 海洋強国路線…………………………………………… *9*

2 北朝鮮の脅威 ――――――――――――――― *11*
　■ 進む核開発……………………………………………… *11*

3 日米同盟 ――――――――――――――――― *16*
　■ ガイドラインの改定…………………………………… *16*
　■ グローバルな協力……………………………………… *19*
　■ 改定の背景……………………………………………… *20*

4 拡充する自衛隊活動 ―――――――――――― *23*
　■ 多角的な備えに期待…………………………………… *23*
　■ 浮かび上がる課題……………………………………… *25*

第2章　こうなる 新たな安保法制

1 条文解説 ――――――――――――――――― *30*
　■ 集団的自衛権の限定行使の容認……………………… *30*
　■ 後方支援活動…………………………………………… *33*
　■ 重要影響事態…………………………………………… *34*
　■ PKO類似活動…………………………………………… *35*
　■ 武器等防護……………………………………………… *36*
　■ 歯止め3原則…………………………………………… *36*

目　次

 2　ポイント解説 ———————————————— *40*
  ■ 集団的自衛権の限定的行使は合憲なのか？………………… *40*
  ■ 過去の政府答弁と矛盾しないのか？………………………… *43*
  ■ なぜ集団的自衛権の行使容認が必要なのか？……………… *43*
  ■ どのような場合に集団的自衛権を限定行使するのか？…… *45*
  ■ 機雷掃海　他に手段ない？…………………………………… *47*
  ■「必要最小限度」の海外派兵とは？………………………… *48*
  ■ 個別的自衛権と集団的自衛権の境界線は？………………… *49*
  ■「法的安定性」は確保されているのか？…………………… *50*
  ■ 集団的自衛権の行使は専守防衛と合致するのか？………… *51*
  ■ 安保関連法はなぜ必要なのか？……………………………… *51*
  ■ 複数の事態が重複することはあるのか？…………………… *53*
  ■ 存立危機事態と武力攻撃切迫事態は併存するのか？……… *55*
  ■ 重要影響事態と周辺事態との違いは？……………………… *56*
  ■ グレーゾーン事態にはどう対応するのか？………………… *57*
  ■ 事前承認　派遣に歯止め……………………………………… *57*
  ■ 海外派遣自衛官の武器使用…………………………………… *59*
  ■ 自衛隊は米軍の核兵器も輸送するのか？…………………… *60*
  ■ 恒久法を制定する意味合いは？……………………………… *61*
  ■ 平時における「武器等防護」の狙いは？…………………… *62*
  ■ 駆けつけ警護　国に準ずる組織　不在が条件……………… *64*
  ■ 国民保護法は日本への武力攻撃切迫時に適用されるのか？ *65*
  ■ 米軍後方支援　安全確保に配慮……………………………… *66*
  ■ 武力行使との一体化　戦闘現場以外なら恐れなし………… *67*
  ■ 邦人救出　相手国同意が条件………………………………… *68*

 3　シミュレーション ———————————————— *70*
  1　**中東危機−1**（存立危機事態）……………………………… *71*
  2　**中東危機−2**（重要影響事態，存立 危機事態）…………… *72*
  3　**南シナ海での軍事衝突**（重要影響事態）…………………… *73*
  4　**南シナ海での緊迫事態**（武器等防護）…………………… *74*
  5　**朝鮮半島有事−1**（存立危機事態）………………………… *75*
  6　**朝鮮半島有事−2**（存立危機事態，重要影響事態，武力攻撃切

viii

迫事態) ……………………………………………………… 77

4 任務拡大に備える自衛隊 ─────────────── 79
　1 連携して中国をけん制 ……………………………………… 79
　　■ 哨戒能力圧倒 ……………………………………………… 80
　　■ 日本の装備に関心 ………………………………………… 80
　　■「重要影響」適用? ……………………………………… 81
　2 新たな任務に対応 …………………………………………… 81
　　■ 法の枠内　銃撃くぐる …………………………………… 82
　3 機雷掃海　緊迫の訓練 ……………………………………… 83
　4 離島防衛の要を育てる ……………………………………… 85
　　■ 米海兵隊をモデルに ……………………………………… 85
　　■ 日米，連携を強化 ………………………………………… 87
　5 拡大する国際貢献 …………………………………………… 89
　　■ 武器使用　想定や訓練必要 ……………………………… 89
　　■ 他国連携　制限あり未知数 ……………………………… 90
　　■「議論不十分」の指摘 …………………………………… 91

第3章　安保法制 こう議論された

1 憲法解釈見直しへ ─────────────────── 94
　1 安保法制懇が報告書 ………………………………………… 94
　　■ 憲法解釈の見直しに着手 ………………………………… 94
　　■ 異例の経過をたどった安保法制懇 ……………………… 95
　2 限定行使へ具体的事例 ……………………………………… 97
　　■ 解釈見直しへ機は熟した ………………………………… 97
　　■ ユートピア平和主義との争い …………………………… 99
　　■ 近隣有事での自衛隊の後方支援 ………………………… 100
　　■「中東での機雷掃海」…………………………………… 100
　3 「解釈変更は可能だ」……………………………………… 101
　　■ 正当性のない「立憲主義違反論」……………………… 101
　　■ 全面容認　即座に否定 …………………………………… 102
　　■ 6要件　厳格な歯止め …………………………………… 104

目　次

4　グレーゾーンの法整備 …………………… 105
- 迅速な対応が可能な措置を …………………… 105
- 海保では対応困難 …………………………… 107

5　駆けつけ警護 ……………………………… 109
- 住民を守れない法制度 ……………………… 109
- 集団安保は参加認めず ……………………… 111

6　一体化論　線引きどこで ………………… 112
- 米軍との連携阻止する「理屈」……………… 112
- 邦人救出の法整備検討 ……………………… 114

7　党派超えた賛成模索 ……………………… 116
- 腰が定まらない民主党 ……………………… 116
- 政争の具　苦い歴史 ………………………… 118

2　首相の決意——限定行使閣議決定 —————— 120

1　新たな政府見解を決定 …………………… 120
- 「次元の違う日米同盟に」…………………… 120
- 「限定行使」訴えた高村氏 ………………… 123
- 自公パイプ　大島氏仲介 …………………… 124

2　北側副代表案　法制局と「合作」………… 125
- 「幸福追求権を守る」………………………… 125
- 首相「北側さんを信じる」…………………… 127

3　「出来ない日本」の変化 ………………… 128
- クリントン大統領の要請 …………………… 128
- 北朝鮮，中国の脅威 ………………………… 130

4　日米協力　自由度増す …………………… 131
- 米軍と自衛隊の「統合」……………………… 131
- 同盟強化の好機 ……………………………… 133
- 自衛隊は何が出来るか ……………………… 134

5　国際貢献の「常識」へ一歩 ……………… 135
- オランダ軍の怒り …………………………… 135
- 非戦闘地域の概念　撤廃 …………………… 136
- 海外派遣　恒久法へ ………………………… 137

目　次

　　6　グレーゾーン　危機頻発 ………………………………… *139*
　　　■ 中国からの密航者 ………………………………………… *139*
　　　■ 自衛隊と警察　調整困難 ………………………………… *142*
　　7　集団安全保障は棚上げ …………………………………… *142*
　　　■ 「地球の裏側での戦争」 …………………………………… *142*
　　　■ 与党協議は「暫時休憩」 ………………………………… *144*
　　8　豪州・ASEANは歓迎 …………………………………… *144*
　　　■ オセアニアに進出する中国 ……………………………… *144*
　　　■ 「日本の役割，死活的に重要」 …………………………… *147*
　　9　法整備　時間かけ準備 …………………………………… *148*
　　　■ 世論は「集団的自衛権に慎重」 …………………………… *148*
　　　■ 「ヤマ場」を控えて ……………………………………… *149*

3　法制合意── 与党協議 ───────────── *150*
　　1　安保法制の全体像固まる ………………………………… *150*
　　　■ 「切れ目なし」対「歯止め」 ……………………………… *150*
　　　■ 「建て増し」繰り返した法制度 …………………………… *151*
　　　■ 「国民への分かりやすさ」 ………………………………… *152*
　　　■ どちらの法律を適用するのか …………………………… *153*
　　2　集団的自衛権の行使容認へ ……………………………… *154*
　　　■ 「この先50年，発動する機会はない」 …………………… *154*
　　　■ 超音速巡航ミサイルへの対応 …………………………… *155*
　　　■ 「応分の寄与」阻止する法制 ……………………………… *156*
　　3　後方支援と武器使用の制約緩和 ………………………… *158*
　　　■ 「戦闘現場」以外に拡大 ………………………………… *158*
　　　■ 武器使用で任務の妨害を排除 …………………………… *159*
　　4　平時の邦人救出と他国軍の防護 ………………………… *161*
　　　■ 「ランボー」にはなれない ………………………………… *161*
　　　■ 現地政府の同意が前提 …………………………………… *163*
　　　■ 米軍以外も対象に ………………………………………… *163*

xi

目　次

4　混乱続きの不毛な国会審議 ─────── 166
1　衆議院で違憲論争に飛び火 ………………… 166
- 「1国のみでは安全守れない」 ………………… 166
- 与党の不手際相次ぐ衆議院審議 ……………… 167

2　「失策」止まらぬ参議院審議 ……………… 169
- 「法的安定性」発言 …………………………… 169
- 相次ぐ情報の流出 ……………………………… 170
- 「場外」の戦い ………………………………… 171

第4章　試練の安保審議　残した課題

1　国連平和維持活動（PKO）協力法（1992年）……… 174
- 「武力行使との一体化」論 …………………… 174
- 公明党の歴史的転換 …………………………… 175
- 社会党の抵抗と衰退 …………………………… 177
- PKOに国民の支持 …………………………… 179

2　周辺事態法（1999年）………………………… 181
- 朝鮮有事で「法の空白」 ……………………… 181
- 「周辺」解釈，政府に難題 …………………… 182

3　テロ対策特別措置法（2001年）……………… 183
- 世論支持で短期成立 …………………………… 183
- 「反対，未熟だった」 ………………………… 185

4　イラク復興支援特別措置法（2003年）……… 186
- 「国連中心」か「日米同盟」か ……………… 186
- 「非戦闘地域」困難な線引き ………………… 188

5　有事法制（2003年）…………………………… 190
- 自衛権行使の法の不備放置 …………………… 190
- 1年越し，粘りの修正合意 …………………… 191

6　新テロ対策特別措置法（2008年）…………… 192
- ねじれ国会で海自撤退 ………………………… 192

目 次

第5章 語る 安全保障法制

- ◆ 細谷 雄一 〈従来の解釈 国民守れない〉 ………………………… *196*
- ◆ 火箱 芳文 〈冷戦時より環境厳しい〉 …………………………… *198*
- ◆ 阪田 雅裕 〈法案に苦心の跡見える〉 …………………………… *200*
- ◆ 神保　謙 〈空と海 将来は中国優位〉 …………………………… *202*
- ◆ 五百旗頭真 〈集団的自衛権 日本守る〉 ………………………… *204*
- ◆ 三浦 瑠麗 〈「中国と衝突」想定し議論を〉 …………………… *206*
- ◆ 柳井 俊二 〈憲法 集団的自衛権禁じず〉 ……………………… *208*
- ◆ 森　　聡 〈抑止力 国民理解へ説明を〉 ………………………… *210*
- ◆ 柳原 正治 〈国際情勢に現実的対応〉 …………………………… *212*
- ◆ 大石　眞 〈憲法解釈 変更あり得る〉 …………………………… *214*
- ◆ 市川 雄一 〈安保法制 自衛に不可欠〉 ………………………… *216*
- ◆ 北岡 伸一 〈自衛最小限度 時代で変化〉 ……………………… *218*
- ◆ 佐瀬 昌盛 〈リスクと向き合う覚悟を〉 ………………………… *220*
- ◆ 高村 正彦 〈北の暴発 現実の脅威〉 …………………………… *222*
- ◆ 細野 豪志 〈安保政策 野党と協議を〉 ………………………… *224*
- ◆ 浅野 善治 〈主権と自由 力で守る〉 …………………………… *226*

巻末資料

1 安全保障関連法要旨 ……………………………………………… *231*
　■ 平和安全法制整備法 ……………………………………………… *231*
　　自衛隊法（*231*）　PKO協力法（*232*）　重要影響事態法（*233*）
　　武力攻撃・存立危機事態法（*234*）
　■ 国際平和支援法 …………………………………………………… *235*
　■ 安全保障関連法の付帯決議の要旨 ……………………………… *237*

2 安保関連法案の閣議決定時の安倍晋三首相記者会見
　（2015年5月14日）…………………………………………………… *240*

3 集団的自衛権に関する憲法解釈変更時の閣議決定の全文
　（2014年7月1日）……………………………………………………… *244*
　■ 国の存立を全うし，国民を守るための切れ目のない安全保障法
　　制の整備について ………………………………………………… *244*

xiii

目　次

**4　集団的自衛権の限定行使容認の閣議決定時の安倍首相記者
　　会見**（2014 年 7 月 1 日）………………………………………………… *252*

5　安全保障法制整備に関する与党協議の概要
　　（2014 年 5 月 20 日〜7 月 1 日）………………………………………… *257*

6　「安全保障の法的基盤の再構築に関する懇談会」報告書
　　（2014 年 5 月 15 日）**の要旨** ………………………………………… *261*

　●安全保障関連年表 ……………………………………………………… *279*

安全保障関連法
■ 変わる安保体制 ■

第1章
安全保障の現実

第1章　安全保障の現実

1　中国の脅威

■ 不戦の誓い

「二度と戦争の惨禍を繰り返してはならない」2015年8月14日夕，安倍晋三首相は戦後70年の首相談話を発表した。注目されたのは，先の大戦に対する歴代内閣の「痛切な反省と心からのおわび」を継承する，とした点だが，談話には首相の別の狙いも込められていた。中国やロシア，北朝鮮などによって，世界の安全保障環境が悪化していることへの懸念である。

「世界に目を向ければ，残念ながら紛争は絶えない。ウクライナ，南シナ海，東シナ海など，世界のどこであっても，力による現状変更の試みは決して許すことはできない」

ウクライナはロシアによる領土併合，南シナ海，東シナ海は中国による領土・領海拡張の動きを指す。首相談話にはこんな表現も盛り込まれた。

「私たちは，自らの行き詰まりを力によって打開しようとした過去を，この胸に刻み続けます。だからこそ，わが国は，いかなる紛争も，法の支配を尊重し，力の行使ではなく，平和的・外交的に解決すべきである」

首相周辺は，談話に込めたメッセージについて「力による現状変更を行う中国について警鐘を鳴らしたかった」と語った。不戦の誓いを堅持してきた日本が今後も戦争に巻き込まれないようにするには，日本周辺での紛争を未然に防ぎ，国際社会の混乱が日本に波及しないようにする必要がある。

その回答となるのが，安倍内閣が戦後70年の節目に成立させた，集団的自衛権行使の限定容認などを可能とする安全保障関連法である。

■ 安保法制はなぜ必要なのか

防衛省幹部に問うと「日本を取り巻く安全保障環境は激変した。その原因となっている中国の軍事的台頭による『脅威』に向き合うためだ」との答えが返ってきた。

図1-1 日本を取り巻く安全保障環境

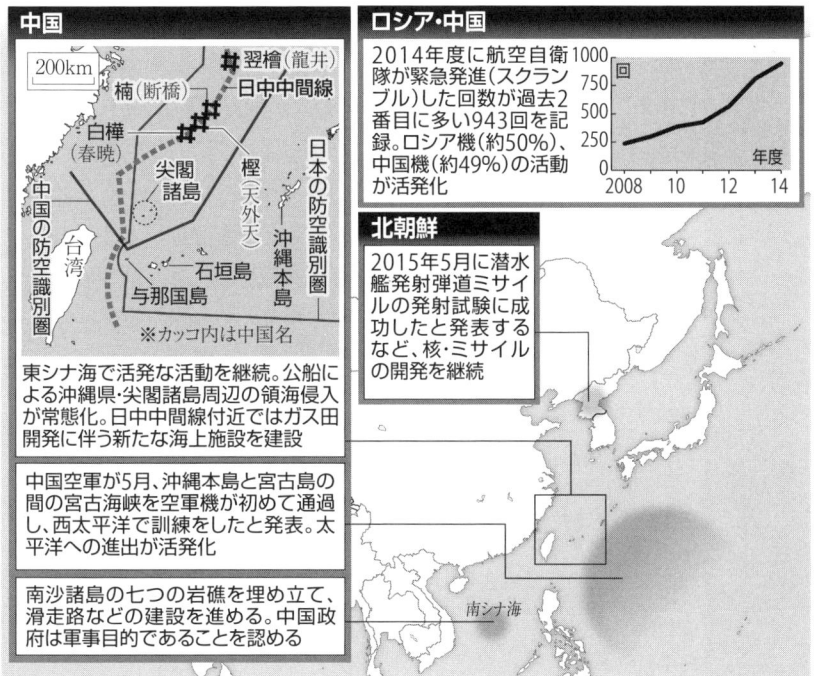

中国の軍事的台頭は，特に，各国が領有権を争う南シナ海で顕著である。

米国防総省は2015年5月に発表した中国の軍事力に関する年次報告書で，中国が南シナ海で行っている岩礁埋め立てに強い危機感を示した。

■ 海の万里の長城

埋め立て面積は2014年12月から4倍の約8平方キロに急拡大した。これは，巨大な不沈空母を配置するのに等しい。過去の中国王朝が築いた万里の長城になぞらえて，南シナ海を「中国の海」として囲い込むための「海の万里の長城」とも称される。

米軍は，15年4月下旬，フィリピン軍と過去15年で最大規模の共同訓練を実施した。軍のプレゼンスを示し，けん制する「示威行動（show-of-

第1章　安全保障の現実

図1-2　日中両国間ではハイレベルの対話・交流が続いている

2014年11月10日	約3年ぶりの日中首脳会談（北京）
15年1月12日	日中海上連絡メカニズムの構築に向けた防衛当局間協議を2年半ぶりに開催（東京）
3月19日	外交・防衛当局間による「日中安保対話」を約4年ぶりに開催（東京）
21日	日中韓外相会談（ソウル）
23日	自民、公明両党幹事長が中国共産党序列4位の兪正声人民政治協商会議主席と会談（北京）
28日	自民党の二階総務会長が「博鰲（ボーアオ）アジアフォーラム」で習近平国家主席と対話（中国海南省）
4月9〜10日	日中議会交流委員会を約3年ぶりに開催（東京）
14日	日本国際貿易促進協会長の河野洋平・元衆院議長が李克強首相と会談（北京）
22日	日中首脳会談（ジャカルタ）
5月5日	超党派の日中友好議員連盟の国会議員が中国共産党序列3位の張徳江・全国人民代表大会常務委員長と会談（北京）
23日	二階氏が習氏と対話、安倍首相の親書を手渡す（北京）

force)」と呼ばれる手法で、中国がこれ以上、事態をエスカレートさせないように抑止に乗り出している。

南シナ海の緊張は日本にとって、「対岸の火事」ではない。中国は2012年9月以降、沖縄県の尖閣諸島に対する領海侵入を常態化させ、周辺海域で軍事活動を活発化している。13年11月には、尖閣を含む東シナ海上空に防空識別圏（ADIZ）を一方的に設定し、無断で飛行する外国機に対し、戦闘機の緊急発進（スクランブル）による空域の防護を行うと主張している。

　防衛省幹部は、「海を埋め立て、領土・領海を拡大しようとする中国に歯止めをかけなければ、東シナ海でも強引な手法を使ってくる恐れがある」と指摘する。南シナ海での手法を東シナ海にも「転用」するというわけである。

　ただ、すでに東シナ海でも急ピッチで現状変更を進める兆候は現れ始めている。日本政府は15年7月22日、中国が東シナ海のガス田開発を巡り、日中双方の海岸線から等距離の地点を結んだ日中中間線付近で、13年6月以降、新たに海洋プラットホーム（海上施設）12基を建設していると発表した。発表に合わせ、過去に公表済みの4基を加えた計16基の海上施設の航空写真と地図を外務省のホームページに掲載した。

　中国による一方的な開発の実態について、自衛隊も哨戒機P3Cを飛ばして確認しており、自衛隊幹部は「日増しに『軍事要塞化』の動きが強まっ

1　中国の脅威

図1-3　海上施設が確認された海域　　図1-4　東シナ海の中国ガス田開発をめぐる動き（肩書などは当時）

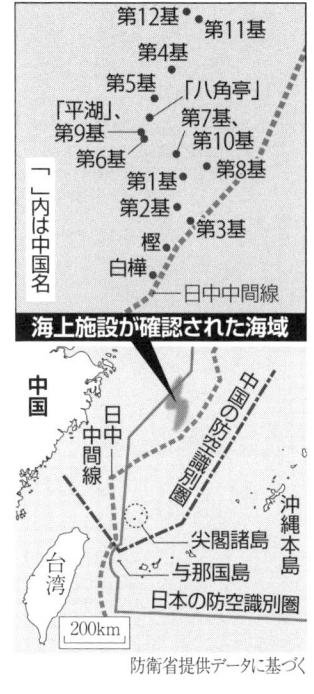

防衛省提供データに基づく

2004年6月9日	中川昭一経済産業相が「日本の権利を侵す可能性がある」として中国側に抗議
05年2月18日	中川経産相が、日中中間線をまたぎ、日本側につながっている可能性が高いとの調査報告を公表
7月14日	経産省が帝国石油の申請を受け、中間線付近の試掘権設定の許可を発表
07年4月11日	安倍首相と中国の温家宝首相が共同開発の具体案づくりで合意
08年6月18日	高村外相と甘利経産相が四つのガス田を巡る日中合意の内容を発表
10年7月27日	日中両政府がガス田開発に関する条約締結交渉を初開催
9月11日	尖閣諸島沖での中国漁船と海上保安庁巡視船の衝突事件を受け、中国外務省が交渉延期を発表
13年6月27日	中国が海洋プラットホーム（海上施設）を増設していることに日本側が抗議
15年7月22日	政府が外務省ホームページで計16基の海上施設の写真、地図を公表

た」と証言する。

　新たに判明した12基は2013年6月以降，日本側が順次発見しており，うち5基は過去1年以内に確認した。16基の一部は，ガス生産施設として稼働しているとみられる。現時点ではいずれも防空レーダーなどを備えていないが，将来，軍事拠点としての機能を持つことが懸念されている。

　日本政府は，安倍首相と習近平（シージンピン）国家主席による日中首脳会談などを通じて，海上施設の建設中止を繰り返し求めてきた。

　これまで，政府は「日本の情報収集活動の手の内をさらけ出すことになり，今後の活動に支障が出る」（政府高官）として，開発状況の公表に消極的だった。一転して公表に踏み切った理由について，菅義偉官房長官は記者会見で「開発が一向に止まらないことや，中国による一方的な現状変更に対する内

第1章 安全保障の現実

第1基
第2基
第3基
第4基 
第5基 
第6基
第8基

第9基

第11基

第12基

1 中国の脅威

外の関心の高まり」を挙げた。政府筋は，「中国の現状変更の試みを示す証拠として国際社会に訴えた方がいい」と語った。

中国は中東からのシーレーン（海上交通路）を支配下に置こうとしているのではないかとの見方が各国に広がっている。

2015年8月6日。マレーシア・クアラルンプールで，日米中や東南アジア諸国連合（ASEAN）など27か国・機構で安全保障問題などを議論するASEAN地域フォーラム（ARF）閣僚会議が開かれた。ケリー米国務長官は，南シナ海問題で「中国の埋め立ての速度と規模に対する懸念」を表明した。全関係国が南シナ海で施設建設や軍事拠点化を自制し，緊張緩和のための具体的措置を取ることを求めた。岸田文雄外相も，緊張を高める一方的行動を慎むよう各国に呼びかけた。

八角亭

樫

白樺

「中国包囲網一色」（外務省関係者）の様相となった会議だったが，中国は逆襲した。

■ 海洋強国路線

「ASEANとの関係の重点はあくまで協力だ。南シナ海問題ではない」中国の王毅（ワンイー）外相は2015年8月5日のASEAN10か国外相との会談後の記者会見でこう強調してみせた。南シナ海問題を巡っては，①法的拘束力を持つ「行動規範」策定協議の加速，②航行の自由の確保，③（日米などが念頭の）域外国の行動自制——という方針を，逆に披露してみせた。ASEANとの安全保障，経済などの協力拡大を目指す10項目の協力提案もぶちあげた。

9

第1章　安全保障の現実

　安保関連法の国会審議中にも政府関係者を懸念させるニュースが飛び込んできた。

　2015年7月下旬、インド洋にある島国のモルディブが、外国人による土地所有を可能とする憲法改正を行ったのである。自衛隊幹部は、「中国がモルディブの土地を買い占め、基地建設を強引に進めるのではないか」と指摘する。中国では、19世紀以降、西洋列強や日本などによる侵略の歴史を踏まえ、「外国の侵略海洋から訪れる」という意識が強いとされる。習近平（シージンピン）政権が、東シナ海、南シナ海、さらにインド洋へと海軍の拠点づくりを進めているのは、「海洋強国・中国」の実現に欠かせないとみているためである。

　安保法制が整備されたとはいえ、こうした中国の動きに向き合うためには、自衛隊が他国軍と共同訓練を繰り返し、多角的な防衛協力体制を構築することも必要である。15年7月に公表された15年版「防衛白書」では、例年以上に海洋安全保障に焦点を当てた。

　急速な軍備増強を背景とする中国の海洋進出について、白書は昨年と同様に「高圧的とも言える対応」と断じた上で、「自らの一方的な主張を妥協なく実現しようとする姿勢」との表現を用いて批判のトーンも強めた。具体的には、尖閣諸島周辺での中国公船による領海侵入が「ルーチン化（日常化）」しているとの分析を初めて示したほか、南シナ海についても、「スプラトリー（南沙）諸島で埋め立てを強行し、滑走路や港湾を含むインフラ整備を推進している」などと詳しく記した。東シナ海の日中中間線付近で進む新たなガス田開発は、当初触れない方針だったが、自民党国防部会から軍事利用への懸念などが寄せられたのを踏まえ、「新たな海洋プラットホーム（海上施設）の建設に繰り返し抗議し、中止を求めている」などと明記した。

　島国である日本にとって、海洋の安全保障は極めて重要である。今年の白書では、「海洋をめぐる動向」と題する一節を初めて設け、海洋秩序の維持が「国家の存立にとって死活的な問題だ」と強調した。

　自衛隊幹部はこう指摘する。

　「中国の台頭は我々の想像以上だ。もう手をこまねいている場合ではない」

2　北朝鮮の脅威

■ 進む核開発

　海洋進出を活発化させる中国と並ぶ日本に対する脅威となっているのが，核開発を進める北朝鮮であることは明らかである。

　2013年3月31日付の北朝鮮の朝鮮労働党機関紙・労働新聞（電子版）は「軍の打撃手段は射撃対象を確定した状態にある」と強調した。軍の打撃手段とはミサイルを意味しており，北朝鮮は，日本国内にある米軍の横須賀基地（神奈川県）や三沢基地（青森県）が「わが方の射程内にある」とも主張した。具体的な地名を明言し，攻撃能力を誇示するとともに，日本を威嚇させたいとの思惑があるとみられる。

　日本国内は，北朝鮮が実戦配備済みの中距離弾道ミサイル・ノドンの射程に入っていることから，日本政府は，北朝鮮ミサイルへの監視と警戒の強化を迫られた。防衛省は日本海に迎撃ミサイル「SM3」を搭載したイージス艦を派遣したほか，首都圏などに地対空誘導弾「PAC3」を配置した。国内の各自治体が連日，極度の緊張と不安に包まれたことは記憶に新しい。

　安全保障関連法の国会審議でも，北朝鮮の核・ミサイル開発を巡る動きは取り上げられた。

　2015年8月4日の参議院平和安全法制特別委員会では，北朝鮮の保有する弾道ミサイルの射程や技術的精度が議論になった。中谷元・安全保障法制相（防衛相）は「北朝鮮は弾道ミサイルの長射程化，高精度化で顕著に能力を向上させてきた。加えて発射方式の多様化により，発射兆候を事前に探査されにくくすることを追求している」とした上で，運用能力についても「任意の地点，任意のタイミングで発射できるようになっており，奇襲的攻撃能力を含む運用能力の向上が見て取れる」と答弁した。

　15年版の防衛白書は，平壌を中心に配した世界地図を掲載し，北朝鮮の弾道ミサイルの射程を示している。

第1章　安全保障の現実

図1-5　北朝鮮の主な弾道ミサイルの射程

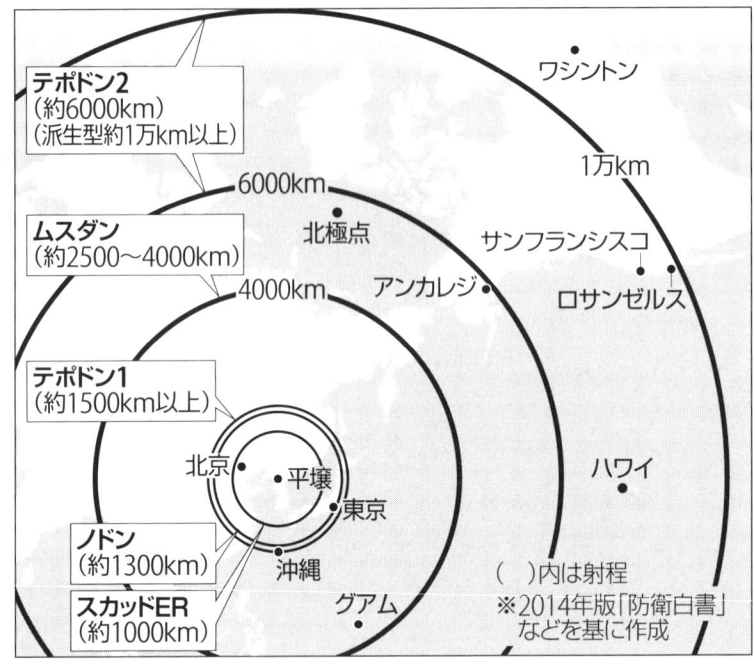

　スカッド（射程約1000キロ），ノドン（同約1300キロ），テポドン1（同約1500キロ），ムスダン（同約2500〜4000キロ），テポドン2（同約6000キロ）。
　平壌から広がる同心円が徐々に広がる様子が一目で分かる。
　スカッドは日本の一部が射程内に入る可能性があり，ノドンではわが国のほぼ全域が射程内に入るとされる。仮に核兵器の小型化が実現すれば，「日本への脅威は格段に高まる」（防衛省幹部）ことになる。
　こうした脅威に対して，日本は弾道ミサイル防衛システムを導入したものの，それだけで十分な備えをしているとは言い難い。政府の憲法9条解釈が大きなしばりとなっているためである。具体的には，「保有するが，行使できない」としてきた集団的自衛権の問題である。
　日米両政府は2005年12月，北朝鮮などの攻撃に備え，海上配備ミサイル防衛網の共同開発で合意した。これに基づき，大気圏外で弾道ミサイルを迎

2 北朝鮮の脅威

撃できるよう，イージス艦に搭載する「スタンダード・ミサイル3」(SM3) の能力の向上を進めてきた。

だが，ミサイル防衛網を整備しても，自衛隊は，米領であるグアムに向かう弾道ミサイルを撃ち落としたり，公海上にいる米艦船を狙う巡航ミサイルを撃ち落としたりすることには制約があった。政府が，憲法解釈を改めて集団的自衛権の行使を認めない限り，憲法違反となってしまうためである。

安倍晋三首相は，2013年4月15日の読売新聞のインタビューでこう語っている。

「日本のために配備されている米国のイージス艦にミサイルが向かってき

第1章 安全保障の現実

図1-6 日朝関係をめぐる主な経緯

2014年 5月	26日	日朝両政府がストックホルムで協議(～28日)
	29日	両政府が合意内容を発表
7月	4日	北朝鮮が特別調査委員会を設置。日本は独自制裁の一部を解除
9月	18日	北朝鮮が「夏の終わりから秋の初め」とした初回報告の先送りを日本に通知
10月	28日	日本政府代表団が平壌で特別調査委と協議(～29日)
12月	18日	国連総会が北朝鮮の人権侵害を非難する決議を採択
	22日	国連安全保障理事会が北朝鮮の人権問題を初めて公式議題に
15年 3月	26日	日本警察当局がマツタケ不正輸入事件で朝鮮総連の許宗萬議長宅などを捜索
	31日	政府が独自制裁の2年延長を決定
4月	2日	北朝鮮が日朝協議の継続は困難と日本に通知
5月	5日	政府が米ニューヨークで北朝鮮の人権侵害に関する国際シンポジウムを開催
	9日	北朝鮮が潜水艦発射弾道ミサイル(SLBM)の水中発射実験に成功したと発表
	12日	日本警察当局が許議長の次男らを逮捕
	13日	韓国国会で北朝鮮の玄永哲・人民武力相が粛清されたと報告

て、日本の艦船が防ぐ能力があるのに防がなければ、米国のイージス艦は破壊される。これによって日本に飛んでくる弾道ミサイルから、日本を防護する機能は失われてしまう。それでいいという政治家は無責任だ」

憲法解釈の見直しに意欲を示したもので、「この問題意識こそが、首相を安保法制整備に突き動かした原動力」(首相周辺)とされる。

安全保障関連法の下で集団的自衛権の限定的な行使が認められ、自衛隊は、ミサイルを警戒する米艦を防護できるようになった。こうした活動が日米同盟による抑止力の向上に直結するのは間違いない。

15年版の防衛白書は、北朝鮮の核開発継続に触れ、核弾頭搭載弾道ミサイルが配備されるリスクに言及した。15年8月4日の国会論戦では、与党議員から「北朝鮮の核兵器技術は進展している蓋然性が高い。国民を守る政府として真剣に考える必要がある」との指摘が出た。

中谷安保法制相はこう答弁した。

「2006年以降、すでに3回の核実験を実施していることを踏まえると、核兵器の小型化、弾頭化の実現に至っている可能性は排除できない。時間の経過とともにわが国が射程内に入る核弾頭搭載弾道ミサイルが配備されるリス

2 北朝鮮の脅威

クが増大していくものと考えている」

 日本が何も手を打たなければ，国民の生命はより厳しい脅威にさらされることになる。

 岸田文雄外相は2015年8月6日，70回目の広島原爆忌に合わせ，米CNNオンライン版に，核軍縮・不拡散の推進を訴える論文を寄稿した。

 この中で，広島出身の岸田氏は，核開発を続ける北朝鮮にこう求めた。

 「全ての核兵器と現存する核計画を放棄するとの確約を果たすべく具体的な措置を取ることを強く求める」

 日本は，唯一の被爆国として核軍縮に取り組む一方で，北朝鮮の核が身近な脅威として存在している事実から目を背けてはならない。

第1章　安全保障の現実

3　日米同盟

■ガイドラインの改定

　2015年4月27日（日本時間27日夜），米ニューヨークのホテルに，岸田文雄外相と中谷元防衛相，米国のジョン・ケリー国務長官，アシュトン・カーター国防長官が顔をそろえた。4閣僚は日米安全保障協議委員会（2プラス2）を開き，新たな日米防衛協力の指針（ガイドライン）で合意した。
　「同盟を現代に適合したものとし，また，平時から緊急事態までのあらゆる段階における抑止力及び対処力を強化する」
　2プラス2に出席した4氏は，共同文書の中で，新ガイドラインの意義をこう強調した。
　ガイドラインは自衛隊と米軍の役割分担を定めた文書だ。両国の防衛政策の前提となる取り決めだが，条約とは異なり法的拘束力はなく，それぞれの憲法，国内法に従うことが明記されている。特定の国や事態を対象にしていないというのが建前だが，実際には，最初のガイドライン（1978年）はソ連

日米2プラス2に望む岸田外相，中谷防衛相ら

3 日米同盟

図1-8 1997年のガイドライン改定以降の安全保障の主な事件と対応する
新ガイドラインの協力項目

日時	出来事	日米の主な協力項目
1997年 9月23日	日米安全保障協議委員会を開き、ガイドラインを改定	※ISRは「情報収集、警戒監視及び偵察」
2001年 11月25日	テロ対策特別措置法に基づく後方支援のため、海上自衛隊の補給艦などが出航	後方支援、海洋安全保障
04年 1月16日	イラク復興支援特別措置法に基づく人道復興支援のため、陸上自衛隊の先遣隊が出発	平和維持活動、人道支援
11月10日	中国海軍の原潜が沖縄県宮古列島周辺の日本領海に侵入	調整メカニズム、(有事なら)島嶼防衛、海域防衛作戦
07年 1月11日	中国が弾道ミサイルを用いた衛星破壊実験に成功	宇宙に関する協力
09年 3月8日	南シナ海の公海上で中国海軍などの艦艇が米海軍調査船「インペッカブル」の航行を妨害	共同ISR、アセット防護、(重要影響事態なら)後方支援
13年 1月30日	東シナ海で海自護衛艦に中国海軍艦艇が火器管制用レーダーを照射	調整メカニズム、共同ISR、アセット防護
4月23日	中国公船8隻が尖閣諸島沖の日本領海に侵入	共同ISR、調整メカニズム、(有事なら)島嶼防衛
5月6日	米国防総省の年次報告書が、中国軍が対艦弾道ミサイル「DF21D」の配備をすでに始めたと指摘	弾道ミサイル攻撃対処作戦
11月23日	中国国防省が沖縄県・尖閣諸島上空を含む東シナ海の防空識別圏を設定。以後、中国軍戦闘機が自衛隊機に異常接近	共同ISR、調整メカニズム、(有事なら)空域防衛作戦
15年 4月20日	フィリピン軍が、中国による南シナ海での大規模な岩礁埋め立ての画像を公表。米比が過去15年で最大規模の合同演習	(存立危機事態なら)機雷掃海などの海上作戦

自衛隊機に異常接近した中国の戦闘機　（防衛省提供）　海自護衛艦にレーダーを照射した中国艦艇

による日本侵攻，1997年に改定された際は，北朝鮮の核開発を踏まえた朝鮮半島有事を念頭に置いていた。

　旧ガイドラインが策定された97年以降，中国は，東・南シナ海で威圧的な海洋進出の動きを強めている。こうした中国の軍事的台頭を踏まえ，新ガイドラインは，日米一体で抑止力を強化する具体策を数多く盛り込んだ。

　新ガイドラインの特徴は，従来はわずかな記述しかなかった平時の協力項目について，「共同のISR（情報収集，警戒監視及び偵察）活動」や「アセッ

ト(装備品)防護」「強化された運用面の調整」などと詳細に定めたことにある。これにより、日本周辺で軍事的な緊張が徐々に高まり、武力紛争に発展しかねないような事態が起きても、自衛隊と米軍は切れ目なく、円滑に対応できるようになる。

モデルとなるのは、96年春、中国が引き起こした「台湾海峡危機」である。中国は、台湾総統選挙で中国に批判的な李登輝氏の当選を阻止するため、演習と称して台湾沖合にミサイルを撃ち込んで、台湾の住民を威嚇しようとした。これに対し、米国は空母2隻を台湾近海に派遣することで、中国の挑発行為を抑え込むことに成功した。米中の軍事力に圧倒的な差があった時代のことである。

その後、中国は米軍の抑止力に対抗するため、軍事費を驚異的なペースで増やし続け、艦船や航空機、対艦ミサイルといった軍備を拡充した。米空母の接近を阻止するための弾道・巡航ミサイルの開発もその一環である。中国海軍は、遠洋での訓練を実施するようになり、外洋で戦闘ができるよう部隊の練度を高めている。

新ガイドラインではまた、日本有事の取り組みとして、島嶼(とうしょ)の防衛が明記された。仮に、尖閣諸島や南西諸島が中国軍の攻撃にさらされた際、自衛隊が実施する作戦を米軍が「支援・補完する」ことが規定された。

今後、尖閣諸島をめぐって日中の緊張状態が高まった場合、米国は抑止のために前方展開として、空母などを派遣する可能性がある。新ガイドラインに沿って、自衛隊の護衛艦や哨戒機は米軍と一体的に情報収集や警戒監視活動を行うことになる。

日米両国は新ガイドラインを踏まえ、態勢の整備を進めている。2015年8月17日、中谷防衛相は米国のウォーマス国防次官と防衛省で会談し、自衛隊と米軍による共同計画の策定や、常設協議機関の設置に向けた作業を加速させる方針で一致した。

「新ガイドラインの肝は常設協議機関だ」

自衛隊幹部の一人はこう強調する。自衛隊と米軍の一体的な運用を調整する場となる常設協議機関は事実上の日米合同司令部となる。これまでは有事

が発生しないと設置できなかったが，今後は平時から利用できるようになる。自衛隊と米軍の双方の要員が常駐することで，「お互いの意思疎通も高まる」（防衛省幹部）というわけである。

　ガイドラインと「車の両輪」（防衛省幹部）と位置づけられるのが安全保障関連法である。新ガイドラインは安保関連法によって法的に実施が可能となり，実効性が裏付けられた。自衛隊にどのような活動をさせるかは，時の政府が安保関連法に基づき，総合的に情報を勘案して，その都度，慎重に判断することになる。

　日米両国は東シナ海に限らず，南シナ海での自衛隊と米軍の協力も想定している。平時における共同情報収集活動にとどまらない。中国と米・フィリピンとの間で軍事衝突が起きた場合，自衛隊は，日本の平和と安全に重要な影響がある「重要影響事態」として米軍の後方支援や船舶検査を行ったり，集団的自衛権の行使が限定的に容認される「存立危機事態」として，機雷掃海や船舶護衛を行ったりできるようになる。

　新ガイドラインは，安保関連法と組み合わされることで，「中国に対して，『日米同盟は機能している』という強いメッセージを発する」（外務省幹部）ことになる。

■ グローバルな協力

　一方，米国が新ガイドラインで重視したのは，日米協力をグローバル（地球規模）に拡大することであった。日米両国は「アジア太平洋地域及びこれを越えた地域の平和，安全，安定及び経済的な繁栄の基盤を提供するため」に「主導的役割を果たす」と明記されたのは，米国の強い期待の表れである。

　米国家安全保障会議（NSC）のメデイロス・アジア上級部長は「日本の同盟における役割を著しく拡大し，日本が米軍を広範な領域で支援するメカニズムを提供する」と意義を強調する。米国は特に「日米協力における地理的制約の除去」（米国防総省高官）を，新ガイドラインの最大の成果の一つに挙げる。

　米国がかつてのように潤沢な予算を国防費に投入できない中，オバマ政権

第 1 章　安全保障の現実

が掲げるアジア太平洋地域重視の「リバランス（再均衡）政策」は，同盟国に安全保障上の役割分担を求める方策でもある。負担の肩代わりを期待できる最大の同盟国が日本だ。米国が南シナ海での警戒監視活動を自衛隊に求めているのもこのためと言える。

　米国と民主主義や人権，法の支配など基本的価値観を共有する日本が，軍事面でも米国と行動を共にしてくれれば，「米国の正義」に普遍性を与えるとの思惑もある。

　また，中国を長期的に「最強の仮想敵」と位置づける米国防総省の認識が新ガイドラインに反映された一方，米国は新ガイドラインが「対中国一色」に染まらないようにも腐心した。日米が中国と対決する構図が前面に出すぎれば，地域の緊張を高める懸念があると同時に，様々な課題で中国の協力を必要とする米国にとって得策でないからである。

■ 改定の背景

　日本政府が新ガイドラインの策定を急いだのは，自民党の政権復帰で安倍内閣が発足してからのように見えるが，それは事実ではない。新ガイドラインの改定作業に着手したのは，民主党の野田佳彦内閣だった。森本敏防衛相は 2012 年 11 月 9 日の閣議後の記者会見で，新ガイドラインについて，「年内に協議するつもりで米国に打診している。日米間に見直す方向性にまったく齟齬はない」と語った。見直しの狙いについては，「（前回改定から）15 年たち，テロ，宇宙やサイバー，海洋の安定や領域問題といったリスクがある。中国が海洋に出てくる問題もある」と語り，中国を念頭に置いたものになるとの認識を示した。

　日本政府はこの 2 か月前，民間人所有の尖閣諸島（沖縄県）を国有化した。尖閣を安定的に管理するためだったが，反発した中国は公船である海洋監視船を次々と尖閣沖の日本領海内に送り込んだ。

　日本が実効支配している領土，領海が中国によって脅かされる異例の事態の中で，新ガイドラインが策定され，結果的に，森本防衛相が指摘した事項の多くが盛り込まれた。

右からオバマ大統領，安倍首相

　ただ，当時，米国は新ガイドラインに前向きではなかったという。中国を過度に刺激することを避けたかったことに加え，「日本国憲法の制約で，自衛隊は十分な役割を果たすことができないと思っていたため」（日本政府関係者）とされる。

　新ガイドラインが合意できた背景には「安倍内閣による憲法解釈見直しに取り組むなど，自衛隊がより積極的な役割を担うようになるという米国の期待感がある」（防衛省幹部）との指摘がある。

　安倍晋三首相は2015年4月28日午前（日本時間28日深夜），米ホワイトハウスでバラク・オバマ大統領と会談した。会談は予定時間を30分超え，2時間近くに及んだ。その後，首相と大統領はホワイトハウスで共同記者会見を行った。

　大統領は冒頭，「日米同盟を通じ，これからも未来を築いていきたい」と述べ，新ガイドラインによって同盟関係を強化していく考えを強調した。首相も「日米は新たな時代を切り開いていく。強い決意をオバマ大統領と確認することができた」と応じた。

第 1 章　安全保障の現実

　読売新聞社が日米首脳会談直後の 15 年 5 月 8～10 日に実施した全国世論調査によると，新ガイドラインを通じて日米同盟の強化を確認したことを「評価する」と答えた人は 70％に達し，「評価しない」の 19％を大きく上回った。

日米安全保障条約第5条

(日米は)日本国の施政の下にある領域における、いずれか一方に対する武力攻撃が、自国の平和及び安全を危うくするものであることを認め、自国の憲法上の規定及び手続に従って共通の危険に対処するように行動することを宣言する。

4　拡充する自衛隊活動

多角的な備えに期待

安全保障関連法が整備されたことで自衛隊の役割は大きく変化する。

2015年8月23日，陸上自衛隊で最大規模の実弾射撃訓練「総合火力演習」が，静岡県の東富士演習場で一般公開された。

バーン，バーンという射撃の音が富士山麓に響くと，詰めかけた約2万6000人の観衆からは驚きの声が上がった。この時の演習は，尖閣諸島（沖縄県）など，島嶼部への攻撃対処を想定したシナリオの下，陸海空の三自衛隊の「統合機動防衛力」の練度を高めることが狙いである。隊員約2300人が参加。戦車や装甲車両約80両がヘリコプターと連携し，偵察や部隊の輸送，標的への一斉攻撃を披露した。

図1-9　安全保障関連法に盛り込まれた主な「事態」と自衛隊の活動

日本への影響度（大 → 小）

事態	関連法案	主な活動内容
武力攻撃事態	武力攻撃・存立危機事態法など	防衛出動
存立危機事態	武力攻撃・存立危機事態法など	防衛出動
武力攻撃予測事態	武力攻撃・存立危機事態法など	防御施設構築措置
重要影響事態	重要影響事態法	後方支援
国際平和共同対処事態	国際平和支援法	協力支援

攻撃
X国
反撃
武力紛争
要請
X国
攻撃
緊張激化
X国
空中給油
弾薬提供

※白文字は今回の法改正で新設・変更された事態

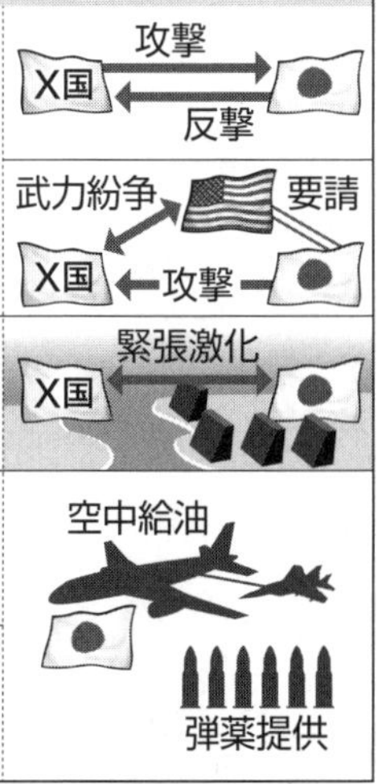

第1章 安全保障の現実

図1-10 自衛隊による主な国際協力の取り組み

❶湾岸戦争後のペルシャ湾での機雷掃海（1991年）
❷カンボジアでの初のPKO（92～93年）
❸米同時テロ後のインド洋での給油活動（2001～07年、08～10年） 
❹イラクでの人道復興支援（03～09年） 
❺ソマリア沖・アデン湾での海賊対処活動（09年～）
❻南スーダンでのPKO（11年～） 
❼消息不明となったマレーシア機を捜索する国際緊急援助活動（14年）

「普段からの訓練が自衛隊にとっては重要だが、根拠となる法律がないと、訓練も他国との調整もできない」。防衛省幹部はこう語り、安保関連法に期待感を示した。自衛隊は必要な法律がなければ、米軍などとの十分な訓練が不可能となり、防衛協力体制を構築することができない。

海上自衛隊幹部には今も忘れられない出来事がある。

米同時テロから10日後の2001年9月21日朝。神奈川県横須賀市の米海軍横須賀基地から、空母「キティホーク」が出航した。米軍の駆逐艦やフリゲート艦などとともに海上自衛隊の護衛艦2隻が随伴した。米国の要請に基づく措置だった。

民間機がテロリストに乗っ取られ、ニューヨークの世界貿易センタービルやワシントンの国防総省に突入したという同時テロの衝撃が米国中を覆っていた。米軍は、

世界中に展開する米軍基地や米艦船に対する同種のテロを恐れた。特に，横須賀に停泊中の空母は艦載機を搭載せず，ほぼ「丸腰」の状態にあることから，米軍の緊張ぶりは尋常ではなかったという。

米国は日本に民間機による空母周辺の飛行の制限を求めたほか，海自による護衛を強く要請した。問題は日本の法制度にあった。米空母の護衛は，日本の防衛のためとは言えず，集団的自衛権の行使にあたるといった批判を招く恐れがあったからである。防衛省は，護衛艦の随伴を，防衛庁設置法（現・防衛省設置法）の「調査・研究」に基づく行動と位置づけた。しかも，首相官邸は防衛省と十分な連絡や調整ができず，護衛艦の随伴を事前に把握していなかったため，防衛省・自衛隊による「独走」との批判さえ出た。

だが，護衛艦が空母に寄り添う映像が米国で放映されると，米国が危機にさらされた時に「同盟国日本」を評価する声が米国内から日本政府に寄せられた。

海自幹部は「当時から『自衛隊には一体何ができるのか』と自問してきた。米国の要請を受けても，憲法の制約の下，『これは出来る』『これは出来ない』のしゅん別に細心の注意を払ってきた」と振り返る。

自衛隊は安保関連法に基づき，集団的自衛権の限定行使を前提とした訓練が可能となる。その一つが，攻撃を受けている米艦船を防御するため，自衛隊が反撃するというシナリオの共同訓練である。自衛隊と米軍がこれまでよりも踏み込んだ訓練を繰り返すことで，「日米の連携は質量ともにレベルが上がる」（防衛省幹部）とみられている。

■ 浮かび上がる課題

自衛隊には大きな課題もある。まずは，適正に活動できるかどうかである。

防衛省は2015年秋，自衛隊の部隊運用について，内部部局（背広組）の運用企画局を廃止し，自衛官（制服組）中心の統合幕僚監部に一元化する組織改編を行う。防衛省内では「うまく機能しなければ，成立した安保法制や新たな日米防衛協力の指針（ガイドライン）が画餅に終わる」との見方が出ている。

第1章　安全保障の現実

　背広組の局長を通さず，制服組の情報が防衛相に直接報告されるようになることで，迅速な意思決定が可能となり，効率性は増す。しかし，自衛隊の海外派遣や日本周辺の警戒監視活動などには，軍事的な合理性だけでなく，他省との調整や政府としての総合的な政策判断が欠かせない。そのためには，背広組の情報や知見も必要である。長年対立がささやかれてきた背広組と制服組が権限争いを脱し，緊密に協力できるかが問われることになる。

　装備面の拡充も重要な問題となっている。

　航空機や艦船といった自衛隊の装備は，数百億円から1000億円単位と高額で，発注から取得するまで長期間かかることから，政府は5年を単位とする中期防衛力整備計画（中期防）をまとめている。13年末に策定された現中期防は，「南西地域の防衛態勢強化を始め，各種事態での抑止や対処を実現するための前提となる海上優勢や航空優勢の確実な維持に向けた防衛力整備を優先する」と明記している。

　中国の軍事的台頭を踏まえれば，「航空・海上優勢」の維持を優先し，限られた予算を，航空自衛隊と海上自衛隊に重点配分する必要がある。一方で，陸上自衛隊には「国連平和維持活動（PKO）の派遣は増えることになる。万一の場合，陸上で相手とぶつかるのは自分たちで空や海よりも危険性が高い」という懸念もある。陸上自衛隊幹部は「輸送の防護車や防弾チョッキなどは，より高性能なものが必要になるだろう」と打ち明ける。3自衛隊間の予算争奪が度を越せば，混乱を招くばかりとなる。

　日本の防衛費は財政難を理由に02年度から削減されてきた。この3年間はようやく増加し，15年度の防衛費は約4兆8200億円となったが，いまだに02年度の4兆9300億円の水準にも達していない。この間，中国の公表国防費の名目上の規模は，過去27年間で約41倍，過去10年間で約3.6倍に増えた。しかも，ロシアなどからの兵器購入費やミサイルなどの兵器開発費は含んでいないとみられている。非公表分を含めると，中国は毎年，日本を圧倒する予算を使い，軍備の増強を図っているのは間違いない。

　2015年7月30日の参議院平和安全法制特別委員会では，野党議員が「新たな安保法制で自衛隊の任務や装備が広がり，防衛予算が不足しないか」と

4 拡充する自衛隊活動

ただした。中谷元安保法制相（防衛相）は「新しい装備や装備の大増強，予算の増額は考えていない」と答弁したが，自衛隊の現場からは装備拡充を求める声は根強い。

◇　◇　◇

　安倍晋三首相は「積極的平和主義」を掲げ，国際社会の平和構築に貢献する姿勢を鮮明にしている。自衛隊の国際協力活動も「次の段階」に入ろうとしている。

　中谷防衛相はこう語っている。

　「自衛隊は『できる能力はある。しかし，できないのです』ということで本当にいいのか。地域の安定や海の安全などに積極的に関わっていける部分があるのではないか」

陸上自衛隊の道路整備を視察する中谷防衛相

第2章

こうなる新たな安保法制

第2章 こうなる 新たな安保法制

1　条文解説

　安全保障関連法は，10本の既存の法律をまとめて改正した「平和安全法制整備法」と，新法「国際平和支援法」から構成されている。集団的自衛権の限定的行使を可能とする「存立危機事態」の新設や，多国籍軍に対する自衛隊の後方支援を原則可能にする規定など，新たな安保法制の範囲は広く，構成も複雑である。安保関連法の骨格について主要な条文に沿って解説する。

■ 集団的自衛権の限定行使の容認

> 　武力攻撃・存立危機事態法2条「我が国と密接な関係にある他国に対する武力攻撃であって，これにより我が国の存立が脅かされ，国民の生命，自由及び幸福追求の権利が根底から覆される明白な危険があるものを排除するために必要な自衛隊が実施する武力の行使」

　「陸海空軍その他の戦力は，これを保持しない」と定めている憲法9条の下で，自衛権をどう位置づけるのか。これが日本の安全保障法制の最大の焦点となってきた。
　政府は自衛権に関する憲法解釈を，その時々の安全保障環境に合わせて，再三変更してきた。1946年の憲法制定の直後，吉田茂首相は「自衛権の発動としての戦争も放棄した」として，自衛権の存在さえも否定した。しかし，1950年6月，ソ連の後押しを受けた北朝鮮が韓国に侵攻し，朝鮮戦争が勃発すると，状況は一変した。連合軍最高司令部（GHQ）のマッカーサー元帥は，日本が共産勢力の脅威にさらされることを恐れ，自衛隊の前身である警察予備隊の創設を日本政府に指示した。政府は当初，「近代戦遂行能力以下」であれば，憲法が禁じる「戦力」には当たらないとの解釈を示した。その後，自衛隊が発足した54年になって，自衛権（個別的自衛権）は認められているとする憲法解釈がようやく確立した。最高裁判所は59年の砂川事件判決で，

1 条文解説

図2-1 安保法制を巡る安倍首相の主な発言

2013年2月8日	安全保障環境は大きく変化した。日米安保体制の最も効果的な運用を含め、わが国が何をなすべきか、再び議論してほしい（第1次安倍政権で設置した安保法制懇が5年ぶりに再開した際）
14年5月15日	「日本が再び戦争をする国になる」といった誤解があるが、断じてありえない。憲法が掲げる平和主義はこれからも守り抜いていく
	もはやどの国も、一国のみで平和を守ることはできない。国民の命と暮らしを守るための対応を可能とする国内法制を整備する（安保法制懇の報告書提出を受けての記者会見で）
28日	我々が検討している集団的自衛権の行使は権利であって義務ではない。個別的な状況に即して我が国が主体的に判断する（衆院予算委で）
7月1日	いかなる事態でも国民の命と平和な暮らしは守り抜いていく。私にはその大きな責任がある。万全の備えをすることが日本に戦争を仕掛けようとするたくらみをくじく。これが抑止力だ
	自衛隊がかつての湾岸戦争やイラク戦争での戦闘に参加するようなことはこれからも決してない（新政府見解を決定した臨時閣議後の記者会見で）
5日	自衛隊を動かす場合には3要件がそろっているか、国会が判断する。明確な民主主義国家における歯止めだ（読売新聞のインタビューで）
15年2月5日	事案ごとに特措法を作っていくと、国会が開かれていない場合、ただちに対応できるかどうかの課題がある（参院予算委で）
16日	深刻なエネルギー危機が発生する。国民生活に死活的な影響が生じるような場合、状況を総合的に判断して、我が国が武力攻撃を受けた場合と同様な深刻、重大な被害が及ぶことが明らかな状況にあたり得る（衆院本会議の代表質問で、ホルムズ海峡に機雷が敷設された場合の日本への影響について答弁）
4月29日	法整備によって、自衛隊と米軍の協力関係は強化され、日米同盟は、より一層堅固になる。戦後、初めての大改革だ。この夏までに、成就させる（米議会上下両院合同会議の演説で）

第2章　こうなる　新たな安保法制

「自衛権は何ら否定されたものではない」として，自衛権の存在を追認した。

　自衛権を発動し，武力を行使できる条件として，政府は，①我が国に対する急迫かつ不正の侵害がある，②これを排除するために他に適当な手段がない，③必要最小限度の実力行使にとどまるべきこと――とする「武力行使の3要件」をまとめた。

　一方，集団的自衛権について，日本は主権国である以上，保有していることは当然とされており，国連憲章やサンフランシスコ講和条約，日米安保条約などにも明記されている。しかし，保有している集団的自衛権を行使できるかどうかが，国会の場などで長年，論議されてきた。政府は「憲法上，行使できない」とする立場を取っていた。超大国の米ソがにらみ合う冷戦時代，自衛隊は日本の防衛に専念しており，集団的自衛権の行使を想定する必要がなかったという事情があったためである。

　集団的自衛権の論議に大きな影響を与えたのは，冷戦崩壊後の国際情勢の変化だ。特に，93年から94年にかけ，北朝鮮の核開発を巡って米朝両国が一触即発の状態となった「朝鮮半島危機」が契機となった。朝鮮半島有事が発生した場合，自衛隊は戦火の拡大を防ぐため，米軍に対する後方支援を行う必要がある。自衛隊による米軍への物資提供や米軍部隊の輸送，海上で行方不明となった米兵の捜索といった活動は，従来の憲法解釈のままでは集団的自衛権の行使とみなされる恐れがある。また，北朝鮮や中国が弾道ミサイルの高性能化を進め，配備を増やす中で，自衛隊と米軍がミサイル防衛で一層緊密な連携を進めていることも憲法解釈の見直しの要因となった。

　2014年7月，政府は集団的自衛権の限定的行使であれば認められるとする憲法解釈の変更に踏み切った。「武力行使の新3要件」を満たす場合に限り，集団的自衛権の限定的行使が可能となる。新3要件を盛り込んだのが，武力攻撃事態法を改正した「武力攻撃・存立危機事態法」である。

　2条では，新3要件の第1要件「我が国と密接な関係にある他国に対する武力攻撃が発生し，これにより我が国の存立が脅かされ，国民の生命，自由及び幸福追求の権利が根底から覆される明白な危険がある」ことを存立危機事態と定義した。9条で「他に適当な手段がなく」（第2要件），3条で「武

力の行使は，事態に応じ合理的に必要と判断される限度」において実施（第3要件）とそれぞれ明記した。

このうち，第2要件の「他に適当な手段がない」との規定について，政府は当初，「他に適当な手段」の有無に関する議論が起きれば自衛隊の迅速な派遣が難しくなると懸念し，法律に書き込まない方針だった。しかし，公明党は3要件すべてを法律に盛り込むよう求めた。このため，政府が策定する「対処基本方針」に書き込む項目として，第2要件を盛り込んだ。政府は，存立危機事態の判断については，2条にある第1要件に基づいて行うとしている。

集団的自衛権を行使する具体的な活動としては，自衛隊による機雷掃海や米艦の防護，米軍を標的とするミサイルの迎撃などが想定されている。機雷掃海を巡っては，中東・ホルムズ海峡で機雷が敷設された場合，存立危機事態にあたるかどうかが与党間で議論された。自民党は，日本は原油輸入の8割強を中東に依存しており，シーレーンでの機雷敷設は存立危機事態に該当する場合はあり得ると主張し，公明党は慎重な姿勢を示した。国会審議で，安倍晋三首相は「海外派兵の唯一の例外」とする一方で，「現実問題として発生することを具体的に想定しているわけではない」と述べた。法律上はありえるが，現時点では考えにくいとの見解である。

■ 後方支援活動

> 国際平和支援法1条「国際社会の平和及び安全を脅かす事態であって，その脅威を除去するために国際社会が国連憲章の目的に従い共同して対処する活動を行い，我が国が主体的かつ積極的に寄与する必要があるものに際し，諸外国の軍隊等に対する協力支援活動等を行う」

国際平和支援法は，戦闘中の米軍や多国籍軍への自衛隊による後方支援を随時可能にする新たな恒久法である。海上自衛隊は対テロ戦争を支援するため，特別措置法に基づき，2001年から一時中断をはさんで約8年，インド洋で多国籍軍に給油を実施した。国際平和支援法によって，政府が特措法を

第2章 こうなる 新たな安保法制

制定しなくても，自衛隊はこのような活動を迅速に行うことができるようになる。

自衛隊を派遣できるのは，国際社会が平和と安全を脅かす紛争などに共同で対応し，日本が主体的，積極的に貢献する必要がある「国際平和共同対処事態」が起きた場合である。

自衛隊の活動は，水や燃料の補給や人員・物資の輸送，医療提供などの「協力支援活動」（後方支援）が中心となる。武器の提供は除外した。活動地域は，「現に戦闘行為が行われている現場」以外で行うことができると定めた。協力支援活動に加え，「捜索救助活動」も行えるようになる。

■ 重要影響事態

> 重要影響事態法1条「そのまま放置すれば我が国に対する直接の武力攻撃に至るおそれのある事態等我が国の平和と安全に重要な影響を与える事態（重要影響事態）に際し，米国軍隊等に対する後方支援活動等を行う」

既存の周辺事態法を改正した重要事態法の狙いは，日本の「周辺」という地理的な制約をなくした点にある。そのため，周辺事態法1条の目的規定にあった「我が国周辺の地域における」という文言を削除した。

1999年に成立した周辺事態法は，主に朝鮮半島有事を想定していたものの，政府は朝鮮半島や台湾ではない遠方での武力紛争にも対応できるよう，「周辺事態は地理的な概念ではない」と説明していた。しかし，自衛隊の活動が際限なく広がることを批判する野党に対し，小渕恵三首相は「（周辺事態が）中東やインド洋で生起することは現実の問題として想定されない」と答弁しており，周辺事態法の対象地域は事実上，日本の周辺に限られていた。

テロの拡散や中国の軍事的台頭といった安保情勢の変化により，南シナ海やインド洋，ホルムズ海峡といったシーレーン（海上交通路）での紛争が日本に重要な影響を及ぼす可能性も高まっている。政府はそうした考え方から，法改正に伴う統一見解で，「重要影響事態」には地理的制約がない

ことを明示した。重要影響事態での後方支援の対象となるのは、従来の米軍に加え、「その他の国際連合憲章の目的の達成に寄与する活動を行う外国の軍隊」に拡大された。国際紛争への対処は、米軍が主導する多国籍軍によって行われるケースが多いためである。

支援活動の内容についても、現行法では禁じられていた弾薬の提供、戦闘作戦行動のために発進準備中の航空機に対する給油などが可能になった。

■ PKO類似活動

> 国連平和維持活動（PKO）協力法3条「国際連携平和安全活動 紛争による混乱に伴う切迫した暴力の脅威からの住民の保護、武力紛争の終了後に行われる民主的な手段による統治組織の設立及び再建の援助その他紛争に対処して国際の平和及び安全を維持することを目的として行われる活動であって、2以上の国の連携により実施されるもの」

国際社会では、欧米などを中心に各国が有志連合を結成し、紛争後の復興や人道支援を担うことが増えている。改正されたPKO協力法はこうしたPKO類似の活動を「国際連携平和安全活動」と定め、自衛隊の派遣を認めている。

国連自らが主体となる国連平和維持活動（PKO）とは異なるが、自衛隊の派遣に際しては、PKOと同様、法律に明記された「参加5原則」を満たすことが条件となる。5原則とは、①紛争当事者間の停戦合意、②紛争当事者の受け入れ同意、③中立的立場の厳守、④以上の原則のいずれかが満たされなくなった場合の撤収、⑤武器使用は必要最小限が基本──の五つである。

⑤については、任務の妨害を排除するためにやむを得ない場合の警告射撃といった武器の使用を認めている。これにより、自衛隊は、住民の保護などの治安維持を担う「安全確保活動」や、武装集団などに襲われた民間人らを武器も使いながら救助する「駆けつけ警護」が可能となる。ただ、相手に危害を加える射撃は、正当防衛と緊急避難にあたる場合に限られる。

政府が自衛隊の派遣を判断する際の重要な基準となるのは、5原則のうち、

「紛争当事者間の停戦合意」と「紛争当事者による受け入れ同意」である。ただ，派遣先の国全体でこの原則が満たされる必要はない。自衛隊が活動する地域でこの原則が適用されれば，派遣は法律上可能となる。事実，南スーダンでは，係争地を含む二つのPKOが併存しており，政府は，PKO協力法の原則を満たす片方のPKOにのみ自衛隊を派遣している。

■ 武器等防護

> 自衛隊法95条の2「自衛隊と連携して我が国の防衛に資する活動（略）に現に従事しているものの武器等を職務上警護するに当たり，人または武器等を防護するため必要であると認める相当の理由がある場合には，その事態に応じ合理的に必要と判断される限度で武器を使用することができる」

　日本が武力攻撃を受けていない平時の段階であっても，自衛隊は，自らの艦船や航空機が突如攻撃を受けた場合には，こうした「武器等」の破壊を回避するため，反撃をすることができる。「武器等防護」の規定だ。これまでは自衛隊の装備だけが対象だった。

　今回の法改正で，自衛隊は，日本を守るために活動中の他国軍の「武器等」も防護できるようになる。他国軍が，日本を狙う弾道ミサイルの防衛に従事していたり，日本の周辺海域で警戒監視を行ったりしている場合に，自衛隊はその他国軍を防護することが認められた。他国軍は主として米軍を想定しているが，米軍以外も対象にすることができる。

　自衛隊が武器等防護のために使用できる武器は「事態に応じ合理的に必要と判断される限度」内とされる。自衛隊が他国軍と日本防衛に資する共同訓練を行っている場合も，自衛隊は武器等防護を実施できる。政府は，このケースに該当するのは，現時点では米軍と豪州軍しかないと説明している。

■ 歯止め3原則

　安保関連法には，自衛隊の海外派遣に際し，①国際法上の正当性（国連決

議），②国民の理解と民主的な統制（国会承認），③自衛隊員の安全確保——という歯止めの3原則を尊重することが盛り込まれた。公明党の要求に基づく規定である。

> 国際平和支援法3条「国際社会の平和及び安全を脅かす事態に関し，国際連合の総会または安全保障理事会の決議が存在する場合において……」
> 国連平和維持活動（PKO）協力法3条「国際連合の総会，安全保障理事会もしくは経済社会理事会が行う決議，別表第一に掲げる国際機関が行う要請または当該活動が行われる地域の属する国の要請に基づき……」

2003年，米国のブッシュ政権の主導で始まったイラク戦争のように，多国籍軍による武力行使は国際法上の正当性が問題となるケースが多い。

このため，国際平和支援法は，自衛隊が多国籍軍などの後方支援を行う条件として，国連決議がある場合に限定している。戦闘中の軍隊への支援であることを踏まえ，厳しい基準とした。

一方，PKO協力法は，PKO類似の「国際連携平和安全活動」に関し，国連決議がない場合であっても，国連難民高等弁務官事務所（UNHCR），欧州連合（EU）などの国際機関の要請で自衛隊を派遣できるようにする。戦闘終了後に行われる国づくりなどの人道復興支援活動では，EUが要請したインドネシアの「アチェ監視ミッション」のような，国連決議に基づかない事例が想定されるためである。

> 国際平和支援法6条「首相は，対応措置の実施前に，基本計画を添えて国会の承認を得なければならない」

多国籍軍への後方支援を可能にする国際平和支援法は，国会の事前承認を義務づけている。その上で，国会に対し，首相から派遣の承認を求められた場合には，衆参各院が「休会中の期間を除いて7日以内に，それぞれ議決するよう努めなければならない」と努力義務を課した。

PKO協力法に盛り込まれる治安維持などの安全確保活動も，事前承認を

第 2 章　こうなる　新たな安保法制

原則とした。これに対し，迅速さを最優先しなければならない人道復興支援活動については，既存の規定と同様，国会承認は必要ない。

> **自衛隊法84条の3**「予想される危険に対応して保護措置をできる限り円滑かつ安全に行うため，外国の権限ある当局との間の連携及び協力が確保されると見込まれること」
> **国際平和支援法9条**「防衛相は，対応措置の実施に当たっては，自衛隊の部隊等の安全の確保に配慮しなければならない」

　自衛隊法の改正によって，自衛隊は，紛争地域に取り残され，危害が加えられそうな在外邦人を保護したり，救出したりすることが可能となった。また，PKOなどに従事している自衛隊は，離れた場所にいる民間人らを救出できる（駆けつけ警護）。自衛隊がこうした活動を行う際に，隊員の安全確保のための規定が設けられた。自衛隊による多国籍軍などへの後方支援を認める国際平和支援法や，周辺事態法が改正された重要影響事態法，PKO協力法でも，防衛相らに対して自衛隊の安全配慮を求めている。

1 条文解説

図2-2 安全保障関連法の全体像

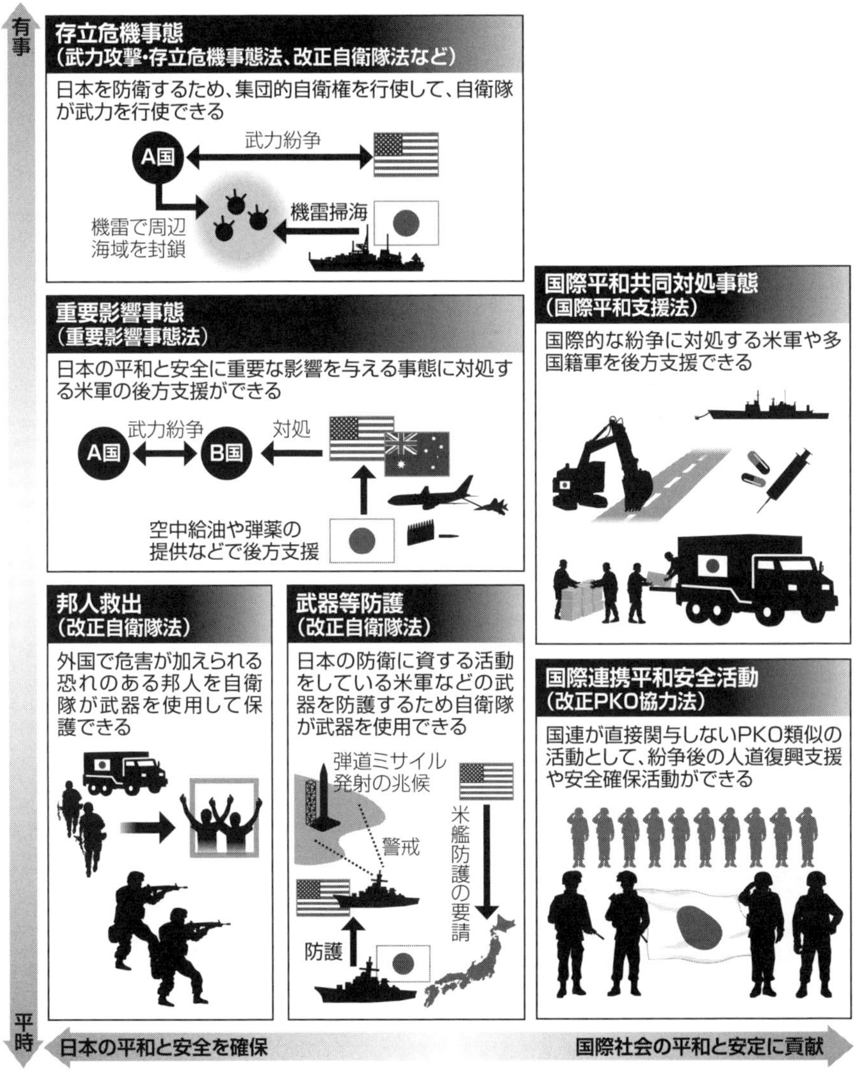

有事

存立危機事態
（武力攻撃・存立危機事態法、改正自衛隊法など）
日本を防衛するため、集団的自衛権を行使して、自衛隊が武力を行使できる

A国 ←武力紛争→ アメリカ
機雷で周辺海域を封鎖 → 機雷掃海 ← 日本

重要影響事態
（重要影響事態法）
日本の平和と安全に重要な影響を与える事態に対処する米軍の後方支援ができる

A国 ←武力紛争→ B国 ←対処─ アメリカ・オーストラリア
空中給油や弾薬の提供などで後方支援

国際平和共同対処事態
（国際平和支援法）
国際的な紛争に対処する米軍や多国籍軍を後方支援できる

邦人救出
（改正自衛隊法）
外国で危害が加えられる恐れのある邦人を自衛隊が武器を使用して保護できる

武器等防護
（改正自衛隊法）
日本の防衛に資する活動をしている米軍などの武器を防護するため自衛隊が武器を使用できる

弾道ミサイル発射の兆候
警戒
米艦防護の要請
防護

国際連携平和安全活動
（改正PKO協力法）
国連が直接関与しないPKO類似の活動として、紛争後の人道復興支援や安全確保活動ができる

平時

日本の平和と安全を確保　　　　　国際社会の平和と安定に貢献

39

第2章 こうなる 新たな安保法制

2 ポイント解説

　安全保障関連法は，2015年5月に審議が始まり，9月になって成立した。衆参両院の平和安全法制特別委員会における審議時間は，1960年の日米安保条約の承認や，92年に成立した国連平和維持活動（PKO）協力法，99年成立の周辺事態法を大きく上回り，安全保障関連の法律として過去最長となった。歴史的とも言える安保関連法の審議を振り返り，ポイントを整理した。

■集団的自衛権の限定的行使は合憲なのか？

　安全保障関連法の最大の焦点は，集団的自衛権の限定的な行使を容認した点である。集団的自衛権とは，自国が攻撃されていないにもかかわらず，密接な関係にある他国が攻撃された場合，武力で反撃する権利を意味する。政府は長年，集団的自衛権について，憲法9条で許される「必要最小限度の実力行使」を超えるとして，憲法上行使できない，としてきたが，2014年7月の閣議決定でこの憲法解釈を変更した。

　政府が憲法解釈を変更する際に参考としたのが，政府の有識者会議「安全保障の法的基盤の再構築に関する懇談会」（安保法制懇）が2014年5月にまとめ

図2-3　安全保障関連法案のポイント

日本の平和と安全

平和安全法制整備法案
（現行10法を改正する一括法）

▶ **自衛隊法**
　自衛隊による在外邦人救出などを可能に

▶ **武力攻撃・存立危機事態法**
　（武力攻撃事態法から改称）
　集団的自衛権行使を可能に

▶ **重要影響事態法**
　（周辺事態法から改称）
　重要影響事態での他国軍への後方支援拡充

国際社会の平和と安全

▶ **国連平和維持活動（PKO）協力法**
　PKO類似の「国際連携平和安全活動」への参加。駆けつけ警護など任務拡大

国際平和支援法案（新法）
　国際的な紛争に対処する多国籍軍の後方支援

た報告書である。ここでは、集団的自衛権の行使を全て認める案（いわゆる「フルスペック」案または「フルセット」案）と、限定行使を容認する案の双方を併記して安倍晋三首相に提出した。

安倍首相はこのうち、集団的自衛権の行使を全面的に容認するフルスペック案を選択しなかった。日本の存立に影響しない他国への攻撃に日本が反撃することは「必要最小限を超える」と判断したためである。

図2-4　集団的自衛権の限定容認のイメージ

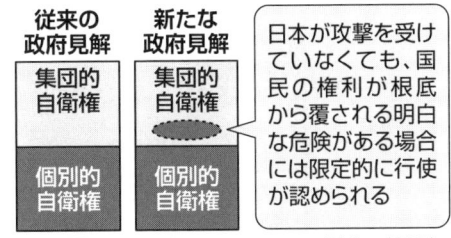

※ ▨ は、憲法9条の下で認められる「自衛の措置」

政府の従来の見解では、集団的自衛権の行使を違憲としてきたが、横畠裕介内閣法制局長官は「（過去の政府見解は）いずれも限定的な集団的自衛権という観念は持ち合わせていなかったので、全てフルスペックの集団的自衛権について答えたものだ」と説明した。政府は「集団的自衛権の行使は一律違憲」とする見解を改め、フルスペックであれば違憲だが、限定行使容認ならば「国民を守るための自衛の措置」（中谷元・安全保障法制相）であり、合憲だとする解釈に立ったことになる。

国会で最も議論が集中したのは、こうした**憲法解釈変更の是非**である。きっかけとなったのは、6月4日の衆院憲法審査会で、与党推薦の参考人を含む3人の憲法学者がそろって、政府の解釈変更を「憲法違反」と断じたことにある。野党はそれまで、安保関連法の論点があまりにも多岐に渡るため、政府を攻めあぐねていたが、衆議院憲法審査会での参考人発言で一気に勢いづき、集団的自衛権の行使を認めた安保関連法は違憲である、と論点に絞り込んで政府を追及した。

2015年6月10日の衆議院特別委員会では、1972年の政府見解との整合性に焦点が当てられた。72年見解は、政府が社会党議員の要求に応じて参院決算委員会に提出したもので、集団的自衛権の行使を違憲とする法的な根拠を詳細に論じている。

この見解の論理構成は一種の3段論法である。つまり、①憲法は自衛の措

41

第2章 こうなる 新たな安保法制

図2-5 政府が考える法的安定性のイメージ

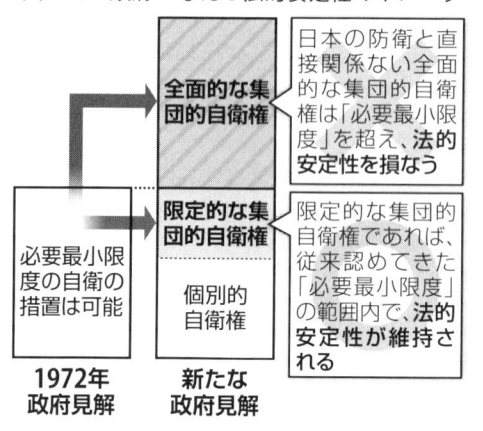

置をとることを禁じていない。②しかし，外国の武力攻撃によって国民の生命，自由及び幸福追求の権利が根底から覆されるという急迫，不正の事態に対処し，やむを得ない措置として初めて容認されるので，自衛の措置は必要最小限度の範囲にとどまるべきである。③憲法下で許されるのは，我が国への急迫，不正の侵害に対処する場合に限られるので，他国に加えられた武力攻撃を阻止する集団的自衛権の行使は，憲法上許されない——と結論づけた。

政府は，集団的自衛権の限定行使に道を開くため，72年見解をベースに新たな見解をまとめた。すなわち，72年見解の①と②は基本的理念として継承するものの，結論部分にあたる③を変更し，集団的自衛権の限定行使は可能とする解釈を導き出した。

政府はさらに，解釈変更を正当化する根拠として，**59年の最高裁の砂川事件判決**にも触れた。最高裁が自衛権に関して示した唯一の判決で，この中で最高裁は「我が国が，自国の平和と安全を維持し，その存立を全うするために必要な自衛の措置を取りうることは国家固有の権能の行使として当然」として自衛権を容認している。判決では，個別的自衛権と集団的自衛権を明文上は区別していないことから，政府は，集団的自衛権の行使容認は最高裁判決と「軌を一にする」（安倍首相）と説明した。一方，野党は「判決文から都合の良い部分を切り取っている」などと指摘した。

政府による憲法解釈の変更に対し，野党からは「立憲主義を壊す」といった批判もあったが，本書第2章Iの条文解説で指摘したように，憲法9条の解釈は過去に何度も変更されている。46年時点では政府は個別的自衛権の行使さえも否定していたが，50年には「主権国家に自衛権が存在すること

は明らか」と180度変えた。国際情勢の変化に合わせて，合理的な範囲内で解釈は柔軟に見直されてきたのである。

■ 過去の政府答弁と矛盾しないのか？

　集団的自衛権の限定行使は合憲だとする政府に対し，野党は過去の政府答弁との食い違いを列挙し，合憲の説明はできていないなどと強く批判した。政府は「従前の憲法解釈との論理的整合性は十分保たれている」と反論し，双方の主張は平行線をたどった。

　民主党の福山哲郎氏は2015年7月28日の参議院特別委員会で，政府は過去の国会論議などで「限定容認」を繰り返し否定してきたと指摘し，「安保関連法は憲法違反ではないか」と追及した。例として挙げたのが2004年の政府答弁書である。「個別的自衛権に接着しているものともいえる形態の集団的自衛権に限り，（中略）場合を限局して集団的自衛権の行使を認めるという解釈をとることはできないか」との質問主意書に対し，政府答弁書は「集団的自衛権の行使は憲法上許されない」としていた。

　これに対し，横畠裕介内閣法制局長官は「当時は限定行使の考え方が固まっておらず，集団的自衛権と言えばフルスペック（全面容認）だった」として，政府が限定行使の容認を否定したことはないなどと強調した。

　横畠氏は，集団的自衛権の行使を認める武力行使の新3要件について，憲法の規範性を維持できる「ギリギリの場合を示した」と説明した。安倍首相も「（限定容認は）憲法の範囲内であると完全に自信を持っている」と断言した。

■ なぜ集団的自衛権の行使容認が必要なのか？

　政府自らが憲法上禁じているとしてきた集団的自衛権の行使が，どうして必要になったのか。政府の説明の根幹となるのは，安全保障環境の変化である。具体的には，2015年6月9日の政府見解で示されている。この中では「パワーバランスの変化や技術革新の急速な進展，大量破壊兵器などの脅威」により，「他国に対する武力攻撃でも，我が国の存立を脅かすこ

第 2 章　こうなる　新たな安保法制

とも起こり得る」ことを指摘した。その上で、限定的な集団的自衛権の行使であれば、1972 年の政府見解のうち、①自衛の措置は禁じられていない、②しかし、必要最小限度の範囲にとどまるべきである――との認識に当てはまる、とした。

　6 月 15 日の衆議院特別委員会で民主党の長島昭久氏は「安保環境が変化したというが、(米ソが対立した)冷戦期はどうだったのか」とただした。中谷元・安保法制相は、冷戦期は世界秩序が安定していたのに対し、冷戦崩壊後は「各地で地域や民族、宗教(などを巡って)紛争が起きるようになった」と語った。さらに、日本周辺で増大する脅威の事例として、中国と北朝鮮の軍拡を挙げた。

　事実、冷戦時代に日本が中国軍や北朝鮮軍の直接的脅威にさらされることはなかったが、この数年で情勢は大きく変わっている。

　中国は、かつては弱体だった海軍を増強し、高性能の潜水艦やフリゲート艦、駆逐艦などを大量に建造している。ロシアから輸入、改造した空母「遼寧」の試験航行などを踏まえ、国産空母の整備に着手したとみられている。中国軍機の東シナ海における活動も活発になっている。中国軍機による領空侵犯を防ぐための航空自衛隊の緊急発進(スクランブル)は 460 回を超えて過去最高を記録した。

　北朝鮮は、日本のほぼ全域を射程とする中距離弾道ミサイル「ノドン」を大量に保有し、すでに実戦配備したとみられる。2005 年には核保有を宣言し、2006〜14 年に 3 回の核実験を行って、「ミサイルに搭載可能な核弾頭の小型化に成功した可能性は排除できない」(政府関係者)という。

　岸田文雄外相は答弁で「どの国も一国では、平和や安定を守ることができないのが国際的な常識だ」と語り、自衛隊が米軍などと連携する意義を改めて強調した。

■ どのような場合に集団的自衛権を限定行使するのか？

　<u>安保関連法の中核となる武力攻撃・存立危機事態法</u>は，集団的自衛権の限定的な行使が容認されるケースを「存立危機事態」と名付けている。存立危機事態の際，自衛隊に武力行使を認める前提となるのが「武力行使の新3要件」である。これは，①我が国と密接な関係にある他国に対する武力攻撃が発生し，これにより我が国の存立が脅かされ，国民の生命，自由及び幸福追求の権利が根底から覆される明白な危険がある，②これを排除し，我が国の存立を全うし，国民を守るために他に適当な手段がない，③必要最小限度の実力行使にとどまる，と定義された。新3要件を満たせば，日本が直接攻撃を受けていなくても，自衛隊は相手国に反撃できる。

　では，どのようなケースが存立危機事態にあたるのか。最も論争を巻き起こしたのが，安倍首相が挙げた「ホルムズ海峡危機」である。

　原油や天然ガスを積んだタンカーの大動脈であるホルムズ海峡が機雷などによって封鎖され，石油危機が生じるケースを想定している。存立危機事態にあたるかどうかについて，安倍首相はである2015年5月26日の衆議院本

図2-6　存立危機事態と武力攻撃切迫事態との関係性

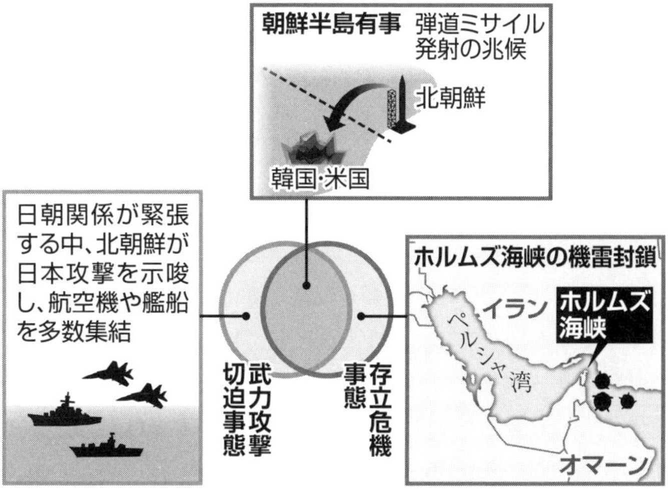

第2章 こうなる 新たな安保法制

会議で「単なる経済的影響にとどまらず，生活物資の不足や電力不足によるライフラインの途絶が起こるなど，国民の生死に関わるような深刻，重大な影響が生じるか否かを総合的に評価する」と述べた。対象となるのは，原油や天然ガスの輸入が長期間途絶し，死者が出かねないような場合である。

ホルムズ海峡危機を巡っては，「海外派兵」の可否も焦点となった。政府はこれまで「海外派兵は違憲」としてきたためである。海外派兵は，自衛隊を武力行使の目的で他国の領土や領海，領空に送ることを意味する。武力行使を伴わない後方支援の実施や，国連平和維持活動（PKO）への参加などは海外派遣であり，海外派兵とは異なる。

安倍首相は6月18日の衆議院予算委員会で「一般に海外派兵は許されない」としたうえで，海外派兵を行う唯一のケースとして，ホルムズ海峡危機の際の機雷掃海を挙げた。

ホルムズ海峡の最も狭い部分（幅約33キロ）は，沿岸のイランとオマーンの領海となっており，公海は存在しない。自衛隊が，国際法上の武力行使とされる機雷掃海を行うことは，海外派兵に当たる。ただ，首相は繰り返し，海外派兵はホルムズ海峡だけだと明示し，「自衛隊の活動が無制限に広がる」とする懸念の解消に努めた。さらに，ホルムズ海峡危機の可能性については「現実的に想定しているわけではない」と決めた。

政府は海外派兵に関し，「（自衛隊が）大規模な空爆や攻撃を加え，敵の領土に攻め入るような行為に参加することはない」（菅義偉官房長官）と説明した。イラク戦争や湾岸戦争のようなケースで自衛隊が武力行使する可能性を否定している。

もう一つ，存立危機事態で焦点となったのは**朝鮮半島有事**である。首相は，朝鮮半島有事の際，日本近海で警戒・監視をしている米艦船や，日本人を含む避難民を運んでいる米艦船が攻撃を受けた場合，自衛隊は集団的自衛権を行使して米艦船を守るべきだと説明しているためである。中谷安保法制相は具体的なケースとして，「米艦艇へのミサイルを撃ち落としたり，潜水艦からの魚雷に対処したりする行動があり得る」と挙げた。

朝鮮半島有事における集団的自衛権の行使については，過去の国会でも論

議されてきた。民主党などの保守系議員の間でも容認する声があるのは事実である。北朝鮮が米国や韓国を交戦するような場合，在日米軍基地を弾道ミサイルなどで攻撃し，日本への武力攻撃（日本有事）に発展する恐れがあるからである。

一方で，首相が集団的自衛権行使の例に挙げた，韓国から避難する日本人を乗せた米艦の護衛について，野党は「民間人が軍艦で避難することは想定しにくい」と批判した。

図2-7 必要最小限度の武力行使として政府が想定する集団的自衛権行使の例

	○	×
中東での紛争	紛争中にホルムズ海峡にまかれた機雷の除去	空爆や地上部隊の派遣
朝鮮半島有事	北朝鮮の弾道ミサイル発射を警戒している米イージス艦の防護（警戒・防護）	
	韓国から退避する日本人を乗せた米輸送艦の防護（在留邦人輸送・防護）	
	北朝鮮に武器を運び込む不審船の強制検査（停船検査）	

朝鮮半島有事における自衛隊の活動範囲もポイントとなった。韓国の領海に入れば，「海外派兵」となるためだが，政府高官は「自衛隊が韓国の領域に入ることは考えにくく，主として公海上で敵の攻撃を排除するような活動に限られる」と説明している。

■ 機雷掃海 他に手段ない？

集団的自衛権行使の具体例とされるホルムズ海峡危機での機雷掃海を巡っては，「他に適当な手段」がないのかどうかが焦点となった。政府の武力行使の新3要件は，第2要件で「（武力行使の）他に適当な手段がない」ことを定めている。

民主党の寺田学氏は2015年7月8日の衆議院特別委員会で「他に手段がないかを判断する時，他国の掃海活動は考慮するのか」と追及した。ホルムズ海峡は，米国や中国など多くの国が利用しており，各国が掃海活動を実施すれば，日本にとって「他に適当な手段がない」とは言えなくなるとの指摘

第2章 こうなる 新たな安保法制

図2-8 ホルムズ海峡の機雷封鎖で想定される日本政府の対応

個別的自衛権	集団的自衛権
中東のX国が、日本への武力攻撃の意図を表明	中東のX国と米国との間で武力紛争が発生
X国が武力攻撃の一環として機雷をまき、ホルムズ海峡を封鎖	武力紛争の過程でX国が機雷をまき、ホルムズ海峡を封鎖
	原油輸入が止まり、日本の国民生活に深刻・重大な影響が発生。米国が日本に支援を要請
日本への武力攻撃が発生したとして、個別的自衛権をもとに機雷を除去	米国への攻撃が日本の存立を脅かしているとして、集団的自衛権をもとに機雷を除去

図2-9 ホルムズ海峡の戦略的重要性

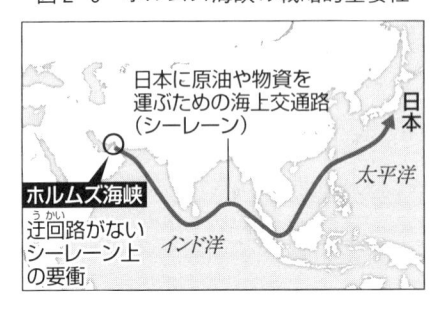

である。

　岸田外相は、他国の活動状況も考慮するとしながらも、「(掃海活動は)長期間にわたる。日本が高い技術、実績を持っていることを考えれば、一緒に(掃海活動を)行うことは当然考えられる」と説明した。

　もともと第2要件の法律への明記を求めたのは公明党だ。ホルムズ海峡危機に関しては、外交努力や備蓄石油の放出、第三国からの代替エネルギー輸入といった「他に適当な手段」がありうることから、武力行使を制約したいと考えたからである。

　ただ、ホルムズ海峡は日本向けの石油の8割が通過する要衝であり、首相は国会審議で「石油備蓄は6か月あるが、機雷の除去ができなければ、ライフラインが途絶しかねない」などと強調した。

■「必要最小限度」の海外派兵とは？

　ホルムズ海峡での自衛隊による機雷掃海に関しては「必要最小限度」のあり方も国会で取り上げられた。武力行使の新3要件の「必要最小限度の実力行使にとどまるべきこと」を踏まえれば、機雷掃海以外の本格的な戦闘行為はできないとされるためである。

　2015年7月3日の衆議院特別委員会の集中審議で民主党の枝野幸男幹事

長は，ホルムズ海峡での自衛隊の機雷掃海を例に挙げ，「他国の海軍に制海権を押さえられ，我が国が何もしないという法理的根拠はあるのか」とただした。相手国が海峡周辺の制海権や制空権を押さえれば，機雷の敷設と同様に，タンカーの航行が阻止されると想定されるため，存立危機事態に当たるのでは，との指摘である。しかし，自衛隊が相手国を排除しようとすれば，必要最小限度の武力行使を超すことになる。

安倍首相は，制空・制海権を取り戻すための武力行使は「空爆や地上に軍隊を送る必要があり，必要最小限度を超える」と述べ，不可能との認識を示した上で，「ある国が長期間，ホルムズ海峡で優勢を維持することは近代戦では考えられない」と指摘した。つまり，圧倒的な武力を持つ米軍が短期間で制空権・制海権を握ることになるとの見方である。

■ 個別的自衛権と集団的自衛権の境界線は？

2015年6月29日の衆議院特別委員会では，個別的自衛権と集団的自衛権の「境界線」に焦点が当たった。

民主党の長妻昭代表代行は，朝鮮半島有事での米艦防護について「個別的自衛権で可能」などと追及。論拠として2003年5月16日の内閣法制局長官答弁を挙げた。この答弁では「米国の軍艦に対する攻撃が，状況によっては，我が国に対する武力攻撃の端緒や着手として判断されることがあり得るのではないか」としている。

個別的自衛権は自国への武力攻撃に反撃する権利で，集団的自衛権は自国が攻撃を受けていなくても同盟国などが攻撃された場合に一緒に反撃する権利とされている。長妻氏の指摘は，日本防衛のために活動する米艦への攻撃を「日本への攻撃」と認定できるのであれば，集団的自衛権ではなく個別的自衛権で対応できるのではないか，と

図 2-10 集団的自衛権と個別的自衛権の地図

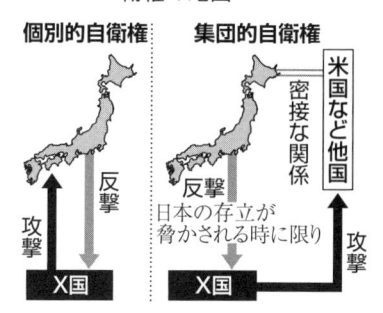

第2章 こうなる 新たな安保法制

の趣旨である。

これに対し、政府は「米艦への攻撃を日本への攻撃と認定するには、相手側の意図を確認しなければならず、現実的ではない」(防衛省幹部)とした。個別的自衛権に基づく対処について、中谷安保法制相も「(03年の答弁は)『状況によっては』としており、常に(日本への攻撃と)認定できるわけではない」と指摘した。

ホルムズ海峡危機の機雷封鎖をめぐっても、同様の論戦があり、横畠内閣法制局長官は「我が国に対する攻撃意図を持って機雷を敷設したとすれば、個別的自衛権で対処できる。意図が認められなくても、(国民への影響があるなら)集団的自衛権で対処可能だ」と答弁した。相手国の意図の把握がカギを握ることになる。

■「法的安定性」は確保されているのか？

2015年7月27日に始まった安保関連法案の参議院審議では、憲法解釈を巡る「法的安定性」に焦点が当たった。

自民党の礒崎陽輔首相補佐官が7月26日、大分市内の講演で「(従来の憲法解釈との)法的安定性は関係ない。政府の憲法解釈だから、時代が変われば必要に応じて変わる」などと発言したためである。礒崎氏は安保環境の変化を強調しようとしたとみられるが、公明党の山口那津男代表が「足を引っ張るような言動をしないよう、我々も気を引き締めたい」と不快感を示すなど、野党のみならず与党にも波紋が広がった。

民主党の北沢俊美元防衛相は27日の参院本会議で、集団的自衛権の限定行使について、「憲法の法的安定性が大きく損なわれる」と批判した。これまでの憲法解釈を変更したことで、「時の政府が都合よく解釈を変えられるようになり、憲法が形骸化する」という考えを示した。

これに対し、安倍首相は「法的安定性は確保されており、将来にわたっても確保できる」と反論した。その根拠として、①9条の下では自衛の措置は禁じられていない②自衛の措置は必要最小限度にとどまるべき——とした1972年政府見解の基本的論理を引き続き踏襲している点を挙げた。

■ 集団的自衛権の行使は専守防衛と合致するのか？

　日本は「専守防衛」を防衛政策の基本方針に掲げてきた。集団的自衛権の限定的行使は専守防衛の枠内かどうかも論点となった。

　2015年7月30日の参議院特別委員会では，2003年の政府答弁書が問題となった。「（専守防衛は）相手から武力攻撃を受けた時，初めて防衛力を行使し，その態様も自衛のための必要最小限にとどめ，（中略）憲法の精神にのっとった受動的な防衛戦略」と定義しているためである。民主党の広田一氏は，専守防衛は個別的自衛権に限られるとの立場から「『攻撃を受けたとき』とは，『我が国が攻撃を受けたとき』だけだったのではないか」とただした。

　中谷安保法制相が「（日本だけでなく）日本と密接な関係にある他国が攻撃された場合も含む」と答弁すると，広田氏は「それでは（集団的自衛権行使を限定的に行使する条件を定めた）武力行使の新3要件は読み取れない。専守防衛の定義を変え，フルスペックの集団的自衛権を認めることになる」と批判した。

　これに対し，安倍首相は，専守防衛の根幹である「自衛のための必要最小限」「受動的な防衛戦略」といった考え方自体が，新3要件の「国民の権利が根底から覆される明白な危険のある場合に限って集団的自衛権の行使を認めた」点と合致していると説明し，「専守防衛は維持される」として，理解を求めた。

図2-11　政府が説明する集団的自衛権と専守防衛との関係

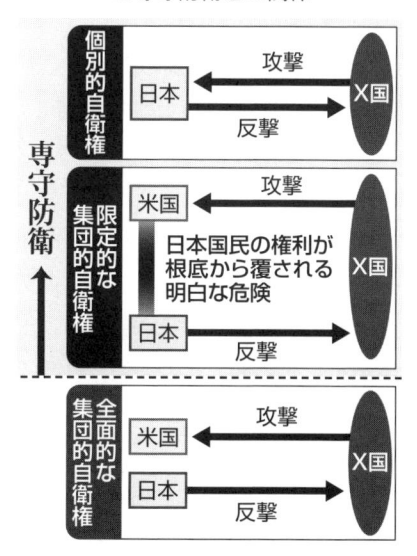

■ 安保関連法はなぜ必要なのか？

　安保関連法は既存の10の改正法と新法からなる。集団的自衛権の限定行

第2章　こうなる　新たな安保法制

図2-12　重要影響事態と国際平和共同対処事態

	重要影響事態	国際平和共同対処事態
目的	日本の平和および安全の確保	国際社会の平和および安全の確保
支援活動	補給や輸送、医療などの後方支援	
国会承認	原則事前承認（緊急時の事後承認可能）	例外なく事前承認
国連決議	不要	必要

使のほか，朝鮮半島有事といった「重要影響事態」への対応，PKO活動，多国籍軍への後方支援など，幅広い内容を含んでおり，安保政策を抜本的に見直す包括的な法律となった。

安倍首相は2015年5月26日の衆議院本会議で，安保関連法の意義について，「国民の命と平和な暮らしを守り抜くためには，あらゆる事態を想定し，切れ目のない備えを行う法制の整備が必要不可欠だ」と強調した。

野党は，法律の膨大さを批判した。維新の党の松野頼久代表は，5月27日の衆議院特別委員会で，「何で，この時期に10本も法律をまとめて出すのか」とただした。

首相は「日米において共同訓練をし，協力のレベルを高めていく。一朝一夕ではない。1年，2年，3年，4年先にしていいのかどうか。私たちの責任でこの法制を仕上げていきたい」と理解を求めた。

安保政策に関する法律は「増築に増築を重ねている」と評されることが多い。日本は新たな事態が起こるたびに，後追い的に法整備を迫られてきた歴史があるためである。

典型的だったのが1991年の湾岸戦争である。クウェートを侵略したイラクを排除するため，日本は米英を中心とする多国籍軍に総額130億ドル（1兆5400億円）もの巨額の財政支援をしたが，国際社会から「汗を流さない国」の批判を受けた。自衛隊の派遣に応じなかったためである。

政府はこの時の反省を踏まえ，自衛隊による国際貢献を行うため，「国際平和協力法案」を国会に提出したが，自衛隊員の位置づけなどを巡って答弁

が混乱するなど、政府の不手際が相次ぎ、同法案は廃案に追い込まれた。この後、政府が提出し、成立させたのが国連平和維持活動（PKO）協力法である。

次の転機は、北朝鮮の核開発を巡る1993年から94年の朝鮮半島核危機だった。米軍からの後方支援の要請に対し、自衛隊が法律上実施可能な活動は極めて限定されていることが明らかになった。政府は、周辺事態法を制定し、米軍に対する輸送協力や補給などの後方支援を可能とした。同時に、日本への武力攻撃に対応するための有事法制の整備も進んだ。

2001年9月11日の米同時テロ後のアフガニスタンでの対テロ戦争や、03年のイラク戦争については、日本はそれぞれ特別措置法を定め、自衛隊によるインド洋での給油活動や、イラクでの復興支援活動を実施した。

安保関連法が包括的な内容となったのは、安倍首相がこれまでの法律の不備や長年の懸案を一挙に是正することを目指したためだ。具体的には、集団的自衛権の限定的行使や、PKOの際の武器使用拡大、外国における紛争の抑止や復興支援のために自衛隊の迅速な派遣などが可能となった。

法律上、自衛隊の権限や活動範囲が大幅に拡充されるが、実施するかどうか、その時の国際情勢や、日本国内の政治状況を勘案した政府の判断に委ねられている。

■ 複数の事態が重複することはあるのか？

事態とは、自衛隊が出動できる状況を定義したものである。例えば、他国による日本への武力攻撃が発生すれば「武力攻撃事態」となる。その前段階で、他国が日本攻撃を準備しているのが「武力攻撃切迫事態」や「武力攻撃予測事態」となる。

安保関連法にはこのほか、他国軍への後方支援が可能となる「重要影響事態」と「国際平和共同対処事態」が盛り込まれた。重要影響事態は、周辺事態から地理的な制約をなくしたもので、朝鮮半島有事に加え、南シナ海やインド洋、中東などでの軍事的緊張や紛争も想定している。共同対処事態は、国連決議に基づいて活動する多国籍軍を支援するケースで、海上自衛隊がイ

第2章 こうなる 新たな安保法制

図2-13 増える「事態」

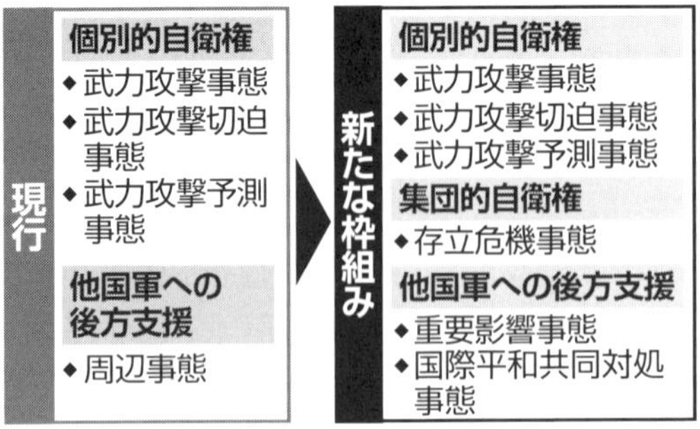

現行
個別的自衛権
・武力攻撃事態
・武力攻撃切迫事態
・武力攻撃予測事態
他国軍への後方支援
・周辺事態

新たな枠組み
個別的自衛権
・武力攻撃事態
・武力攻撃切迫事態
・武力攻撃予測事態
集団的自衛権
・存立危機事態
他国軍への後方支援
・重要影響事態
・国際平和共同対処事態

ンド洋で行った洋上給油などの活動が念頭にある。

事態が増えたことに伴い、政府の認定基準は複雑となり、複数事態に該当するケースもありうる。

その一つが、存立危機事態と重要影響事態の重複である。政府は、ホルムズ海峡危機といった存立危機事態について、「概念としては重要影響事態になる」（中谷安保法制相）と位置づけている。すなわち、存立事態はすべて重要影響事態でもある。

これに対し、「矛盾」があると指摘したのは民主党である。2015年5月29日の衆議院特別委員会で同党の後藤祐一氏は岸田文雄外相に「1998年の答弁は維持されているのか」と質問した。98年答弁とは、高野紀元外務省北米局長が衆議院予算委員会で行った答弁で、「中東で軍事的な衝突が起き、日本経済に大きな影響があっても、軍事的な波及はない場合」は「周辺事態に該当しない」とする内容である。

政府は、重要影響事態の認定基準は周辺事態を引き継ぐとしているため、98年答弁を維持するのであれば、日本への軍事的波及がないホルムズ海峡危機は、重要影響事態に該当しないことになる。

政府の答弁は一時混乱したが、その後、1999年4月にまとめた統一見解を持ち出して反論した。統一見解では、周辺事態について、「軍事的な観点を始めとする種々の観点から見た概念であり、（該当するかどうかは）総合的に勘案して判断する」としており、「軍事的波及」に限定していないからである。

■ 存立危機事態と武力攻撃切迫事態は併存するのか？

　集団的自衛権の行使が可能となる存立危機事態の認定を巡り，衆議院では，武力攻撃切迫事態（切迫事態）との関係も論議となった。この二つは異なる事態だが，「併存する場合もある」（横畠内閣法制局長官）ためである。

　切迫事態とは，日本への武力攻撃は発生していないが，明白な危険が切迫しているケースである。政府は 2002 年 5 月の国会答弁で，①ある国が日本に武力攻撃を行う意図を示す，②多数の艦船や航空機を集結させている——状況と説明した。仮に朝鮮半島にあてはめれば，「北朝鮮が『東京を火の海にする』と宣言し，艦船を集結させている」といった場合が想定されるが，日本への攻撃はまだ起きていないため，日本が北朝鮮を攻撃することはできない。

　安倍首相も 2015 年 6 月 26 日の衆議院特別委員会で，「日本への攻撃を示唆しただけでは（自衛隊を前線に配備する）防衛出動は可能だが，武力行使はできない」と指摘した。その上で，米艦船への攻撃があれば，日本の存立を脅かす存立危機事態と認定し，自衛隊が武力行使することができるとの認識を示した。

　首相答弁は，存立危機事態と切迫事態の併存に否定的だったとみられるが，北朝鮮は，日本に甚大な被害を及ぼす核ミサイルを配備している可能性があることから，政府内には「北朝鮮と米国が交戦状態になった段階で，切迫事態と存立危機事態の双方を認定する場合がある」（防衛省幹部）との声がある。

　首相は朝鮮半島有事について，北朝鮮を念頭に「我が国近隣において，米国に対する武力攻撃が発生。攻撃国は我が国をも射程に捉える相当数の弾道ミサイルを保有し，我が国に対する武力攻撃が差し迫っている」状況となると例示したこともある。その場合には，存立危機，重要影響，武力攻撃切迫の 3 事態が併存す

図 2-14　周辺，重要影響，存立危機の 3 事態の関係

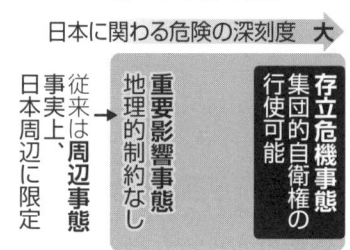

第2章 こうなる 新たな安保法制

ることになる。

民主党の辻元清美氏は5月28日の特別委員会で「武力攻撃切迫事態と存立危機事態の違いは何か」などとして、政府に具体的な判断基準を示すよう迫った。

首相は「切迫事態と存立危機事態は性格が違う。存立危機事態は、他国に対する武力行使で、切迫事態は我が国に対する武力行使が切迫している事態だ」としたものの、具体的な判断基準に関しては「つまびらかには説明できない。相手に知見を与えてしまう。個々（の判断基準は）ある程度柔軟性を保つべきだ」として、明らかにしない考えを示した。

■ 重要影響事態と周辺事態との違いは？

安保関連法のうち、重要影響事態法は周辺事態法の改正となる。周辺事態はもっぱら朝鮮半島有事を想定していたが、重要影響事態として注目されるのは南シナ海だ。強引な海洋進出を続ける中国は、軍事基地建設のための埋め立てをするなど、中国やベトナムなどとの紛争が起こる可能性があるためだ。米国も中国への反発を強めており、米軍と自衛隊の共同監視活動など、自衛隊の関与を求めている。

安倍首相は国会答弁で重要影響事態に関して、「南シナ海である国が埋め立てをしている。具体的に対象を言及するのは控えたいが、可能性があれば法律を使えるようにする」として、南シナ海における武力衝突が該当する可能性を認めた。

自衛隊は、米軍のみならず、多国籍軍への後方支援も可能となる。同法は支援対象を「国連憲章の目的達成に寄与する活動を行う外国の軍隊」

図2-15　自衛隊が行う後方支援の拡大

	周辺事態法 →	重要影響事態法案
活動範囲	国会答弁で事実上、日本の周辺に限定	地理的な制約はなし
対象	米軍のみ	米軍に加え「国連憲章の目的達成に寄与する活動を行う外国の軍隊」
内容	燃料補給、医療支援など	弾薬の提供、戦闘機への空中給油が新たに可能に

に拡大した。支援の内容は，燃料補給や輸送支援などのほか，弾薬の提供，戦闘機への空中給油などを含めた。

■ グレーゾーン事態にはどう対応するのか？

膨大な内容の安保関連法に含まれていないのが，武力攻撃に至る前の，いわゆる「グレーゾーン事態」への対応である。具体的には，外国の特殊部隊などが漁民に偽装して離島を占拠したり，潜水艦が領海内にとどまったりするケースである。

警察や海上保安庁の装備では，対応が困難だが，自衛隊が「防衛出動」する有事にはあたらない。また，自衛隊の治安出動や，海上警備行動では，武器使用に制約があるため，十分な対応が可能か疑問視されている。グレーゾーンは安保政策の「切れ目」と指摘されてきた。しかし，政府・与党は新たな法整備を見送り，電話閣議で自衛隊出動の承認を可能にするなどの運用改善にとどまった。公明党が自衛隊の役割拡大に慎重だったことに加え，警察と海上保安庁が，自らの権限縮小につながりかねないと懸念したためである。

こうした政府・与党内の状況を踏まえ，維新の党は2015年6月19日，安保関連法の対案として，グレーゾーン事態への対応を明記した領域警備法案をまとめた。自衛隊がより迅速に対応できるよう「領域警備区域」を指定することを明記した。これに対し，政府・与党内からは「自衛隊が出て行けば，相手国も軍隊を派遣し，軍事衝突の危険性が高まる」「領域警備区域を明示すれば，相手国に日本の手薄な地点を明らかにすることになる」（防衛省幹部）との指摘が出た。

図2-16 グレーゾーン事態の主な例

偽装漁民による離島占拠

日本領海内で外国潜水艦が潜没して航行

公海上での日本籍の民間船舶に対する偽装漁民などによる侵害行為

■ 事前承認　派遣に歯止め

2015年7月10日の衆議院特別委員会では，「重要

第2章 こうなる 新たな安保法制

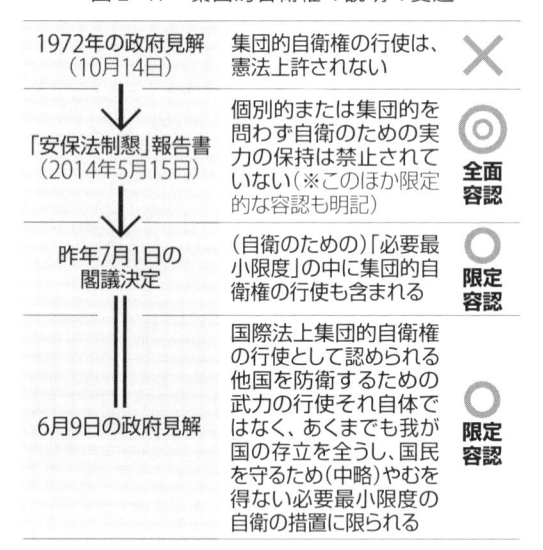

図2-17 集団的自衛権の説明の変遷

1972年の政府見解 (10月14日)	集団的自衛権の行使は、憲法上許されない	×
「安保法制懇」報告書 (2014年5月15日)	個別的または集団的を問わず自衛のための実力の保持は禁止されていない(※このほか限定的な容認も明記)	◎ 全面容認
昨年7月1日の閣議決定	(自衛のための)「必要最小限度」の中に集団的自衛権の行使も含まれる	○ 限定容認
6月9日の政府見解	国際法上集団的自衛権の行使として認められる他国を防衛するための武力の行使それ自体ではなく、あくまでも我が国の存立を全うし、国民を守るため(中略)やむを得ない必要最小限度の自衛の措置に限られる	○ 限定容認

影響事態」や「国際平和共同対処事態」で自衛隊を派遣する際の国会承認の違いが論点になった。

　日本の平和と安全にかかわる重要影響事態と、国際社会の平和と安全にかかわる国際平和共同対処事態は、事態の性質が異なる。自衛隊派遣の国会承認についても、緊急性が求められる重要影響事態では「事後承認」も可能だが、国際平和共同対処事態では、例外ない事前承認を課している。例外なき事前承認は、国際平和共同対処事態の創設に難色を示す公明党の主張に基づいて法律に明記された。

　ただ、両事態での自衛隊の活動は、米軍などへの後方支援であり、輸送や補給、医療などの内容も重なる。

　民主党の岡田克也代表はこうした点を踏まえ、「(国際平和共同対処事態としての)国会の事前承認が難しくなれば、(政府は)重要影響事態を適用するのではないか」と追及した。「(両事態の)垣根は結構低い。公明党の努力は無に帰すと思う」とあおった。日本への影響が少ない事態でも重要影響事態として認定し、国会の事前承認なしで、自衛隊を派遣できるのではないかと

58

の指摘である。

安倍首相は，両事態は明確に区別されていると強調し，「こちらの方が使い勝手がいいから，こちらを使おうということはあり得ない」として，恣意的な認定はしない考えを強調した。

■海外派遣自衛官の武器使用

海外に派遣された自衛官の武器使用のあり方が論点になったのは，2015年7月29日の参議院特別委員会である。武器使用は，国家間の戦闘行為である武力の行使と区別され，後方支援や人道復興支援といった活動の際，自衛官が身を守る場合などに限られる。安保関連法の成立により，任務の妨害排除のための武器使用が新たに認められた。

無所属クラブの水野賢一氏は，不当な武器使用を罰する自衛隊法118条が国外では適用されない点を問題視した。本来の目的以外の武器使用につながり，「思わぬ戦争に発展するのでは」などと質問した。中谷安保法制相は「適切な武器使用のため，訓練を徹底している」と反論した上で，海外でのトラブルには現行の刑法などで対応できるとの考えを示した。

例えば，不当な武器の使用で人を殺傷した場合は傷害罪や殺人罪に該当し，海外活動中の自衛官にも適用され得る。安保関連法に含まれる自衛隊法では，海外で上官の命令に反して部隊を指揮した自衛官らを処罰する規定を設けた。

一方，活動中に誤って武器で人を死なせた場合，業務上過失致死罪に当たる可能性があるが，同罪には国外での処罰規定がなく，刑法を適用できない

図2-18 自衛官による海外での武器使用で想定される処罰

事例	国内法	海外での適用
不当に武器を使って人を死なせる	刑法（殺人罪など）	○
武器を使って不当に部隊を指揮する	自衛隊法改正案（122条2）	○
過って武器で人を死なせる	刑法（業務上過失致死罪など）	×←

（懲戒処分などの可能性）

第2章 こうなる 新たな安保法制

ため、懲戒処分などで対応することになりそうである。

安倍首相は同特別委員会で「自衛隊法の罰則のあり方については別途、不断に検討していく」と述べた。

■ 自衛隊は米軍の核兵器も輸送するのか？

重要影響事態法は、自衛隊による米軍などへの後方支援活動を定めている。2015年8月5日の参議院特別委員会では、自衛隊がどのような兵器を輸送するのかが問題となった。同法は「輸送」としているだけで、あらゆる種類の兵器を可能としているためである。

核兵器の輸送や核兵器を搭載した爆撃機への給油の可能性をただす民主党の藤巻健三氏に対し、中谷安全保障法制相は「法文上は排除していないが、想定していない。我が国には非核三原則があるのであり得ない」と明確に否定した。

図2-19　政府が説明する後方支援のイメージ

安全への配慮　「(戦闘から)相当な距離を置き、十分に安全を確保できる場所で活動する。魚雷やミサイルの射程、相手部隊の勢力などを踏まえる」(中谷安保法制相)

支援内容の妥当性　「クラスター爆弾(の輸送支援)は法律上、排除していないが、事態に応じて慎重に判断していく」(中谷氏)

現に戦闘行為が行われている現場　X国

合憲性の確保　「現に戦闘行為が行われている現場では実施しない」(安倍首相)

また、新たに可能となった弾薬の提供について、中谷安保法制相は具体例として、「他国部隊の要員の生命、身体の保護のために使用される武器に適合するもの」と説明し、拳銃や小銃、機関銃などの弾薬を挙げた。一方で、「核兵器などの大量破壊兵器やクラスター弾、劣化ウラン弾を提供することはあり得ないし、我が国は保有していない」と述べた。自民、公明両党と日本を元気にする会、次世代の党、新党改革の与野党5党が合意した安保関連法の付帯決議にも、核兵器や生物兵器、化学

兵器などの大量破壊兵器は輸送しないことが明記された。

　与党と次世代の党など野党3党は，核兵器などの大量破壊兵器やクラスター弾，劣化ウラン弾の輸送は行わないとすることで合意した。政府はこの合意の「趣旨を尊重し，適分に対処する」方針を閣議決定した。

　政府の憲法解釈では，相手国軍の武力行使と一体化するような支援は憲法上で禁じられている。自衛隊の後方支援活動で論議となるのは，米軍などの武力行使と一体化しないようにするための方策である。安保関連法は「現に戦闘行為が行われている現場では実施ない」として，事実上，戦闘現場以外であれば，一体化の可能性はないと整理した。

　2015年7月29日の参議院特別委員会では，敵国の潜水艦と戦う米軍のヘリに対し，潜水艦の魚雷の射程ギリギリまで海上自衛隊の護衛艦が近づいて給油支援することを想定した海上自衛隊の内部資料が取り上げられた。

　「魚雷の射程外であれば，戦闘現場にあたらず，何でもできるのか」と迫られた安倍首相は「魚雷の外であればどこでもできるということではない」と述べ，内部資料はあくまで理論上の可能性との認識を示した。

　政府は，後方支援の具体的な活動範囲を定めるのに当たって，自衛隊の活動期間を通じて戦闘が行われないと見込んだ地域を「実施区域」と指定する方針である。

■ 恒久法を制定する意味合いは？

　自衛隊が，多国籍軍などに後方支援できるようにしたのが国際平和支援法である。政府はイラク戦争などの際，時限立法である特別措置法を制定してきたが，「恒久法」の国際平和支援法があれば，自衛隊を速やかに派遣できるようになる。

　2015年8月4日の参議院特別委員会で，陸上自衛隊出身の自民党の佐藤正久氏は，イラク復興支援の先遣隊長を務めた自らの経験を踏まえ，「(自衛隊派遣の)根拠法がなければ，自衛隊は訓練も他国との調整もできない」と指摘した。特措法では，自衛隊は普段から訓練などの準備ができず，隊員の安全確保にも支障がでかねない。

第2章 こうなる 新たな安保法制

図2-20 過去の特別措置法と恒久法の比較

	テロ対策特別措置法（2001年）	イラク復興支援特措法（03年）	恒久法（国際平和支援法案）
活動内容	インド洋での米軍などへの洋上給油	イラクでの人道復興支援など	多国籍軍などへの給油や補給などの後方支援
法律の期限	あり	あり	なし
事前の情報収集や訓練	困難		可能
国会の関与	事態が起きるたび、法律を制定するための国会審議が必要		自衛隊の派遣前に例外なく国会承認が必要

　国際平和支援法によって，自衛隊は①情報収集や教育，訓練，②活動内容や派遣規模などニーズを確定する現地調査，③各国との調整——などが常に実施できるようになるという利点もある。安倍首相は答弁で「リスクの極小化に資する。実際の活動もより迅速かつ効果的に行うことが可能となる」と強調した。

■ 平時における「武器等防護」の狙いは？

　安保関連法は自衛隊法の改正により，自衛隊が平時において米軍など外国軍の艦船や航空機，設備などの「武器等」の防護を認めている。これまでは自衛隊の装備だけが対象だった。

図2-21　政府が想定する武器等防護の例

- 武力紛争は起きていないが、日朝関係が緊張し、北朝鮮が弾道ミサイル発射の兆候を見せる
- 海上自衛隊と連携してミサイル発射を警戒する米軍が、海自による米イージス艦の護衛を要請
- 米イージス艦を守ることは日本の防衛につながると判断し、防衛相が海自に警護任務を命じる。海自は防護のため必要に応じて武器を使用

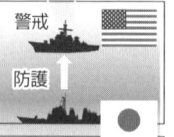

　最もありうるのは，朝鮮半島が緊迫するようなケースだ。北朝鮮が弾道ミサイルを発射する可能性が高まれば，米軍はミサイルが米国に飛来するのを阻止するため，イージス艦を公海上に展開する。ミサイル迎撃モードに入ったイージス艦は，自らの周囲を警戒する能力が落ち，対艦ミサイルや戦闘機

2 ポイント解説

図2-22 日本周辺での安全保障環境の変化

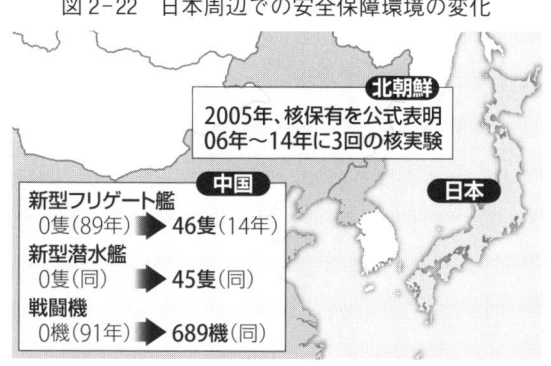

北朝鮮
2005年、核保有を公式表明
06年〜14年に3回の核実験

中国
新型フリゲート艦
0隻(89年) ▶ 46隻(14年)
新型潜水艦
0隻(同) ▶ 45隻(同)
戦闘機
0機(91年) ▶ 689機(同)

からの攻撃にさらされやすい。政府はこうした場合に，海上自衛隊の護衛艦が米艦を守ることを想定している。

　安倍首相が2015年6月26日の衆議院特別委員会で説明したように，「日本のために警戒監視にあたっている米軍が攻撃を受けても，日本自身が武力攻撃を受けていなければ守れない。果たしてこれでいいのか」との問題意識からである。

　中谷安保法制相は8月5日の参議院特別委員会で「自衛隊と米軍の連携強化につながり，抑止力が強化される」と，その意義を強調した。武器等防護が適用される外国軍は，自衛隊と連携して「日本の防衛につながる活動」をしていることが条件だ。具体例として，政府が挙げているのは，自衛隊との共同訓練，警戒監視，後方支援活動——

図2-23 主な米艦防護の例

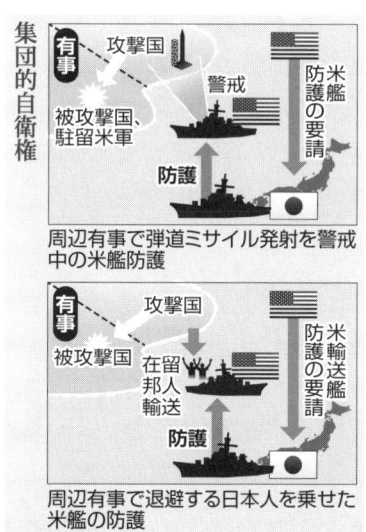

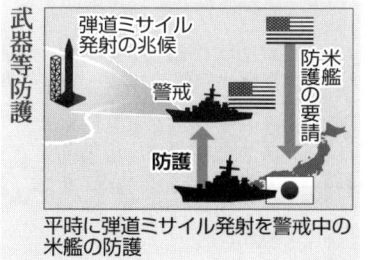

集団的自衛権
攻撃国／警戒／被攻撃国、駐留米軍／防護／防米艦護の要請
周辺有事で弾道ミサイル発射を警戒中の米艦防護

有事
攻撃国／被攻撃国／在留邦人輸送／防護／防米輸護送艦の要請
周辺有事で退避する日本人を乗せた米艦の防護

武器等防護
弾道ミサイル発射の兆候／警戒／防護／防米艦護の要請
平時に弾道ミサイル発射を警戒中の米艦の防護

63

第2章 こうなる 新たな安保法制

などである。米軍以外の外国軍としては豪州軍などが念頭にあると説明している。

公明党の平木大作氏は参議院特別委員会で、「集団的自衛権と混同した議論があり、理解が進んでいない」と指摘し、集団的自衛権による米艦防護との違いをただした。中谷安保法制相は武器等防護は「現に戦闘が行われている現場」を対象外としていると説明し、武力攻撃が起きている場合には適用できないことを説明した。「(武器等防護で) 自衛隊が武力行使に及ぶことはない」と述べ、米国などとの平時の連携強化が目的であることを強調した。

■ 駆けつけ警護　国に準ずる組織　不在が条件

国連平和維持活動 (PKO) 協力法の改正により、自衛隊は「駆けつけ警護」が可能となった。PKO 参加中の自衛隊が、民間活動団体 (NGO) や国連のスタッフが暴徒や武装集団に襲われた際、武器を使って助けに行く活動のことだ。PKO の派遣先は治安が悪いことが多いことから、各国の政府や NGO からの要望は多いという。

駆けつけ警護で問題となっていたのは、相手が暴徒ではなく、軍隊といった国家組織や国に準ずる組織である場合である。自衛隊が他国軍相手に武器を使用すれば、憲法が禁じる武力行使に当たる恐れがある。

図2-24　自衛隊の他国領域での活動

海外派兵	武力行使あり	中東・ホルムズ海峡での機雷掃海	○
		ミサイル攻撃などが想定される場合の敵基地攻撃(=法的には可能も装備体系を有さず)	△
		敵部隊の撃破、大規模空爆や砲撃	×
海外派遣	武力行使なし	後方支援、国連平和維持活動(PKO)、災害時の国際緊急援助隊、海外での合同演習、練習航海など	○

政府は 2014 年 7 月の閣議決定で、駆けつけ警護を認めても武力行使につながる恐れはないとする新たな見解をまとめた。自衛隊の PKO 参加は、派遣 5 原則にある「紛争当事者の受け入れ合意」を厳格に順守しており、国家に準ずる組織が自衛隊に敵対することは基本的にないとの判断からである。事実、1992 年のカンボジア派遣以来、自衛隊は数々の PKO に

参加してきたが，こうしたケースはなかった。

　8月19日の参議院特別委員会では，社民党の福島瑞穂氏が，自衛隊が活動中の南スーダンPKOについて，「大統領と（反政府勢力の）元副大統領派が争っている」と指摘した。中谷安保法制相は「反政府勢力は系統だった組織を持っておらず，支配を確立した領域もない。国準（国家に準ずる組織）には当たらない」と反論した。駆けつけ警護を実施するケースについては，「相手国の受け入れ同意が安定的に維持されていることが確認される場合に限る」との考えを示した。

■ 国民保護法は日本への武力攻撃切迫時に適用されるのか？

　2015年8月21日の参議院特別委員会では，日本への武力攻撃に対し，住民避難や警報発令の仕組みを定めた国民保護法の扱いが論点となった。

　国民保護法（武力攻撃事態等における国民の保護のための措置に関する法律）は，日本への攻撃が発生した「武力攻撃事態」や，その可能性が迫っている「武力攻撃予測事態」の際に適用される。しかし，集団的自衛権を行使できる「存立危機事態」では適用されない。日本が攻撃される恐れがあるとは言えないためである。

　維新の党は，参議院に提出した安保関連法の対案で，集団的自衛権を行使する際は国民保護法を適用することを盛り込んだ。維新の清水貴之氏は「国の存立が脅かされる事態なのに，国内で何の対応も取らないのは矛盾だ」と迫った。

　これに対し，中谷安保法制相は「存立危機事態に該当するような状況は，同時に武力攻撃（切迫）事態にも該当することが多く，現行法で十分対応できる」と反論した。例えば，朝鮮半島で武力紛争が起きた場合，存立危機事態と合わせて，武力攻撃切迫事態を認定することで，国民保護法に基づく対応が可能となる。

　一方，ホルムズ海峡危機のようなケースは，存立危機事態には当たるものの，日本への攻撃が迫っていないため，国民保護法で想定している住民避難

第2章 こうなる 新たな安保法制

などは不要だ。ホルムズ海峡が封鎖されれば、日本への原油輸入が止まる恐れがあるが、中谷氏は政府の対応として、「国民保護法を適用しなくても、石油販売や電力使用の制限などで万全の対応を取る」と説明した。

■ 米軍後方支援　安全確保に配慮

2015年8月25日の参議院特別委員会は、日本が集団的自衛権を行使できる「存立危機事態」での自衛隊の後方支援のあり方を巡り、議論が紛糾した。

安全保障関連法を構成する「米軍等行動円滑化法」(円滑化法)は、日本が個別的・集団的自衛権に基づいて自ら武力を行使している際に、連携する米軍などを支援するための法律である。存立危機事態などでの輸送や補給といった後方支援を規定している。

民主党の福山哲郎氏は、自衛権行使に至らない状況での後方支援を定めた「重要影響事態法」や「国際平和支援法」に明記された、①自衛隊が安全に活動できる「実施区域」の指定、②情勢悪化時の活動中断——の規定が、円滑化法に盛り込まれていないと指摘。「政府は『安全が確保されない限り後方支援は行わない』と言うが、国民をだましている」とただした。

安倍首相はこれに対し、「(後方支援は)合理的に必要と判断される限度を超えてはならない」とする円滑化法4条の規定を挙げ、「これは安全確保にも配慮するという趣旨だ」と反論。中谷安保法制相も「必要な安全措置は、

図2-25　安保関連法案が規定する自衛隊の後方支援活動

法案名	適用例	「武力行使との一体化」の制約	安全確保の規定	活動内容
米軍等行動円滑化法案（改正）	日本の自衛に直結する紛争（武力攻撃事態、存立危機事態）	なし（米軍などの武力行使と一体化する後方支援も可能）	直接の規定はなし	米軍などへの補給や輸送、修理・整備、医療などの支援
重要影響事態法案（改正）	日本周辺などでの紛争（重要影響事態）	あり（一体化する支援は不可）	◆安全に活動できる「実施区域」を指定 ◆情勢悪化時には活動を一時休止・中断	
国際平和支援法案（新法）	国際的な紛争（国際平和共同対処事態）			

66

法律に基づく指針に盛り込む」と強調した。

　答弁に納得しない福山氏との議論はかみ合わず，審議はたびたび中断した。ただ，円滑化法の後方支援は自衛権に基づくため，米軍などの武力行使と一体化することが許され，戦闘現場でも実施可能である。武力行使と関係ない重要影響事態などでの後方支援とは，そもそも性質が異なる。福山氏の指摘に，政府内からは「同列に安全性を論じられる問題ではない」（防衛省幹部）との声が上がった。

■武力行使との一体化　戦闘現場以外なら恐れなし

　2015年8月26日の参議院特別委員会では，自衛隊の後方支援を巡る「武力行使との一体化」論に焦点があたった。補給や輸送といった後方支援活動は，支援相手である米軍の武力行使と一体化した場合，自衛隊が武力を行使したと評価され，憲法9条に反することになる。

　政府は一体化を避けるため，朝鮮半島有事を想定した周辺事態法（1999年）では「後方地域」，自衛隊の海外派遣の際に制定したテロ対策特別措置法（2001年）やイラク復興支援特措法（2003年）では「非戦闘地域」という要件を設定。現在戦闘が起きていないだけでなく，活動期間を通じて戦闘が起きないと認められる地域に限って自衛隊の活動を認めてきた。

図2-26　政府が説明する「武力行使との一体化」のイメージ

戦闘現場での、自衛隊の空中給油機による米戦闘機などへの給油は、米軍の武力行使と一体化し、憲法9条に違反する
×国 ⇔ 🇺🇸 🇯🇵　×戦闘現場

米軍が「現に戦闘行為を行っている現場」でなければ、自衛隊が米戦闘機に空中給油をしても、米軍の武力行使と一体化しているとは言えず
🇯🇵　🇺🇸　〇戦闘現場から離れた公海の上空など

　これに対し，昨年7月に閣議決定した政府見解では，過去の活動実績を踏まえ，「現に戦闘行為を行っている現場」以外であれば一体化の恐れはないと整理し直し，安全保障関連法に反映させた。戦闘機への空中給油や弾薬の提供など活動の内容にかかわらず，柔

軟な対応が可能となる。

　横畠内閣法制局長官は一体化の判断基準として，政府が踏襲してきた①戦闘との地理的関係，②後方支援の具体的内容，③支援相手との関係の密接性，④支援相手の活動の現況――の4要素を挙げ，「考え方に変わりがない」と述べた。

　自衛隊の活動範囲が広がることに関し，公明党の杉久武氏は「自衛隊員の安全は確保できるのか」と質問。中谷安保法制相は「部隊が円滑かつ安全に活動できる場所を実施区域に指定する。従来と安全面では変わらない」と強調した。

■ 邦人救出　相手国同意が条件

　2015年9月4日の参議院特別委員会では，海外でテロなどに巻き込まれた日本人の救出が論点になった。

　自衛隊による在外邦人の保護は，これまで車両や航空機，艦船による「輸送」に限られていた。安全保障関連法は，自衛隊が武器を使って日本人を「救出」できると定めている。日本大使館が武装集団に占拠されたり，航空機がハイジャックされたりするケースが想定されている。

　自衛隊の武器使用は，原則として自分や自分の装備品を守るためにしか許されていないが，救出にあたっては，任務の妨害を排除するための武器使用を認める。正当防衛や緊急避難にあたる場合は，相手を死傷させても違法性を問われることはなく，中谷安保法制相は「このような権限で十分に人質の

図2-27　安全保障関連法案に盛り込まれた日本人救出の例

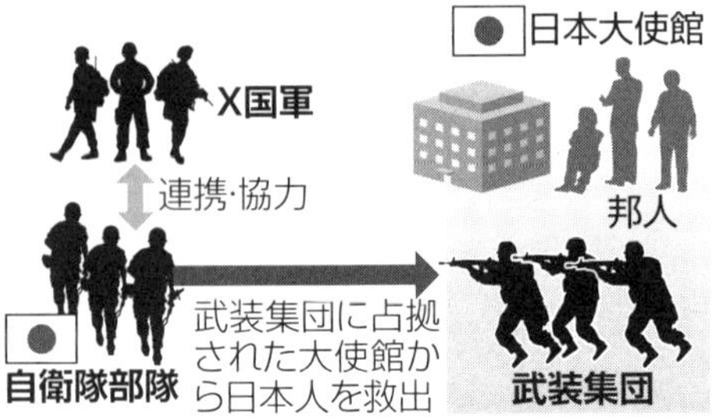

救出ができる」と強調した。

　関連法では，自衛隊による救出の条件として，①現地国が自衛隊の受け入れに同意，②現地当局との連携や協力が確保——などが明記されている。条件を満たさない場合，自衛隊の武器使用が憲法9条の禁じる「武力行使」につながる恐れがあるためである。

　次世代の党の和田政宗氏は，「北朝鮮が無政府状態になった場合，拉致被害者の救出は可能か」と質問。中谷氏は「同意を得られない場合に自国民を救出することは，国際法上も憲法上も難しい」と述べ，北朝鮮への派遣は困難との認識を示した。政府は朝鮮半島有事の際には，在韓米軍などの協力を得て拉致被害者の安全確保を図る方針である。

第2章 こうなる 新たな安保法制

3 シミュレーション

　安全保障関連法の下で，政府，自衛隊，米軍はどう対応するのか。さまざまな事態の発生を想定したシミュレーションではこうなる。

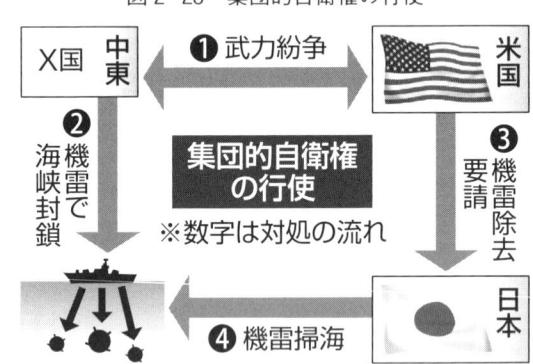

図2-28　集団的自衛権の行使

- ❶ 武力紛争：X国（中東）↔ 米国
- ❷ 海峡封鎖で機雷
- ❸ 機雷除去要請（米国→日本）
- ❹ 機雷掃海（日本）

集団的自衛権の行使
※数字は対処の流れ

図2-29　重要影響事態での後方支援

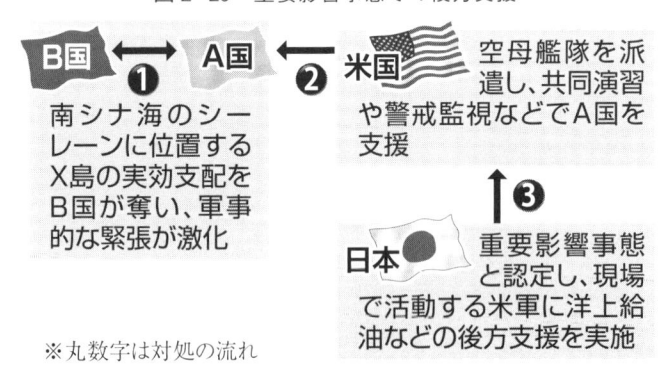

- ❶ B国 ↔ A国：南シナ海のシーレーンに位置するX島の実効支配をB国が奪い、軍事的な緊張が激化
- ❷ A国 ← 米国：空母艦隊を派遣し、共同演習や警戒監視などでA国を支援
- ❸ 日本：重要影響事態と認定し、現場で活動する米軍に洋上給油などの後方支援を実施

※丸数字は対処の流れ

1　中東危機－1（存立危機事態）

　数多くの戦乱が起きた中東は，安定からはほど遠い状況にある。国際社会にとって最大の懸案は，核開発疑惑を抱えるイランである。米国などとの合意で，イランの核開発のペースは落ちたものの，いずれ核武装するとの見方が根強い。イランとイスラエル，またはサウジアラビアとの対立がエスカレートし，戦火に発展する可能性は排除できない。

◇　　◇　　◇

　中東のＸ国が独自に核開発を続けていることに対し，米国など国際社会は経済制裁を強化した。これに反発したＸ国は周辺海域に機雷をまき，各国の船舶が通る国際海峡であるホルムズ海峡を封鎖した。米国は空母を派遣し，Ｘ国との武力紛争に突入した。同盟国の日本に対して，機雷の除去を要請した。

　戦時下の機雷掃海は国際法上，武力の行使にあたる。海上自衛隊の掃海艦を派遣するには，日本政府が定めた武力行使の新３要件を満たし，集団的自衛権の限定的行使をすることが必要となる。

　米国の要請を受けた首相官邸は，関係省庁と協議を開始した。海峡封鎖で日本への原油輸入はほぼ絶たれ，半年分の備蓄が使われ始めた。電力各社は，計画停電を迫られ，灯油の買い占めなどで市民生活も混乱した。凍死者の多発が懸念される冬を迎え，首相は「国民の権利が根底から覆される明白な危険がある」と考えた。

　与党内からは，他の地域からの代替エネルギー輸入で持ちこたえられるとの慎重論も出たが，戦線拡大で紛争の長期化が不可避となり，首相は「他に手段はない」と覚悟を決めた。Ｘ国の領海内で自衛隊が活動すれば憲法の禁じる海外派兵に当たる恐れがあるが，新３要件を満たすことから例外的に派遣は可能と判断した。

　日本政府は，国家安全保障会議と閣議を経て，集団的自衛権行使が可能な「存立危機事態」と認定した。国会の承認を得ると，政府は自衛隊に防衛出動を命じ，米軍が制海権と制空権を確保した海域で機雷の掃海活動に乗り出

第2章 こうなる 新たな安保法制

した。

2 中東危機−2（重要影響事態，存立危機事態）

　反米を掲げ，核開発を進める中東のX国に，親米国Y国が空爆を開始した。Y国の同盟国である米国も参戦して大規模な紛争に発展した。徹底抗戦の構えを見せるX国は，近くのホルムズ海峡に機雷をまき，海上を封鎖した。

　民間船舶の海路が閉ざされたことで，日本国内への原油輸入はほぼ絶たれた。首相は，集団的自衛権を発動できる存立危機事態に当たり得ると考えたが，空爆や地上戦への参加は憲法上認められる「必要最小限度」を超えるため，この段階での武力行使は困難と判断した。代わりに重要影響事態を認定し，自衛隊を派遣して，武力行使に至らない補給や輸送などの後方支援を開始した。

　戦闘は約1か月で終結し，和平協議が始まった。陸上では散発的な抵抗が見られるが，ホルムズ海峡周辺は既に米軍の制圧下となった。航行の自由回復のため，米国は海峡にまかれた機雷の除去を各国に要請した。正式な停戦合意が成立する前の機雷掃海は国際法上，武力の行使に該当するため，集団的自衛権の発動が必要となる。

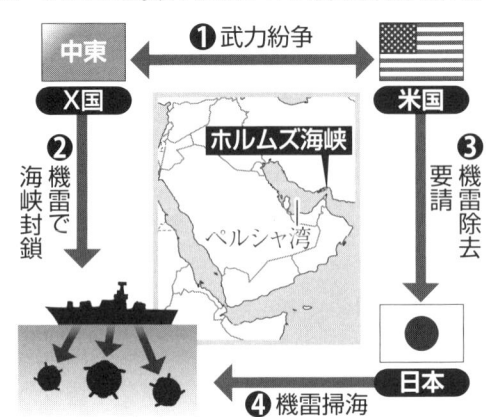

図2-30　ホルムズ海峡で想定される集団的自衛権行使の例

3 シミュレーション

　原油輸入が止まったままの日本国内では，電力各社の計画停電や灯油の買い占めが続き，凍死者が懸念される冬も間近となり，政府は「一日も早く機雷を除去しなければ国民生活に死活的影響が出る」として存立危機事態を認定。国会も「日本の高い掃海能力が国際的に求められている」として海上自衛隊の派遣を承認し，掃海部隊の活動が始まった。

3　南シナ海での軍事衝突（重要影響事態）

　南シナ海では，中国とベトナム，フィリピン，マレーシアなどが領有権を争っている。特に中国は圧倒的な武力を背景に，岩礁を次々と埋め立て，軍事基地を建設している。米軍は「航行の自由」の確保を求めて中国を批判し，警戒監視活動などを実施している。中国と各国との突発的な衝突も懸念されている。

◇　◇　◇

図2-31　南シナ海で想定される「武器等防護」の適用例

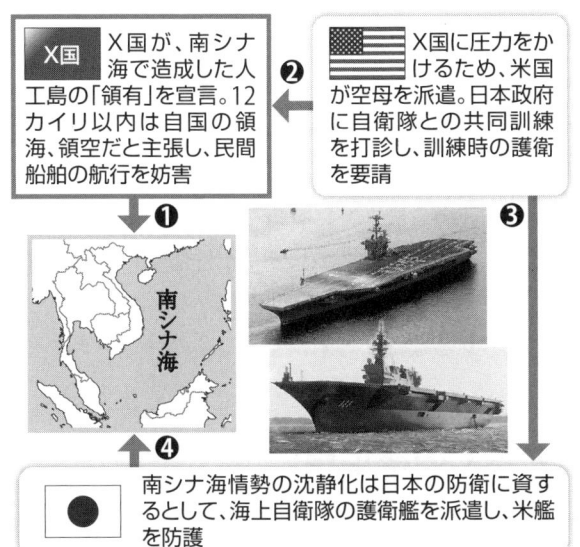

❶ X国　X国が，南シナ海で造成した人工島の「領有」を宣言。12カイリ以内は自国の領海，領空だと主張し，民間船舶の航行を妨害

❷ X国に圧力をかけるため，米国が空母を派遣。日本政府に自衛隊との共同訓練を打診し，訓練時の護衛を要請

❸

❹ 南シナ海情勢の沈静化は日本の防衛に資するとして，海上自衛隊の護衛艦を派遣し，米艦を防護

第2章 こうなる 新たな安保法制

　A国が実効支配する南シナ海のX島に，同島を自国領と主張するB国の民間漁船が着岸した。**漁民に紛れた民兵たちが島の守備隊を制圧**し，自国国旗を掲揚した。B国政府は漁民らの保護を名目に軍艦を派遣し，島の実効支配に乗り出した。

　国際社会では批判が高まったが，B国との衝突を避けたい米国は，直接の軍事介入を見送る一方，島の周辺海域に空母艦隊を派遣した。警戒監視などの示威行動で，B国の撤退を促そうとした。

　米国はさらに，長期戦を見込んで**日本に米軍への後方支援を要請**した。自衛隊を派遣するには，重要影響事態法に基づき，日本の平和と安全に関わる「重要影響事態」であると認定する必要がある。政府は，国家安全保障会議を開き，対応を協議したが，出席した閣僚からは「日本から地理的に遠い。武力紛争が起きているとも言えない段階だ」などとして，重要影響事態に当たらないとの指摘が出た。

　一方でX島は，日本向けの物資や原油を積んだ民間船舶が通るシーレーン（海上交通路）にある。既に多くの船舶が迂回（うかい）を余儀なくされるなど航行に支障が出始めていた。A国とB国の武力紛争が始まれば，影響は一層深刻になる。

　首相は「早期の事態収拾を図るには米軍への支援が必要だ」と判断した。政府は国家安全保障会議と閣議を経て重要影響事態と認定し，国会の事前承認を得て自衛隊に派遣命令を出した。

　海上自衛隊の補給艦は，X島周辺を警戒監視する米イージス艦への洋上給油を開始した。給油中で無防備な米艦が外部から不測の攻撃を受けることがないよう，自衛隊法95条2の「武器等防護」に基づいて護衛艦も出動させ，米艦を警護させるなど，日米が連携しての対処が始まった。

4　南シナ海での緊迫事態（武器等防護）

　南シナ海の公海にある**岩礁の浅瀬を埋め立て，人工島を造成**してきたX国が，「島の領有」を一方的に宣言した。沿岸から12カイリは自国の領

74

海・領空だと主張し、操業中の民間漁船を拿捕（だほ）するなどとして、周辺国に警告した。

　人工島には3000メートル級の滑走路などがあり、実効支配を認めればX国が軍事活動を一気に加速させる恐れがある。米国は、領有権主張を認めない立場を明らかにして圧力をかけるため、現場海域に空母を派遣する調整に入った。

　「12カイリの内側に入り、豪州軍とともに共同演習を実施する。自衛隊もぜひ加わってもらいたい」。空母派遣による示威行動の一環として、米国は演習への参加を日本に打診してきた。「不測の攻撃を受けた場合には共同対処できるよう、備えてもらいたい」との要請もあった。

　武力紛争が起きているわけではないため、自衛隊が演習自体に参加することは可能だ。しかし、自衛隊が、連携して活動する米軍や豪州軍を守るには、自衛隊法95条2で定める「武器等防護」を適用する必要がある。

　南シナ海はシーレーン（海上交通路）に位置し、緊迫した情勢が続けば、日本への原油や天然ガス、物資の供給に影響が出かねない。X国が人工島を利用して東シナ海への進出を強める可能性もある。

　政府は、国家安全保障会議での議論の末、演習に参加することは「日本の防衛につながる」と判断した。自衛隊に、米軍や豪州軍を警護する任務を与えた上で、護衛艦を現場海域に派遣した。

5　朝鮮半島有事－1（存立危機事態）

　朝鮮戦争が停戦してから60年以上が経過したが、独裁国家の北朝鮮は東アジアの不安定要因であり続けている。経済が事実上破綻しているにもかかわらず、北朝鮮は核保有国であると宣言し、弾道ミサイル開発も着々と進めている。韓国を突如砲撃するなど、北朝鮮は衝動的な対応が多く、周辺国を混乱させてきた。

　　　　　　◇　　　◇　　　◇

　経済危機にあえぐ北朝鮮が国内の引き締めを図るため、南北の境界線に近

第2章 こうなる 新たな安保法制

図2-32 朝鮮半島有事への対処

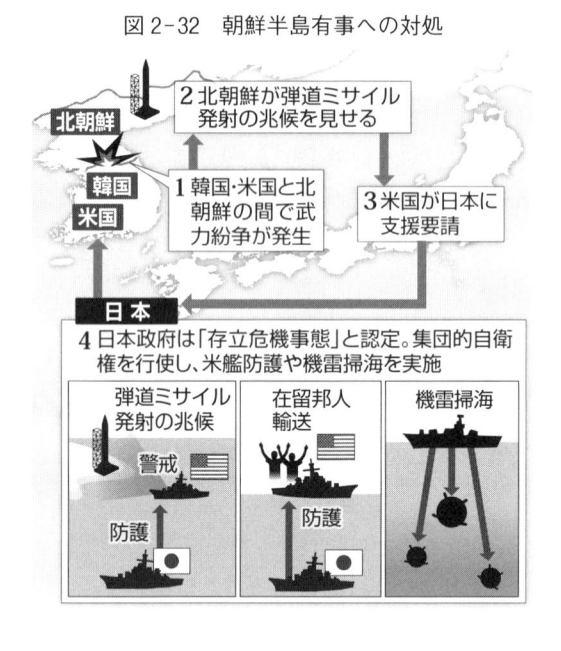

い韓国領内の小島に砲撃を加えた。多数の死傷者が出たことから韓国軍が応戦し、在韓米軍も出動する大規模な紛争に発展した。

日本は直ちに、自衛隊による後方支援が可能になる重要影響事態と認定し、米軍への給油活動などを始めた。まもなく、北朝鮮が弾道ミサイル発射の兆候を見せているとの情報が米国から入った。中距離弾道ミサイル「ノドン」とみられ、日本のほぼ全域が射程圏内である。北朝鮮は「米軍を支援する国はみな敵とみなす」と公言しており、日本も標的になる可能性がある。

米軍は、日本海の公海上にイージス艦を展開させ、弾道ミサイルへの警戒を始めた。このイージス艦に対して北朝鮮が攻撃を仕掛けてくる危険性が高いとして、米国は日本に「護衛してほしい」と、米艦防護を要請してきた。

戦闘中の米艦を守るために自衛隊が応戦する行為は、武力行使に当たるため、集団的自衛権を発動する必要がある。政府は「何もしなければ日本が弾道ミサイル攻撃の犠牲になりかねない」として、集団的自衛権の行使が可能になる存立危機事態の要件を満たすと認定した。

派遣された海上自衛隊は米イージス艦の護衛のほか、北朝鮮領内に武器を運び込む疑いのある不審船の強制検査や、半島から避難する日本人らを乗せた米輸送艦の防護などにあたった。

3 シミュレーション

6 朝鮮半島有事－2
（存立危機事態，重要影響事態，武力攻撃切迫事態）

　北朝鮮との境界線近くを航行していた韓国軍の哨戒艦が，魚雷とみられる攻撃を受けて沈没した。韓国政府は北朝鮮によるものと断定して報復攻撃を行い，北朝鮮がこれに応戦したことから米軍を巻き込む大規模な軍事衝突に発展した。

　日本は，日本の平和と安全に関わる重要影響事態とみなして，米軍に対して洋上給油などの後方支援を始めた。北朝鮮は，米軍機や艦船が在日米軍基地を拠点としていることから，「日本を火の海にする」と宣言した。こうした北朝鮮の強硬姿勢を踏まえ，日本への武力攻撃が迫る武力攻撃切迫事態であると同時に認定した。政府は，国民保護法に基づいて警報を発令し，住民避難の準備などを急ぐよう都道府県に求めた。

　追い込まれつつある北朝鮮は，弾道ミサイルの発射準備を始めた。衛星画像などから兆候をつかんだ米国は，半島周辺にイージス艦を展開した。自衛隊による共同対処を日本に要請した。

　自衛隊が，既に北朝鮮と

図2-33　朝鮮半島有事で想定される集団的自衛権行使の例

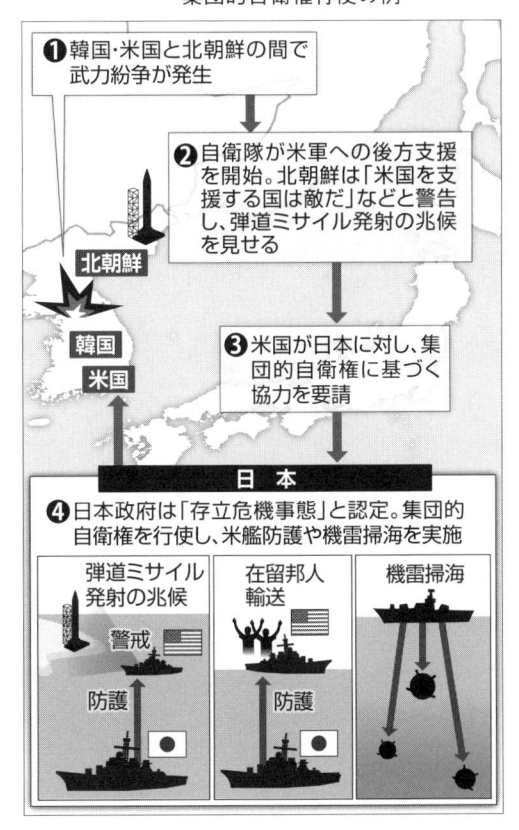

❶韓国・米国と北朝鮮の間で武力紛争が発生

❷自衛隊が米軍への後方支援を開始。北朝鮮は「米国を支援する国は敵だ」などと警告し，弾道ミサイル発射の兆候を見せる

❸米国が日本に対し、集団的自衛権に基づく協力を要請

❹日本政府は「存立危機事態」と認定。集団的自衛権を行使し、米艦防護や機雷掃海を実施

弾道ミサイル発射の兆候　警戒　防護

在留邦人輸送　防護

機雷掃海

77

第2章 こうなる　新たな安保法制

戦っている米国のイージス艦と共同行動することは武力の行使に当たる可能性がある。だが，日本への攻撃はまだ発生していないため，個別的自衛権は発動できない。政府は，重要影響事態と武力攻撃切迫事態のみならず，国民生活が甚大な被害を受ける危険がある存立危機事態に至ったと判断した。

　政府は，集団的自衛権を行使して海上自衛隊の護衛艦を日本海の公海に派遣し，ミサイル発射を警戒する米イージス艦の防護を開始した。さらに，北朝鮮向けの武器を積んだ疑いのある不審船の強制検査などに乗り出した。

4　任務拡大に備える自衛隊

　日本の抑止力を向上するには，安全保障法制の整備に加え，自衛隊自身の能力向上が欠かせない。他国軍との共同訓練など，防衛協力態勢の構築も急務である。自衛隊が活動する現場を追った。

1　連携して中国をけん制

　海上自衛隊とフィリピン海軍は2015年6月23日，南シナ海のスプラトリー（南沙）諸島に近いパラワン島で，海自のP3C哨戒機を投入した初の共同訓練を行った。中国が南シナ海で一方的な岩礁埋め立てなどを行う中，日本とフィリピンは，防衛協力による連携強化で中国をけん制する動きを示した。

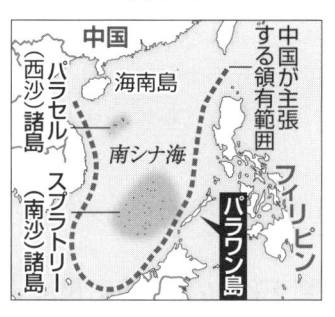

図 2-34

23日，フィリピン南西部パラワン島で，海上自衛隊P3C哨戒機の前で比海軍航空隊のルマワグ司令官と握手する浜野2等海佐（中央）

第2章 こうなる 新たな安保法制

■ 哨戒能力圧倒

　23日午前5時半過ぎ。ジャングルに囲まれたパラワン島プエルトプリンセサの基地に延びる滑走路。海自隊員14人に近づいてきた比軍の将校ら3人は、初めて乗る海自のP3C哨戒機の前で緊張した面持ちだった。握手をして乗り込むと、同機はすぐに飛び立った。行く先は80〜180キロ・メートル西方、南シナ海・スプラトリー諸島近くの公海上空である。警戒監視能力に優れる海自P3Cの南シナ海での初飛行を両国関係者が見守った。

　約3時間、遭難した船の捜索を想定した飛行訓練を実施した。着陸直後に再度離陸する「タッチ・アンド・ゴー」の訓練も終えた。

　指揮官を務めた浜野寛美2等海佐が「どうだった」と声をかけると、将校らは大きくうなずいた。潜水艦の探知にも優れたP3Cの高度な哨戒能力に圧倒されたようである。緊張は解け、友好的な雰囲気に包まれた。

　機内では、将校らが装備に強い関心を示したという。訓練後に記者会見した比海軍航空隊のルマワグ司令官は「日本には（哨戒機を扱う）我々にない経験がある。継続して連携したい」と語った。

■ 日本の装備に関心

　比軍の装備は心もとなく、海自との差は歴然としている。訓練には、比軍の哨戒機「BN1-2A」も参加したが、レーダー機能がなく、哨戒は目視に頼るなどP3Cと比べると装備がかなり貧弱である。飛行訓練ではP3Cに後れをとったようである。比政府は今年の国防予算を前年から約2割増やし、軍の近代化を進めているが、追いついていないのが実情である。

　こうした中、比政府は、同盟国の米国に加え、「戦略的パートナーシップ」関係にある日本との防衛協力を重視している。比軍はこれまで陸軍が中心で、空海軍の整備が遅れていた。このため、不十分な点を補おうと、日本の優れた技術を駆使した高機能の防衛装備品に強い関心を示している。

　米軍も22日から、パラワン島沖でフィリピン軍との定例共同演習を始めた。比軍への関与を強め、比軍の対応能力を高める目的である。

　一方、中国外務省の陸慷（ルーカン）報道局長は23日の定例記者会見で、

南シナ海で行われた海上自衛隊とフィリピン軍の共同訓練について,「関係国は互いに地域の平和と安定に役立つ適切な行動を取るべきで,(南シナ海問題を)わざわざ大げさに誇張し,地域に緊張を作り出すべきでない」と述べ,不快感を示した。

■「重要影響」適用？

中国による南シナ海の岩礁埋め立ては,日本における安全保障関連法の国会審議でも焦点になった。2015年5月,自衛隊による後方支援が可能になる「重要影響事態」の適用地域を問われた安倍首相は「南シナ海で,ある国が埋め立てをしている」と述べた。中国の名指しは避けつつも,南シナ海を念頭に置いていることを示したものである。

特にスプラトリー諸島では,中国の軍事基地化が進み,突発的な衝突も懸念されている。衝突の規模次第では,原油や物資の通り道であるシーレーン(海上交通路)での船舶航行に影響が出る可能性もあり,安保関連法の作成に関わった自民党議員は「米軍が空母の派遣など一定の軍事介入に踏み切れば,重要影響事態を想定しなければならない」と指摘する。

日本政府は,埋め立て問題で中国と対立するASEAN諸国との防衛協力を拡充し,抑止力の強化を図っている。今回の共同訓練にP3C哨戒機を派遣したのも,装備移転をにらんでの動きとみられており,技術協力を急ぐ方針である。

2　新たな任務に対応

陸上自衛隊が参加した国連平和維持活動（PKO）の国際共同訓練「カーン・クエスト」が2015年6月28日,モンゴルで報道陣に公開された。安全保障関連法には,幅広い国際貢献を実現するため,PKO活動の拡充も盛り込まれている。今後は,新たな任務に対応するための訓練が求められる。

第2章　こうなる　新たな安保法制

■ 法の枠内　銃撃くぐる

　のどかな草原に，乾いた銃撃音が突然響いた。首都ウランバートルの西方約60キロ・メートルにある訓練場。宿営地内をパトロール中の陸自部隊が何者からか発砲を受け，身を守るために反撃するという想定の「巡察訓練」だ。25人の隊員たちは素早く小銃を構え，「敵，10時の方向」「前へ，前へ」などと叫びながら応戦した。相手は宿営地から逃走した。

　今年のカーン・クエストには，アジア・欧米から23か国が参加した。陸自が実動部隊を送り込むのは，今回が初めてだ。巡察を含む5つの訓練課目は，いずれも，安保関連法の制定前から認められている活動だ。

　陸上自衛隊が参加している南スーダンのPKOでも，情勢の悪化に伴い国連敷地外で活動できなくなった時期があり，隊員が襲われるというシナリオは決して絵空事ではない。

　カーン・クエストの訓練責任者であるモンゴル軍のバト・エルデン中佐は「自衛隊はとても高度に訓練され，任務を非常によくこなす」と語り，日本の訓練参加を歓迎した。モンゴル軍も陸上自衛隊に続いて同じ場所で同じ巡察訓練を行ったが，実際の任務で彼らが襲われ，助けを求めてきた場合，自衛隊は安保関連法に盛り込まれた「駆け付け警護」に基づき，行動することになる。

山の上から発砲を受け，対応に追われる自衛隊員

暴徒に対処する米軍兵士

4　任務拡大に備える自衛隊

「食料をよこせ！」

別の訓練場所では，国連の建物から食料を強奪しようとする住民らを，米軍の兵士約20人が抑え込もうとしていた。「暴動対処」と呼ばれる訓練だ。発煙筒を投げ込んで威圧する住民たちに対し，兵士らは警棒と盾で応じていた。自分の身を守るのではなく，PKOの任務を遂行するために武器を使うことは，以前の法制で認められていなかった。法律上，暴動対処は実施できないため，陸上自衛隊は訓練への参加を見送った。視察も自粛する「徹底」ぶりである。

図2-35
安全保障関連法案に盛り込まれた
PKO協力法改正案の概要

武器使用権限の強化	駆け付け警護	離れた場所にいる民間人らが武装集団などに襲われた際、自衛隊が武器を使って助けに行けるようにする
	安全確保活動	一定地域の治安を維持するため、自衛隊が武器を使って住民の保護や巡回、検問などを行えるようにする
活動の拡大	人道復興支援	国連が直接統括するPKOだけでなく、国連の要請に基づいて各国が協力して行うPKO類似の人道復興支援などにも参加を可能に

こうした活動は，関連法の成立によって，「安全確保活動」として可能になった。陸上自衛隊幹部は「法律だけでは部隊を動かせない。新たな武器使用権限を隊員の体にしみこませることが必要だ」と強調する。カーン・クエストで部隊を指揮する関根和久・3等陸佐は，「与えられた任務を完遂するための教育・訓練を一生懸命やることが，我々のなすべきことだ」と力を込めた。

3　機雷掃海　緊迫の訓練

海にまかれた機雷を爆破処理する海上自衛隊の機雷掃海訓練が2015年6月24日，硫黄島（東京都小笠原村）沖で行われ，報道陣に公開された。安全保障関連法の国会審議では，集団的自衛権の限定的行使としての機雷掃海に注目が集まった。自衛隊は緊迫した面持ちで訓練に取り組んでいた。

午前8時半過ぎ。太平洋戦争末期の激戦地・硫黄島の沖合約500メートル。7隻の掃海艦艇が見守る中，訓練は始まった。機雷掃海の国内訓練は年4回行われるが，硫黄島の訓練では，唯一本物の機雷が使用される。

83

第2章 こうなる 新たな安保法制

図2-36 海上自衛隊による機雷掃海のイメージ
①掃海艇がソナーで機雷を探知
②ダイバーを乗せた小型ボートで接近
③時限点火装置のついた爆薬を設置
④機雷を爆破処理

　掃海艇から派遣された1隻の小型ボートが、訓練海域へと近づく。ソナーで探知した機雷らしきものを確認するため、水中処分員（ダイバー）を向かわせたのだ。機雷であると判断した処分員は、時限点火式の爆薬を慎重にとりつけ、急いで掃海艇に戻った。穏やかな海が、緊張感で異様なほど静まりかえった。現場の海上自衛隊幹部が「中東でもどこでも、掃海活動は変わらない。こういう安全な場所でやるのが鉄則だ」とつぶやいた。

　集団的自衛権の限定的行使として実施する機雷掃海は、1991年に海上自衛隊が参加した、湾岸戦争後のペルシャ湾での掃海とは異なる。停戦・終戦の前に自衛隊を派遣し、機雷を処理するため、危険性や必要性に焦点が当たっている。政府は、原油輸入のルートである中東・ホルムズ海峡が機雷で封鎖され、国民生活に甚大な影響が及ぶ「存立危機事態」が発生した場合、海上自衛隊を派遣しての掃海を可能にする必要があるとしている。これに対し、野党側には「ホルムズ封鎖は非現実的だ」「停戦前は危険」などの批判がある。

　防衛省幹部は「制海権、制空権を確保したエリアであれば、停戦前でも掃海は可能だ」と強調する。朝鮮戦争のさなかにも、旧海軍の流れを

報道陣に公開された海上自衛隊の機雷掃海訓練

84

くむ掃海部隊が朝鮮半島周辺で機雷掃海を行ったことはある。ただ，この幹部も「もちろん，『絶対安全』ではない」と指摘する。

午前9時7分。海面に白い水柱と灰色の煙が突如姿を見せ，100メートルほどの高さまで上昇。数秒遅れて，「ドーン」という地響きと風圧が，海岸で見守る報道陣に届いた。安全な環境での掃海とはいえ，一歩間違えれば生死に関わる過酷な任務であることを，その迫力が物語っていた。

訓練を指揮する岡浩・掃海隊群司令は，国会論戦への言及を避けつつ，報道陣にこう強調した。

「我が国が四面を海に囲まれ，輸入に依存している以上，シーレーン（海上交通路）は重要だ。どのような任務であっても，ここで培った能力を応用する」

機雷

機械水雷の略称で，敵の侵攻を防ぐために自国周辺の海域や相手の港湾などにまく「水中版の地雷」。船の音や磁気に反応する感応機雷や，船体に触れた衝撃で爆発する触発機雷などの種類がある。ミサイルなどに比べ安価な武器だが，破壊力が大きい上，一つでもまかれれば一帯の航行がマヒするため，戦術的効果は大きいとされる。

4　離島防衛の要を育てる

■ 米海兵隊をモデルに

陸上自衛隊西部方面普通科連隊（西普連）の水陸両用訓練が2015年7月16，17の両日，長崎県佐世保市の相浦（あいのうら）駐屯地で行われ，報道陣に公開された。全国で唯一，離島防衛を主任務とする精鋭部隊で，沖縄県・尖閣諸島など南西諸島防衛の強化に向け，米海兵隊にならって新設される「水陸機動団」の中核となる。

台風の接近で風雨が強まった16日午後。離島に見立てた砂浜に，上陸用の黒いゴムボート6隻が近づいてきた。エンジンを切って速度を緩め，迷彩

第2章 こうなる 新たな安保法制

図2-37

相浦駐屯地
離島有事の際にはオスプレイで水陸機動団が機動展開
尖閣諸島
（沖縄県石垣市）
200km

図2-38 離島防衛を巡る主な取り組み

日米防衛協力の指針 （2015年4月策定）	離島有事における日米連携を明記。離島奪還作戦などで米軍が自衛隊を「支援・補完」
安全保障関連法案 （15年5月国会提出）	グレーゾーン事態で自衛隊と米軍が連携して対処する際、武器を使ってお互いを防護できるようにする自衛隊法改正案95条2
運用面の改善策 （15年5月閣議決定）	グレーゾーン事態で自衛隊を迅速に出動させられるよう、電話による閣議を導入
防衛力整備 （15年度予算で関連経費を計上）	陸上自衛隊に水陸機動団を新編。水陸両用車「AAV7」や、新型輸送機「MV22オスプレイ」を導入

　服姿の隊員がボートから次々と海に飛び込む。隊員たちは海面でボートを左回りに反転させ、再び乗り込む。数百メートル沖に進んでは戻り、砂浜近くで素早く向きを変える訓練を繰り返す。ボートの仕様は米海兵隊と同じで、こうした技術は米軍との共同訓練を重ねてノウハウを得た。
　ボートに見立てた大きな丸太を6人で担ぎ、坂道や2メートルもの壁を乗り越える基礎訓練も。見学の記者が試みたが、8人でも丸太を持ち上げることはできなかった。ヘリの不時着を想定した訓練では、プール内の水中で、ヘリ座席を模した装置の窓枠やシートベルト、身につけた小銃を外して抜け出す緊急離脱を行った。
　公開された訓練の参加者は約80人で、20歳代が中

ボートでの離島上陸を想定した訓練を行う陸自隊員

86

心。5週間の訓練は，泳力や自己防護力を身に付ける基本訓練が中心だが，米海兵隊譲りとあっていずれも過酷である。海から上陸して陸地を奪い返す水陸両用作戦の要員になるまでには数年を要する。

　政府は18年度までに，約3000人規模の水陸機動団を発足させたい考えである。現在の西普連は約700人にとどまるため，陸自は昨年3月に教育隊を発足させ，すでに5回の基本訓練を実施した。米海兵隊に学ぼうと，西普連は豪州北部で実施中の米豪合同訓練などにも参加しているが，「装備，実力，人員とも遠く及ばない」（陸上自衛隊幹部）のが現状である。西普連の後藤義之連隊長（1佐）は「作戦のあり方を進化させ，人材育成をしながら戦い方を考えていく必要がある」と語った。

■日米，連携を強化

　離島防衛は，日米両国が2015年4月に合意した新たな日米防衛協力の指針（ガイドライン）や，今回制定された安保関連法でも焦点の一つとなった。

　新ガイドラインは，日本が外国から武力攻撃を受けた「有事」における協力として，「島嶼（とうしょ）」防衛を初めて明記した。中国の海洋進出の活発化を踏まえ，沖縄県・尖閣諸島など南西諸島一帯を念頭に置いたもので，自衛隊は水陸両用作戦などを「主体的に実施」し，米軍の「支援・補完」の下で離島を守る。

　有事に至る前の緊迫した状況（グレーゾーン事態）での日米連携を強化するため安保関連法に盛り込まれたのが，自衛隊法95条2の「武器等防護」だ。国籍不明の武装漁民による離島上陸など，外国からの武力攻撃とは即断できない場合に日米が連携して警戒監視などを行う際，武器を使ってお互いを守り合えるようにするのが狙いである。

　実際のグレーゾーン事態では，警察や海上保安庁には対処できないと判断した場合に限って，政府が治安出動・海上警備行動を発令し，自衛隊を出動させる。一連の手続きを迅速化するため，政府は電話による閣議で発令を認める方針を決め，5月に閣議決定した。

第2章 こうなる 新たな安保法制

図2-39 安保関連法案成立で可能になる新たな国際貢献

法案	可能になる活動	政府が念頭に置く事例
PKO協力法改正案※	PKOとは異なる有志連合による人道復興支援など	イラクでの人道復興支援など(2003〜09年)
	PKOや人道復興支援での駆け付け警護や安全確保活動	南スーダンでのPKO(11年〜)
船舶検査活動法改正案※	国際的な船舶検査活動	テロや大量破壊兵器の拡散を阻止する多国籍部隊「CTF150」(01年以降開始)
国際平和支援法案(新法)	国際的な紛争などに対処する多国籍軍への後方支援	インド洋での洋上給油(01〜07年、08〜10年)

※は、現行法を一括改正する「平和安全法制整備法案」の一部

図2-40 自衛隊による国際貢献の主な拠点

- 海上自衛官が司令官を務めるCTF151司令部 → バーレーン
- 陸上自衛隊が参加中のPKO → 南スーダン(ジュバ)
- CTF151の実動部隊として海自が実施中のアデン湾での海賊対処活動 → ジブチ

88

5 拡大する国際貢献

　自衛隊が参加する南スーダンでの国連平和維持活動（PKO）と，アフリカ・ソマリア沖での海賊対処活動が，2015年7月下旬から8月にかけて報道陣に公開された。安全保障関連法の成立で，自衛隊による国際貢献は質・量ともに拡大するが，実際の派遣にあたってはこれまで同様に慎重な判断が求められ，地道な訓練も必要である。

■ 武器使用　想定や訓練必要

　気温40度を超える酷暑の中，陸上自衛隊は黙々と砂利道をならし，生活道路を整備していた。2015年7月24日，南スーダンの首都ジュバ。道行く子供が笑顔で「ヤバーニ（日本）」と隊員に声をかける。PKOの一員として，すっかり現地に受け入れられているようである。

　南スーダンは2011年7月，内戦の末にスーダンから独立。国連はすぐにPKO部隊の派遣を決め，陸上自衛隊も同年から参加，現在は約350人が活動する。安保関連法の成立で，国連や民間活動団体（NGO）の関係者が強盗などに襲われた場合に助けにいく「駆け付け警護」や，一定地域の治安維持のための「安全確保活動」といった任務が法制上可能になる。このため，南スーダン政府からは「より大きな役割を果たしてほしい」（ベンジャミン外相）との声も出ている。

　ただ，現地での任務が一足飛びに広がるわけではない。「（新たな活動の際）いつどんな場所でどういう状況なら撃てるのか。細かく想定し，徹底した訓練をしてからでないと，部隊は出せない」（自衛隊幹部）ことから，法成立を受けて，部隊行動基準（ROE = Rules Of Engagement）の策定が急務となる。

　態勢が整っても，新たな任務を実行するには安全面の配慮が必要となる。南スーダンでは13年12月，政府軍と反政府勢力との武力衝突が発生し，治安が悪化した時期があった。全面的な武力紛争には至らず，PKO参加5原則を満たしているとして自衛隊派遣は続いたものの，防衛省は隊員の安全確保のため，国連敷地外での活動を一時自粛した。こうした情勢悪化時に，

第2章 こうなる 新たな安保法制

拡大された活動をどこまで行うかには「これまで以上に慎重な判断が求められる」(防衛省幹部)。

安全確保活動では「第一線に実動部隊を送るよりも，司令部ポストに幹部自衛官を派遣する方が現実的」という声も政府内にある。実際，南スーダンではインドやエチオピアといった途上国が治安維持の主力である。先進国は代わりに司令部に人材を送り，各国部隊を指揮している。

■他国連携　制限あり未知数

アフリカ東部，ソマリア沖・アデン湾は，海上自衛隊の護衛艦2隻とP3C哨戒機2機が海賊に目を光らせている海域だ。2013年，米英などで構成する多国籍部隊「CTF151」に加わった海上自衛隊は，湾に面するジブチに拠点を置き，不審船取り締まりや，日本を含む各国民間船舶の護衛にあたる。

「前方にスキフ(小型漁船)」。アデン湾上空を飛ぶ海上自衛隊の哨戒機が，小さな漁船を見つけた。機内に緊張が走る中，漁船に近づき，望遠レンズで写真を撮影。商船を襲うための武器やハシゴがないことを確認した隊員は「海賊ではないようだ」とほっとした様子を見せた。こうしたアデン湾上空のパトロールの実に6割近くを，海上自衛隊が担っている。

現場周辺では，テロリストの活動監視などを目的とした別の多国籍部隊「CTF150」も展開しており，安保関連法が成立したことで，こうした活動への参加も可能になる。ただ，憲法の禁じる「武力の行使」を避けるため，武器使用権限は最小限に抑えられ，各国と連携がうまくいくかは未知数だ。

ソマリア沖のアデン湾で，護衛艦「さわぎり」の上空を哨戒するP3C機

それでも，自衛隊が国際社会で受ける評価と期待は高まり続ける。2015年春には，自衛隊創設以来初の多国籍部隊トップとして，CTF151司令官に海上自衛隊の伊藤弘・海将補が就任した。7月27日，取材に応じた伊藤氏は「国際社会の責任ある構成員として，応分の責務を果たす必要がある」と語った。

■「議論不十分」の指摘

　安保関連法には，国際貢献拡大のための既存の法改正や新法が盛り込まれた。PKO協力法では，国連主体のPKOとは異なる有志連合の国々による人道復興支援などへの参加を新たに認めた。念頭にあるのは，イラク戦争後の自衛隊派遣だ。駆け付け警護や安全確保活動も，改正された同法に盛り込まれた。

　新法である国際平和支援法では，国連決議に基づき活動する多国籍軍への後方支援を定めた。派遣前には国会承認が必ず必要だ。抑止力としての集団的自衛権に比べ，こうした活動は現実のニーズが高く，実際に実施される可能性があるが，国会審議は集団的自衛権を巡る違憲論などに集中してしまい，「国際貢献の議論が十分に進んでいない」（政府関係者）との指摘が出ている。

第3章

安保法制 こう議論された

第3章　安保法制　こう議論された

1　憲法解釈見直しへ

　安全保障関連法は，政府と自民，公明両党による1年間に及ぶ協議を経て，法案として取りまとめられた。与党協議では，日本の安保法制の問題点がすべて俎上に上ったと言っても過言ではない。

　政府・与党の協議には三つの節目があった。政府の有識者会議の報告書を受けた自公両党による協議（2014年5月20日〜7月1日），集団的自衛権の限定行使を容認した閣議決定（14年7月1日），法案の中身を議論した自公協議（15年2月13日〜5月11日）の三つである。法案が15年5月14日に閣議決定されるまでの政府・与党の議論を振り返り，安保法制の意義を考えてみたい。（肩書はすべて当時）

1　安保法制懇が報告書
■ 憲法解釈の見直しに着手

　政府の有識者会議「安全保障の法的基盤の再構築に関する懇談会（安保法制懇）」（座長＝柳井俊二・元駐米大使）は2014年5月14日，報告書（巻末資料6）を安倍晋三首相に提出した。柱は，憲法解釈を見直して，①集団的自衛権の限定的行使を認める，②国連決議に基づく多国籍軍など集団安全保障に参加できるようにする――ことだった。

　安倍首相は提出後の記者会見で，集団的自衛権の限定行使の容認に向け，憲法解釈の見直しを政府・与党で検討する考えを表明した。「国際法上保有するが，憲法上行使できない」とされた集団的自衛権をめぐる論議は，大きな転換点を迎えた。

　首相は記者会見で，我が国の安全に重大な影響を及ぼす恐れがある場合には，集団的自衛権の限定的な行使は許される――との安保法制懇の報告書について，「必要最小限度の武力行使は許容されるという従来の政府の立場を

94

踏まえた考え方だ。今後さらに研究を進めたい」と述べ，検討に値するとの考えを表明した。

一方で，自衛隊の集団安全保障参加も，憲法上の制約はないとした点に関しては，「憲法がこうした活動の全てを許しているとは考えず，政府として採用できない」と語った。

記者会見する安倍首相

首相は，憲法解釈を見直すべき事例として，日本に退避する邦人を乗せた米艦の防護と，海外に駐留している自衛隊が武器を使って民間人などを助ける「駆けつけ警護」を挙げ，「憲法が，こうした事態に国民の命を守る責任を放棄せよ，と言っているとは考えられない」と訴えた。

当面取り組む課題としては，漁民を装った武装集団が離島に上陸する「グレーゾーン事態」を例示し，憲法解釈を変更しなくても可能な国内法の整備を目指す考えを示した。

首相は「『日本が再び戦争をする国になる』といった誤解があるが，断じてありえない。憲法が掲げる平和主義はこれからも守り抜いていく」と強調した。

公明党の山口那津男代表は国会内で記者団に「（解釈変更が）従来の政府の考え方と論理的整合性をもって突きつめられるかどうか。法的安定性を保てるかどうか。真摯に協議したい」と語った。

■ 異例の経過をたどった安保法制懇

安保法制懇の検討作業は，極めて異例の経過をたどった。安保法制懇の設置は，第1次安倍内閣時代の2007年5月にさかのぼる。検討を委ねたのは，集団的自衛権に該当する恐れがある行為のうち，首相が何らかの対応が必要

第3章 安保法制 こう議論された

だと考えた四つの問題（4類型）である。具体的には，①公海での米艦防護，②米国に向かうかもしれない弾道ミサイルへの対応，③国際的な平和活動における武器使用，④同じ国連PKOに参加している他国の活動に対する後方支援——の4点となる。

だが，安倍首相はこの後，2007年7月の参議院選挙で敗北し，体調悪化も重なって9月に政権を投げ出す格好で退陣した。その後，安保法制懇は2008年6月，後継の福田康夫首相に報告書を提出し，「（集団的自衛権の行使に関する）解釈の変更は必要であり，政府が適切な形で新しい解釈を明らかにすることによって可能である」と提言した。だが，福田内閣は07年参議院選挙の結果生じた，参院で野党が多数を握る衆参「ねじれ国会」の中で，憲法解釈の見直しどころではなかった。その後に政権を獲得した民主党でも，野田佳彦首相は，集団的自衛権の行使を可能にしようと憲法解釈の変更を模索したが，実際の検討までには至らなかった。

2012年12月，自民党が衆議院選挙で勝利して政権を奪還すると，安倍首相は第2次内閣をスタートさせ，集団的自衛権の解釈見直しを政治課題として掲げた。13年2月，安倍首相は安保法制懇を第1次内閣と同じメンバーで復活させ，「お蔵入り」になっていた報告書を，首相の立場で改めて受け取った。

復活した安保法制懇は，4類型のほか，検討すべき6事例を決めた。

6事例とは，①日本の近隣で有事が発生した際の船舶検査，米艦等への攻撃排除，②米国が武力攻撃を受けた場合の対米支援，③日本の船舶の航行に重大な影響を及ぼす海域（海峡等）における機雷の除去，④イラクのクウェート侵攻のような国際秩序の維持に重大な影響を及ぼす武力攻撃が発生した際の国連の決定に基づく活動への参加，⑤日本領海で潜没航行する外国潜水艦が退去の要求に応じず徘徊を継続する場合の対応，⑥海上保安庁等が速やかに対処することが困難な海域や離島等において，船舶や民間人に対し武装集団が不法行為を行う場合の対応——であった。安保法制懇の報告書提出は，当初想定された13年末から14年5月へと大幅にずれ込んだ。

「4月の消費税率引き上げの影響を見てからにしましょう」「4月下旬の衆

院鹿児島2区補選の後がいいです」

菅義偉官房長官が慎重にタイミングを見極め，意気込む首相周辺に伝えたからである。菅氏は独自の人脈を生かし，公明党の支持母体・創価学会の説得にも当たった。

2　限定行使へ具体的事例

■ 解釈見直しへ機は熟した

「国民の命と暮らしを守るための法整備が，これまでの憲法解釈のままで十分にできるのか。さらなる検討が必要だ」

2014年5月15日，安保法制懇の報告書提出を受けて行われた記者会見で，安倍首相はこう強調した。

「これまでの憲法解釈」とは，自衛権の行使は我が国を防衛するため必要最小限度の範囲にとどまるべきで，集団的自衛権の行使はその範囲を超え，憲法上許されないと禁止していたそれまでの憲法解釈を指す。

個別的自衛権は，1954年12月の政府統一見解で正式に認められた。だが，米ソ冷戦下の70～80年代に定着した集団的自衛権に対する政府解釈が原因で，日本の安全保障を巡る議論は時計の針が止まったかのように足踏みを続けてきた。報告書はこう指摘した。

〈いかなる組織も，外界の変化に応じて自己変容を遂げていかなければならない。そうできない組織は，衰退せざるを得ないし，やがて滅亡に至るかもしれない〉

実際，日本の安全保障環境は，それまでと比べものにならないほど変化していた。何より顕著なのは，経済と軍事の両面で中国が「大国」となったことである。80年の名目国内総生産（GDP）は日本の3分の1であったが，この4年前に日本を抜き，軍事費はそれまでの25年間で33倍に増えた。沖縄県の尖閣諸島周辺の東シナ海で挑発行為を繰り返し，南シナ海では現に「力による一方的な現状変更」を試みている。90年代から核・ミサイル開発を進めてきた北朝鮮も，日本全土を標的とする弾道ミサイルを配備した。

第3章　安保法制　こう議論された

図3-1　政府が集団的自衛権行使の限定容認を検討する主な事例

❶ 戦闘地域から日本に退避する邦人らが乗った米艦の護衛・防護
　現状：公海上で外国の船に乗っている日本人への攻撃は、個別的自衛権発動の要件を満たさない
　　　　紛争国から逃れようとしている日本人を乗せた米国の船を日本が守ることができない

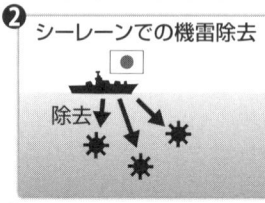

❷ シーレーンでの機雷除去
　現状：停戦合意がない段階では集団的自衛権の発動にあたる。停戦後に「遺棄機雷」として除去が可能
　　　　機雷で重要なシーレーンが封鎖されれば、原油供給が止まり、国民生活に死活的な影響が出る

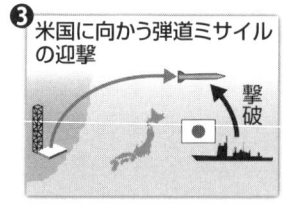

❸ 米国に向かう弾道ミサイルの迎撃
　現状：日本への武力攻撃ではないため、個別的自衛権を発動して自衛隊が迎撃することはできない
　　　　同盟国である米国の危機に対応できなければ、日本の安全保障の根幹である日米同盟が揺らぐ

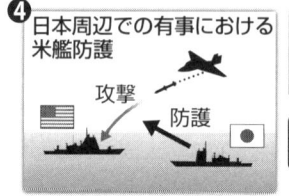

❹ 日本周辺での有事における米艦防護
　現状：米艦が攻撃されても、日本は自国が攻撃されたわけではないため、個別的自衛権を発動できない
　　　　事態を放置すれば、紛争が拡大し、日本の安全にも影響を与える

　一方，国防費削減を義務づけられている米国のアジア太平洋地域での影響力は，相対的に低下しつつある。オバマ米大統領が2014年4月の日米首脳会談で，憲法解釈の見直しを支持する考えを示したのは，日本の応分の役割への期待からである。
　首相は記者会見で，「あらゆる事態に対処できる法整備によってこそ抑止力が高まり，紛争が回避され，我が国が戦争に巻き込まれることがなくなる」と訴えた。戦争を未然に防ぎ日本の安全を守るため，憲法解釈見直しの

98

機は熟していた。

■ユートピア平和主義との争い

　再び安倍首相の記者会見。「具体的な例で説明したい」と切り出すと，事務方に書き換えまで命じ作成したパネルを前に，身ぶり手ぶりを交えて語り始めた。

　安保法制懇の報告書や首相記者会見では，行使を認めるべき典型的なケースとして，日本近隣国で有事が発生した際の対応（近隣有事）と，シーレーン（海上交通路）に敷設された機雷の掃海作業（機雷除去）などが明示された。

　いずれも日本の平和と繁栄を脅かしかねないケースだが，対応の仕方は論理的には3分類される。

　第1は，憲法解釈を変更し，集団的自衛権として可能とするものだ。政府・自民党はこの対応を目指していた。

　第2は，従来の憲法解釈を維持したうえで，個別的自衛権や警察権として対応しようというもので，公明党が追求していた。

　第3は，何も対応しないという場合である。

　自民党の高村正彦副総裁は首相記者会見の翌日，日本記者クラブで講演し，日本の安保論争は「ユートピア的平和主義者と現実的平和主義者の争いだ」と指摘した。

　「ユートピア的」に属するとみられる野党や一部メディアは，集団的自衛権を巡る議論で「憲法を解釈で変更するのは立憲主義の破壊だ」などと首相を批判した。だが，近隣有事や機雷掃海についての具体策を提示することにも及び腰だった。

　首相は，具体的事例を示すことに力を入れた。「集団的自衛権であれ個別的自衛権であれ，日本として対応しなければならない，という共通土俵に乗せて，議論をかみ合ったものにしたい」（政府高官）ためである。

　「憲法9条の破壊」といった抽象的・神学的な論議を抜け出し，「日本の平和と安定のために必要な対応は何か」という実効性の伴う論議へ——。その重要なきっかけとなったのが具体的な事例であった。

第3章　安保法制　こう議論された

■ 近隣有事での自衛隊の後方支援

〈日本の近隣にあるＡ国がＢ国の攻撃を受けた。米国は集団的自衛権を行使してＡ国を支援した。自衛隊はＡ国を支援している米国や他国の部隊を支援しなくてよいのか〉

　安保法制懇の報告書が示した「近隣有事」は，北朝鮮が韓国を攻撃する朝鮮半島の有事を主として想定していた。韓国と同盟関係にある米国は集団的自衛権を行使し，軍事行動に乗り出す可能性が高い。

　首相記者会見で掲げられたパネルには，戦闘地域から日本へと退避する日本人らが乗った「米艦の護衛・防護」の事例が示された。首相は「日本人が乗っている米国船を自衛隊は守ることができない。これが現在の憲法解釈だ」と述べ，集団的自衛権の限定的行使を容認する必要性を訴えた。

　朝鮮半島有事の場合，韓国に在留する約５万人の日本人の避難は最大の課題となる。戦闘地域に派遣できない自衛隊に代わって，「米国の艦船にお願いすることになる」(菅長官)のは現実的なシナリオと言える。

　だが，それまでの憲法解釈では，公海上を航行する外国船上の日本人が攻撃されたとしても，「個別的自衛権の行使として対処はできない」(小野寺五典防衛相)とされていた。集団的自衛権の発動が認められなければ，自衛隊が米国の艦船を守ることは不可能である。

　北朝鮮の弾道ミサイルを警戒している米軍のイージス艦を自衛隊が防護することも，集団的自衛権の行使にあたる。イージス艦はミサイルを探知する際，レーダーをミサイルに集中させるため，周辺の状況が把握できなくなる。一種の「無防備状態」に置かれ，護衛艦や戦闘機の護衛が必要になる。

■ 中東での機雷掃海

〈日本が輸入する原油の大部分が通過する重要な海峡で武力攻撃が発生し，Ａ国が敷設した機雷でシーレーンが封鎖され，日本への原油供給の大部分が止まる〉

　このケースは，日本が輸入する原油の約８割が通過するペルシャ湾出口のホルムズ海峡を想定している。海上自衛隊は機雷を除去する掃海能力で世界

1　憲法解釈見直しへ

有数の実力を持ち，関係国から掃海活動への参加を要請される可能性が高い。

従来の憲法解釈では，ばらまかれた機雷を停戦前に除去することは，憲法9条で禁じられた「武力の行使」にあたるとされた。紛争当事国が停戦協定に署名し，機雷が「遺棄」された状態になってはじめて警察権の行使として掃海活動を行うことができる。

八代海で初めて行われた海上自衛隊の掃海訓練

　シーレーン防衛をめぐっては，日本の商船会社が保有している船でも，船籍が外国の場合は，自衛隊による護衛が集団的自衛権の行使にあたるという問題が指摘されていた。

3　「解釈変更は可能だ」

■ 正当性のない「立憲主義違反論」

　集団的自衛権を巡る議論に関して，「憲法解釈を変えることは立憲主義に反する」という指摘がある。立憲主義とは，国家権力が憲法の制約を受け，政治は憲法に従って行われるという原則を指す。解釈は変えられないのだろうか。

　自民党の高村副総裁は 2014 年 5 月 14 日，読売国際経済懇話会（YIES）の講演で「文字通り憲法 9 条 2 項を読むと，抑止力を持ってはいけないと書いてある」と語り，憲法条文からは自衛隊の存在すら読み取れないことを認めた。吉田茂内閣以来の歴代保守政権は，9 条の条文を解釈によって現実の国際情勢に合わせる努力を重ねてきた。

第3章　安保法制　こう議論された

　自民党の石破茂幹事長は9条の解釈について，「自衛権行使を否定」「自衛権はある」「個別的自衛権はある」など6段階で変化を遂げてきたと説明している。過去の解釈変更は許されるが，今回の変更だけは立憲主義「違反」とする主張に正当性はない。

　集団的自衛権の行使容認は，立憲主義に反すると主張する人たちは，内閣法制局を「憲法の番人」扱いし，その意見を墨守せよと訴える。だが，過去の憲法解釈変更を主導したのは法制局そのものである。法律上，内閣法制局の役割は「法律問題に関し内閣並びに内閣総理大臣及び各省大臣に対し意見を述べること」であり，首相や閣僚の法律顧問的な存在に過ぎない。

　憲法81条は「最高裁判所は，一切の法律，命令，規則又は処分が憲法に適合するかしないかを決定する」と定めている。「憲法の番人」は内閣法制局ではなく，最高裁である。

　最高裁が憲法と自衛権の関係について唯一言及したのが，1959年の砂川事件判決である。

　判決は，個別的，集団的を区別せず「必要な自衛のための措置をとりうることは，国家固有の権能の行使として当然」と指摘した。その補足意見で，田中耕太郎最高裁長官は「自衛はすなわち『他衛』，他衛はすなわち自衛という関係がある」と記しており，田中長官が集団的自衛権を念頭に置いていたのは明らかである。

　高村氏は「最高裁が示す法理の範囲内なら内閣は憲法解釈をすることはできる」と語った。安保法制懇の報告書も，こう訴えていた。

〈憲法論のゆえに国民の安全が害されることは，主権者たる国民を守るために国民自身が憲法を制定するという立憲主義の根幹に対する背理である〉

■ 全面容認　即座に否定

　2014年5月15日に安倍首相が受け取った安保法制懇の報告書は，集団的自衛権の行使を認める論拠として2つの案を例示した。集団的自衛権は全面的に認める方法と，必要最小限の集団的自衛権に限って行使する方法だ。

　「報告書では二つの異なる考えが示された。いわゆる『芦田修正論』の

1　憲法解釈見直しへ

方は、政府として採用できない」。安倍首相は、提出された直後の記者会見で、2案のうち片方を否定し、「もう一つの考え方、我が国の安全に重大な影響を及ぼす可能性がある時、限定的に集団的自衛権を行使することは許されるという考え方について、今後研究を進めたい」と続けた。

首相の狙いは、集団的自衛権行使の全面容認につながる芦田修正論を打ち消し、限定容認論の採用を表明することで、「自衛隊が、日本と無関係な戦争に参加することにならないか」といった不安を解消することにあった。

図3-2　日本国憲法9条

日本国憲法第9条
1項　日本国民は、正義と秩序を基調とする国際平和を誠実に希求し、国権の発動たる戦争と、武力による威嚇または武力の行使は、国際紛争を解決する手段としては、永久にこれを放棄する。
2項　**前項の目的を達するため**、陸海空軍その他の戦力は、これを保持しない。国の交戦権は、これを認めない。

芦田均

政府高官は「昨年の特定秘密保護法の国会審議で、『秘密指定の対象が無制限に広がる』という批判が沸き起こり、苦労した反省がある。芦田修正論を放置すれば『反対論が火を噴く』と考え、間髪入れず否定した」と打ち明けた。

現在の政府解釈は、①戦力は保持できないが自衛権行使は許される、②しかし必要最小に限られる、③集団的自衛権の行使は必要最小限度を超えるので認められない——という論法をとる。

芦田修正論では、政府が積み重ねてきたこうした議論をすべて否定してしまうが、限定行使論なら③を修正するだけで、「従来の政府の基本的な立場を踏まえた考え方」(首相)と言える。

自民党の高村副総裁は5月16日、日本記者クラブでの講演で「安全保障の専門家でない内閣法制局の人を責める気はない。でも十把一からげに『集団的自衛権はだめ』は、言い過ぎだ」と述べ、③の「必要最小限度」の範囲

第3章　安保法制　こう議論された

で集団的自衛権の行使を認める限定容認論を採用すべきだと強調した。

高村副総裁同様に弁護士出身でリベラル派と目される谷垣禎一法相も「『必要最小限度』に集団的自衛権の一部も入るのではないか，とする高村理論は説得力がある」と理解を示した。

> **芦田修正論**
>
> 日本国憲法を審議した1946年の帝国議会で，芦田均・元首相の発案によって，9条2項の冒頭に「前項の目的を達するため」の字句が挿入された。1項は侵略戦争の放棄を意味していることから，この修正により，2項は侵略のための戦力の保持だけを禁じているものであって，自衛のための戦力は持つことができるようになったとする主張を，「芦田修正論」と呼んでいる。政府の憲法解釈では採用されていない。

■ 6要件　厳格な歯止め

安保法制懇の報告書は，集団的自衛権の行使に当たっての厳格な歯止めを提示した。具体的には，①日本と密接な関係にある外国が武力攻撃を受ける，②日本の安全に重大な影響を及ぼす可能性がある，③その国から明示の要請や同意を得て必要最小限の実力を行使する，④政府が総合的に責任を持って判断する，⑤第三国の領域通過には許可を得る，⑥事前または事後に国会の承認を得る——という六つの要件である。

当初，5要件を想定していたが，④も加えて，より厳格化した。政府の判断に当たっては，必要性や，必要以上に強力な対抗手段を取らない「均衡性」の判断も求められる。

図3-3　安保法制懇の報告書に盛り込まれた集団的自衛権に関する6つの歯止めと流れ

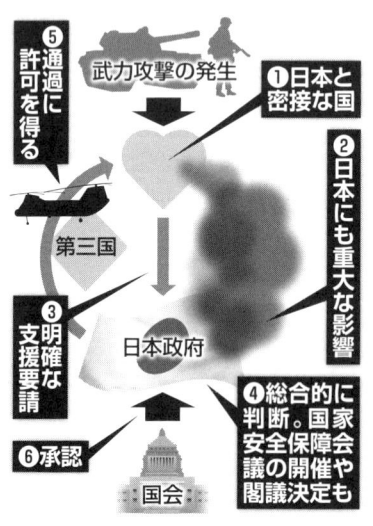

1 憲法解釈見直しへ

特に大事なのは，①と②である。政府が実際に想定しているのは，朝鮮半島有事への対応など，ごく限られたケースである。日本から遠く離れた地域で発生した他国への攻撃については，日本が高度な技術を持つ機雷除去（掃海）などを除けば，集団的自衛権行使の「必要性」は低いと見なされるのは確実である。もっとも，「地球の裏側は含まない」といった地理的概念は採用しなかった。サイバー攻撃への対応など，安全保障のグローバル化が進んでいることを踏まえたものである。

⑥の国会の関与も重要な歯止めとして明記された。自衛隊を派遣するかどうかは政府の判断だが，国会承認という関門を設けることで，与野党の幅広い議論に堪え得る根拠と説明が必要となる。

首相は記者会見で，「自衛隊が武力行使を目的として，湾岸戦争やイラク戦争での戦闘に参加するようなことはこれからも決してありません」と明言した。政府関係者はこう説明した。「集団的自衛権といっても，日本が海外で戦争するというのとは全く違う。身近な有事に備えておこうということだ」

4　グレーゾーンの法整備

■ 迅速な対応が可能な措置を

日本に対する武力攻撃とは認定できない，いわゆる「グレーゾーン事態」への対応も，喫緊の課題だった。武装した偽装漁民など，国籍も所属も不明の集団が，沖縄県・尖閣諸島などの離島に上陸しようとしているような場合である。

安倍首相は2014年5月15日の記者会見で，「これまでの憲法解釈の下でも可能な立法措置を検討する」と述べ，関連法の改正を急ぐ考えを示した。

こうした事態には，まず対応するのは警察か海上保安庁だ。相手の装備や能力が警察や海保を上回る場合，自衛隊が治安出動または**海上警備行動**として乗り出す。

だが，自衛隊と警察，海保が十分に意思疎通を図り，迅速に対応しなければ，事態は悪化しかねない。安保法制懇の報告書で「いったん離島が攻撃を

第3章 安保法制 こう議論された

図3-4 「グレーゾーン事態」として想定される主なケース

偽装漁民の離島占拠	漁民に偽装した特殊部隊が離島に上陸し、占拠 → 自衛権発動要件の「武力攻撃」とただちに認定するのが困難
潜没潜水艦の航行	日本領海内で潜航する外国潜水艦が退去要求に応じない → 武器を使用して強制退去させることは困難
情報収集艦の領海侵入	領海侵入した情報収集艦が退去要求に応じない → 武器を使用して強制退去させることは困難
無人機の領空侵犯	情報を収集する無人機が領空内を長時間飛行 → 無人機に退去勧告は通じず、強制退去させる手段がない

受ければ、その排除には相当の規模の部隊と期間が必要となる」と指摘する通りである。

グレーゾーンへの対応は、日本の領土・領海を守るもので、世論の抵抗感は比較的少ない。集団的自衛権の行使容認には慎重な公明党の山口代表も2014年5月19日、東京都内で行った講演で、「現行解釈の下で議論できるテーマから議論していく方が実りが見えやすい」と、前向きな姿勢を示した。

2014年5月20日に始まった自民・公明両党の協議ではグレーゾーン事態が取り上げられた。一時検討されたのは、自衛権と警察権の中間にあたる「対抗措置」という自衛隊の出動規定を新設することである。

自民党の石破幹事長は5月18日、グレーゾーン事態についてNHKの番組で「（グレーゾーン事態は）今日、明日起こっても全くおかしくない。一日も早く法整備をしなければならない。一日も早くという点でいえば、これが一番急ぐ」と、強い危機感を示した。

与党協議メンバーの一人である上田勇・公明党外交安保調査会長も17日のTBS番組で、グレーゾーン事態に対応する法整備について「急に出てきたことではなく、我々は協議しましょうと最初から言っていた」と、合意に意欲を見せた。

報告書は現行法の問題として、自衛権に基づく防衛出動が、「我が国に対する組織的計画的な武力の行使を前提としている」ことを挙げた。ゲリラの攻撃を受けても、その背後に国家もしくは国家に準ずる組織がなければ、

1　憲法解釈見直しへ

尖閣諸島の南小島（左手前）と北小島（右）（奥は魚釣島）

「組織的計画的な武力の行使」とは認められないことから，自衛隊は防衛出動ができないという問題である。ただ，「対抗措置」を法的に位置づけるのは容易ではなく，政府・与党は最終的に法制化を見送った。

■ 海保では対応困難

〈海上保安庁が速やかに対処することが困難な海域や離島などで，船舶や民間人に対し武装集団が不法行為を行う〉

報告書が具体的なグレーゾーン事態の事例として示したケースでは，中国による尖閣諸島（沖縄県）への侵攻が念頭にあった。闇夜に大量の漁船が押し寄せ，武装した偽装漁民の集団が上陸しても，漁民が何者なのか分からない限り，中国による武力攻撃と認定するのは困難である。

南シナ海では，パラセル（西沙）諸島付近の海域で中国漁船がベトナムの艦船に放水や体当たりを行い，その後，中国の公船が出動するケースが起きている。中国は最初に漁船を送り込み，しだいに実効支配を確立する手法を使うと指摘する声は多い。

自衛隊幹部は「尖閣諸島周辺で中国公船がたびたび領海侵入を繰り返している。離島占拠はいつでも起こりうる」と語った。

また，日本領海で潜航する外国潜水艦が退去の要求に応じず，徘徊を継続することもグレーゾーン事態に含まれる。だが，自衛隊が外国潜水艦に対し，

第3章　安保法制　こう議論された

「北京国際航空展」で初めて展示された中国企業が開発した新型無人機「CH-4」

武器を使用して強制退去を迫ることはできない。

　潜水艦だけでなく，レーダーの到達距離などの情報を収集する「情報収集艦」が領海侵入した場合も同様である。

　中国は2013年9月に無人機を東シナ海で飛行させ，航空自衛隊のF15戦闘機が緊急発進（スクランブル）して対応した。無人機は，尖閣諸島北方の空域で海上を監視するようにしばらく飛び回り，ほぼ同じルートで中国大陸へと戻った。

　無人機がそのまま領空侵犯したとしても，国民の生命・財産に危害が及ぶと判断して撃墜するのは難しい。無人機であれば，自衛隊機の警告射撃の効果も期待できない。空自幹部は「高性能の無人機で尖閣上空をグルグル周回されたら，みすみす情報を取られ続けるだろう」と指摘した。

> **海上警備行動**
>
> 　海上の治安維持を目的とした自衛隊法上の規定。海上保安庁では対応が困難な場合，自衛隊が代わって警察権を行使する形で対応する。主に陸上で，警察が対応しきれない場合に自衛隊に発令される治安出動に相当する。
> 　いずれも，日本への武力攻撃が発生した場合などに自衛権に基づいて武力を行使する「防衛出動」とは区別され，武器の使用に制限がある。

治安出動では，正当防衛や緊急避難にあたる場合のほか，機関銃や生物・化学兵器を持つ相手を鎮圧するためにやむを得ない場合などに，必要に応じた武器の使用が認められている。海上警備行動では，不審船などが停船要求に応じない場合，船を止めるために必要に応じた武器の使用が認められている。発令にはいずれも閣議決定が必要。治安出動は首相が，海上警備行動は首相の承認を得て防衛相が，それぞれ命令を出す。

5 駆けつけ警護

■ 住民を守れない法制度

　南スーダンの首都ジュバでは，国連平和維持活動（PKO）で自衛隊員約400人が活動している。最高気温が連日35度を超える環境の中で，現地部隊が頭を悩ましていることがあった。自衛隊宿営地に隣接する国連事務所や周辺の避難民が仮に武装集団に襲われたらどうするか──。

　従来の憲法解釈では，自衛隊は救助に当たれなかった。なぜなら，自衛官には，基本的に正当防衛目的の武器使用しか認められず，遠隔地にいる民間人や他国部隊などを助ける「駆けつけ警護」は，憲法が禁じる「武力の行使」に当たる恐れがあるとの見解を内閣法制局が示してきたためである。

　小野寺五典防衛相は2014年5月19日の東京都内での講演で，「一般住民が自衛隊の宿営地に隣接して安全だとの思いで（国連事務所に）押し寄せている。しかし，

南スーダン・ジュバでの国連平和維持活動（PKO）で，帰還民収容施設の基礎工事を行う自衛隊員ら

第3章 安保法制 こう議論された

図3-5 自衛隊がこれまで参加した国際平和協力活動

期間	国・地域	活動内容
1992年9月〜93年9月	カンボジア	国連平和維持活動（PKO）
93年5月〜95年1月	モザンビーク	PKO
94年9月〜12月	ルワンダ	人道的な国際救援活動
96年2月〜2013年1月	ゴラン高原	PKO
99年11月〜2000年2月	東ティモール	人道的な国際救援活動
01年10月	アフガニスタン	人道的な国際救援活動
02年2月〜04年6月	東ティモール	PKO
03年3月〜4月	イラク	人道的な国際救援活動
03年7月〜8月	イラク	人道的な国際救援活動
07年3月〜11年1月	ネパール	PKO
08年10月〜11年9月	スーダン	PKO
10年2月〜13年2月	ハイチ	PKO
10年9月〜12年9月	東ティモール	PKO
11年11月〜	南スーダン	PKO

助けを求められたら、自衛隊はどうすればいいのか。今までしっかり詰めてこなかった」と語り、法制度の不備を率直に認めた。安倍首相も5月15日の記者会見で、「アジアやアフリカで平和や発展のために活動している若者が、武装集団に襲われても、自衛隊は彼らを救えない」と述べ、見直しに向けて与党協議で結論を出すよう求めた。

駆けつけ警護の議論は、1992年にPKO協力法が制定されて以来、20年以上持ち越されてきた課題である。2002年12月には、東ティモールでPKO活動に参加中の陸自部隊が、現地の暴動に巻き込まれた日本人十数人を車で宿営地に輸送し保護した。正式の任務でないため、「人道的見地による緊急避難」という苦しい説明を強いられた。中東ゴラン高原でのPKOでは、同じ宿営地に駐留する他国軍から共同の防衛・警護を打診されたが断っている。

安保法制懇の報告書は「そもそもPKOは武力紛争の終了を前提に行う活動であり、武器の使用は『武力の行使』とは異なる概念だ」として、駆けつけ警護も認めるよう求めた。

従来慎重だった公明党も「文民を保護するのは当然。その場合の武器使用や範囲を含めてきちんと議論して、法整備をしたい」（井上義久幹事長）と、容認論に転じていた。「PKOは実績を積んできた。いつまでも初心者マークではない。反対すれば無責任と言われる」（党幹部）との事情からだ。与党

1 憲法解釈見直しへ

図3-6 安保法制懇の報告書が認めるよう求めている事例と政府方針
※○×は政府方針

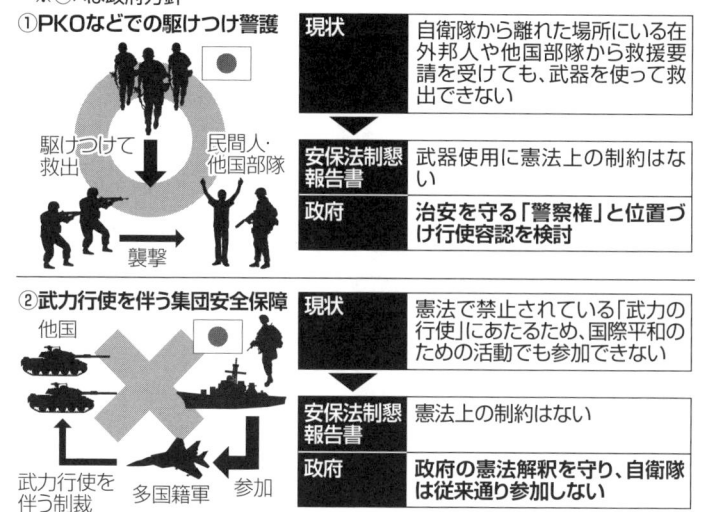

①PKOなどでの駆けつけ警護

現状	自衛隊から離れた場所にいる在外邦人や他国部隊から救援要請を受けても、武器を使って救出できない
安保法制懇報告書	武器使用に憲法上の制約はない
政府	治安を守る「警察権」と位置づけ行使容認を検討

②武力行使を伴う集団安全保障

現状	憲法で禁止されている「武力の行使」にあたるため、国際平和のための活動でも参加できない
安保法制懇報告書	憲法上の制約はない
政府	政府の憲法解釈を守り、自衛隊は従来通り参加しない

協議では、現地政府から武器使用への同意を取り付けることや、内戦になっていないことの判断といった具体的な行使の条件も焦点となった。

国際協力機構（JICA）によると、70か国で計1679人の青年海外協力隊員が活躍している（2014年3月末現在）。民間活動団体（NGO）も積極的に海外での支援活動に乗り出している。政府、国会の不作為を現場が尻ぬぐいするのは、もはや限界に来ていた。

■ 集団安保は参加認めず

政府は、国連主導の軍事的な措置である「集団安全保障」については、自衛隊の参加を引き続き認めない方針である。

安保法制懇の報告書は「集団安全保障は国連の枠組みで行われるため日本の主権の行使ではない」と解釈し、憲法で禁止されている「武力の行使」に当たらないと主張した。しかし、従来の憲法解釈は「集団安全保障は武力行使にあたるため参加できない」と説明しており、その解釈を大きく変えることになるためである。

第3章　安保法制　こう議論された

　安倍首相も 2014 年 5 月 15 日の記者会見で,「これまでの政府の憲法解釈と論理的に整合しない」と述べ, 湾岸戦争やイラク戦争のような集団安全保障への自衛隊参加を認めない方針を明らかにした。自民党の石破幹事長は 18 日, NHK の番組で「安倍政権としてやらない。将来的に絶対否定されるとは言っていないが, 国民主権でどう考えるかということだ」と述べた。自民党内有数の安保の専門家である石破氏も, 集団安全保障参加のハードルは高いとの見解を示した。

> **集団安全保障**
>
> 　国連が, 国連憲章に違反して武力行使を行った国に対して, 他の国連加盟国が一致して経済制裁や軍事力を行使することによって, 平和を維持する仕組みを指す。集団的自衛権とは異なる概念。集団安全保障のための正規の国連軍は, 国連安保理常任理事国間の意見対立などでこれまで一度も編成されたことがなく, 国連軍にかわって「多国籍軍」が編成されてきた。1991 年の湾岸戦争の際の多国籍軍がこれに当たる。集団安全保障としては, 国連軍や多国籍軍などの軍事的措置以外に, 外交交渉や経済制裁などの非軍事的措置もある。

6　一体化論　線引きどこで
■ 米軍との連携阻止する「理屈」

　自衛隊は海外で武力行使できず, 他国の武力行使と一体化する活動もできない――。従来の憲法解釈では, 輸送や補給, 医療行為など, 直接は武力行使とは考えられない支援活動も, 憲法に抵触する可能性があるとされてきた。

　「武力行使との一体化」は, 各国にはない, 日本独特の概念である。憲法 9 条を踏み越えないために政府が長年積み上げてきた解釈だが, 安保法制懇の報告書は「安全保障上の実務に大きな支障を来してきた」と指摘した。

　朝鮮半島有事を想定した周辺事態法（1999 年施行）は, 米軍を支援する自衛隊の活動を「**後方地域**」に限定した。かつて, 米同時テロ後にインド洋で多国籍軍への給油活動を行うためのテロ対策特別措置法（2001 年施行）

1　憲法解釈見直しへ

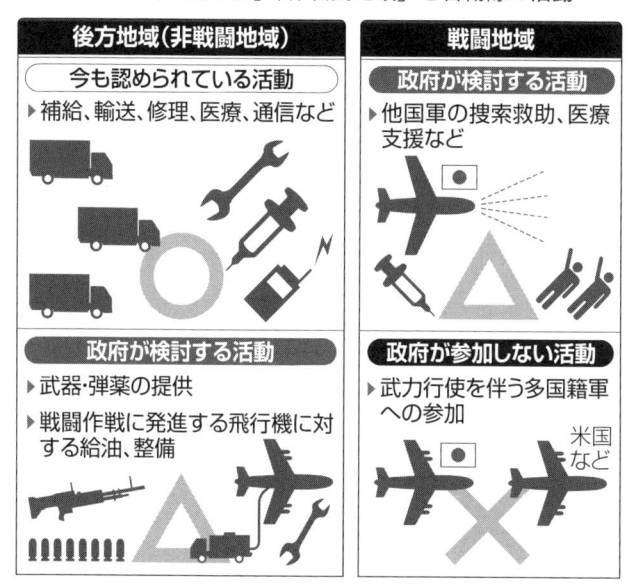

図 3-7　「後方支援」「非戦闘地域」と自衛隊の活動

後方地域（非戦闘地域）	戦闘地域
今も認められている活動 ▶補給、輸送、修理、医療、通信など	**政府が検討する活動** ▶他国軍の捜索救助、医療支援など
政府が検討する活動 ▶武器・弾薬の提供 ▶戦闘作戦に発進する飛行機に対する給油、整備	**政府が参加しない活動** ▶武力行使を伴う多国籍軍への参加　　米国など

とイラクでの復興支援に自衛隊を派遣したイラク特措法（03年施行）でも，自衛隊の活動場所を「非戦闘地域」に限った。

周辺事態法では，活動内容も，米軍への後方支援の対象から「戦闘作戦行動のために発進準備中の航空機に対する給油及び整備」などが除外されている。除外したことで武力行使と一体化せず，憲法違反にならないという理屈だが，こうした制約により，有事が起きた際に米軍などと自衛隊の連携がスムーズにいかなくなる恐れがあった。

自民党の河井克行衆院議員とみんなの党の中西健治参院議員は，2014年5月19，20の両日，米ワシントンでリチャード・アーミテージ元国務副長官，マイケル・グリーン米戦略国際問題研究所（CSIS）上級副所長，カート・キャンベル前国務次官補とそれぞれ会談した。米側の3人は異口同音に，ガイドライン改定に向け，集団的自衛権の行使容認を今国会中に閣議決定するよう強く求めた。

安保法制懇の報告書は「武力行使との一体化論」について「事態が刻々と

113

第3章　安保法制　こう議論された

変わる活動の現場で適用することは非現実的だ」と指摘し，見直すよう政府に求めた。だが政府は憲法解釈変更に慎重な公明党に配慮し，一体化論の考え方自体は維持した。

5月20日の自民，公明両党の与党協議では，礒崎陽輔首相補佐官が「一体化の概念を変えるつもりはないが，一体化の基準は議論の余地がある。今後政府の考えも示していきたい」と話した。公明党の北側一雄副代表は協議後，記者団に「何が一体化で，何が一体化でないか。もう少し明確にしていく必要性は感じている」と述べ，政府方針に理解を示した。

政府は，負傷した米兵の応急手当てや搬送は認めることなどの検討を進めた。ミサイルなどの軍事技術の発達で「非戦闘地域」や「後方地域」の明確な定義はより難しくなっており，現実的な線引きへの見直しが求められていた。

> **後方地域**
>
> 「日本の領域や，戦闘行為が行われていない日本周辺の公海とその上空」（周辺事態法）を指す。後方地域では米軍を対象とした輸送や補給，捜索救助の支援が自衛隊に認められた。一方，テロ特措法とイラク特措法では，戦闘行為が行われていない「公海とその上空，同意がある外国領域」である「非戦闘地域」を，自衛隊の活動地域と位置づけた。後方地域も非戦闘地域も，いずれも前線と一線を画した場所で自衛隊が活動できるようにするための概念。

■ 邦人救出の法整備検討

「一体化論」とともに，自衛隊の海外での活動に当たっては，邦人救出のあり方も検討課題となった。

2013年1月，国際テロ組織アル・カーイダ系のイスラム武装勢力がアルジェリア東部の天然ガス関連施設を襲撃し，大手プラントメーカー「日揮」の社員らを人質に取り，日本人10人が死亡した。

この事件を受けて自衛隊法が改正され，航空機と船舶に限られていた海外での邦人救出の輸送手段に車両が加えられた。ただ，出動できるのは「輸送

1　憲法解釈見直しへ

の安全が確保されている時」だけで，武器使用基準も攻撃された場合に小銃などで反撃する「正当防衛」に限られている。

なぜなら，政府のこれまでの憲法解釈では，海外での邦人救出は，**武力行使の 3 要件**である「我が国に対する急迫不正の侵害」がなく，正当防衛を超える武器の使用は認められないとされてきたためである。

安保法制懇の報告書は「アルジェリアでのテロ事件のような事態が生じる可能性がある中で，憲法が在外自国民の生命，身体，財産等の保護を制限していると解することは適切でなく，国際法上許

アルジェリアの人質事件　黒く焼けこげた跡が残る人質事件にあったプラント

容される範囲の在外自国民の保護・救出を可能とすべきだ」と訴え，相手国の同意があれば武器使用は武力の行使に当たらず，憲法上の制約はないと説明した。

政府は，現地政府からの要請や同意を経て，現地政府に代わって自衛隊が「警察権」を行使するという考え方により，邦人救出を行う形で法整備を急いだ。

武力行使の 3 要件

　自衛隊が個別的自衛権に基づき，武力行使をする条件を定めている。具体的には，①我が国に対する急迫不正の侵害（武力攻撃），②これを排除するために他に適当な手段がない，③必要最小限度の武力行使にとどまるべき——の三つ。当時の憲法解釈では，集団的自衛権は「必要最小限度の範囲」を超えることに加え，①の要件を満たさないため，「国際

115

第3章　安保法制　こう議論された

法上，権利は保有するが，憲法上行使できない」とされていた。

7　党派超えた賛成模索

■ 腰が定まらない民主党

「安全保障法制については，与党だけでなく，幅広い党派の賛成を得ることが必要だ」

集団的自衛権の行使を巡る憲法解釈見直しに向けた与党協議が本格的にスタートした2014年5月20日。自民党の石破幹事長は記者会見で，公明党にとどまらず，広く野党にも支持を呼びかけていく考えを表明した。

安倍首相が意欲を示した憲法解釈見直しに，野党の一部からは賛同する声が上がった。日本維新の会の橋下徹共同代表は「集団的自衛権は絶対容認」と語った。みんなの党の浅尾慶一郎代表も安保法制懇の報告書について，「(党の考えと) 類似点がある」と歓迎した。

図3-8　集団的自衛権の限定容認論に賛同見込みの会派

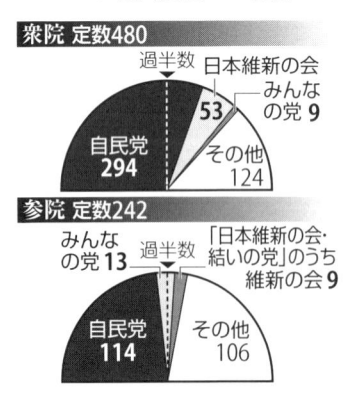

衆院 定数480
- 自民党 294
- 日本維新の会 53
- みんなの党 9
- その他 124

参院 定数242
- 自民党 114
- みんなの党 13
- 「日本維新の会・結いの党」のうち維新の会 9
- その他 106

図3-9　集団的自衛権の憲法解釈見直しに向けた検討の経緯と主な出来事

2007年5月18日	第1次安倍内閣で「安全保障の法的基盤の再構築に関する懇談会」(安保法制懇)が初会合
7月29日	参院選で自民党が惨敗し，安倍首相は9月に退陣
08年6月24日	安保法制懇が福田首相に報告書を提出
09年8月30日	衆院選で自民党が惨敗し，9月に民主党政権が誕生
10年5月23日	鳩山首相が沖縄県を訪問し，普天間飛行場の県外移設断念を伝える
12年12月16日	衆院選で民主党が惨敗し，自民党が政権復帰
13年2月8日	第2次安倍内閣で安保法制懇が再始動
14年5月15日	安保法制懇が安倍首相に報告書を提出

1　憲法解釈見直しへ

　自民党は14年5月当時，衆議院で294議席を持ち，過半数の241を超えていた。参議院は114議席と過半数（122）に届かないが，みんなの党（13議席）と維新の会（9議席）を加えれば過半数を超える。憲法解釈の見直しに慎重な公明党（20議席）の賛同がなくても，必要な法案を成立させることは可能だった。

　一方，最大野党の民主党は腰が定まっていなかった。

　「堂々と国民に説いて憲法を改正するべきだ」（大畠章宏幹事長）と，改憲抜きの憲法解釈の見直しには反対の立場だったが，首相が掲げた必要最小限度の集団的自衛権の行使の是非については，態度を決めかねていた。

　民主党議員の一人は「自民党は『集団的自衛権の全面行使容認』を打ち出してくると思ったが，違った。我々が共産党と同じ反対論を言うわけにいかないし……」と渋い表情を見せた。

　民主党は，旧社会党の流れをくむリベラル派と，日米同盟重視の保守派を抱える。保守系の前原誠司元外相は「首相の取り組みを評価する」と明言している。民主党は必要最小限度の集団的自衛権の行使の是非について協議を行ったが，党内議論は一筋縄には進まなかった。

牛歩戦術を続ける社会党議員

第3章 安保法制 こう議論された

■政争の具 苦い歴史

安保法制懇の報告書提出から2週間後の2014年5月28日、衆院予算委員会で集中審議が行われた。集団的自衛権に関して与野党が本格的に論戦する場となった。

過去の国会では、安全保障政策が政争の道具にされてきた歴史がある。1992年6月に成立した国連平和維持活動（PKO）協力法の審議では、反対を叫ぶ社会党が、牛歩戦術や、党所属の全衆院議員137人の議員辞職願を衆院議長に提出するパフォーマンスを繰り広げた。当時の田辺誠社会党委員長は「（議員辞職による）浪人生活をいとわず、解散に追い込む戦いを続ける覚悟だ」と語ったが、結果的に辞職した議員はいなかった。

ねじれ国会だった2007年、政権交代を目指していた民主党など野党は、海上自衛隊がインド洋で行っていた多国籍軍艦船への給油活動を続けるための新テロ対策特別措置法案に反対したため、給油は中断され、国際社会の不信を招いた。

安全保障政策は、どの政党が政権に就くかによって大きく左右されるようだと一貫性が失われ、国益を損ねかねない。

安倍首相は2014年5月15日の記者会見で、祖父岸信介首相が成し遂げた1960年の日米安全保障条約改定を引き合いに、「安保改定で日本は戦争に巻き込まれると、さんざん主張されたが、50年たってどうか。平和が確固たるものになったのは日本人の常識だ。日本人の命を守るためにやるべきことはやらなければならない」と強調した。

日米安保改定から半世紀以上を経て、日本の国際環境は厳しさを増してい

る。制度の不備を正すため，与野党の立場を超えた議論が続いた。

新テロ対策特別措置法

　海上自衛隊がインド洋で多国籍軍に給油活動を続けるため，政府が2007年10月に国会に提出した。2001年の米同時テロ後，日本政府はテロ特措法を成立させて，現地で給油活動を実施していたが，2007年11月に同法が期限切れとなるため，新たな法律を成立させる必要があった。ただ，当時は野党が参院で多数を占める「ねじれ国会」で，民主党が法案に反対したことから期限切れまでに新法を成立させられず，給油活動がストップした。その後，2008年1月，参院で否決された後，衆院で再可決され，成立。海自は給油を再開した。参院で否決された法案の衆院再可決は57年ぶりだった。

第3章　安保法制　こう議論された

2　首相の決意
——限定行使閣議決定

1　新たな政府見解を決定
■「次元の違う日米同盟に」

「日米同盟は，全く次元の違うものになる。集団的自衛権行使は，ものすごい抑止力になるから」

安倍首相は2014年6月下旬，集団的自衛権の限定的行使を容認する憲法解釈の見直しに踏み切る前，周辺に興奮した様子でこう語った。

時に米国のオバマ政権の外交姿勢に不満を漏らす首相だが，日本周辺で示威行為を繰り返す中国や，核兵器と弾道ミサイルを保有する北朝鮮に対する抑止力を考えた場合，日米同盟を深化させ，共同訓練の強化や有事の際の作戦計画の一本化を図るしか，道はない。

「あと数年もしたら，海上自衛隊だけでは尖閣諸島（沖縄県）を守れなくなる危険性もある。その時では遅いんだ」

首相の意向を踏まえ，政府・与党が出した結論は「必要最小限度の集団的自衛権だけを認める」だった。

7月1日夕，政府は首相官邸で臨時閣議を開き，憲法解釈上できないとされてきた集団的自衛権の限定的行使を，容認する新たな政府見解（巻末資料3）を決定した。

国連平和維持活動（PKO）などで自衛隊の活動分野を広げ，武力攻撃に至らないグレーゾーン事態への対処能力

図3-10　新政府見解に基づき改正が想定される主な法律

自衛隊の活動全般
自衛隊法
有事関連
武力攻撃事態法
国民保護法
周辺事態
周辺事態法
船舶検査活動法
国際平和協力
PKO協力法
国際緊急援助隊派遣法
組織
NSC設置法
防衛省設置法

2 首相の決意——限定行使閣議決定

も高める。首相は記者会見（巻末資料4）で，日本が再び戦争をする国になることはないと断言するとともに，中国の台頭など緊迫する東アジア情勢を踏まえ，抑止力の向上につながると強調した。

新政府見解で，戦後日本の安全保障政策は大きな転換点を迎えた。

首相は記者会見の冒頭，「いかなる事態でも国民の命と平和な暮らしは守り抜いていく。私にはその大きな責任がある」と語った。新政府見解で憲法解釈を変更したことについて，「現実に起こりうる事態において何をなすべきかという議論だ。万全の備えをすることが日本に戦争を仕掛けようとするたくらみをくじく。これが抑止力だ」と述べ，中国の軍拡や北朝鮮の核・ミサイル開発などを踏まえ，戦争に巻き込まれないための抑止力強化に狙いがあることを強調した。

図3-11　1972年の政府見解と新政府見解のポイント

1. 憲法は、9条で戦争を放棄し、戦力保持を禁止しているが、前文で平和のうちに生存する権利を、13条で生命・幸福追求の権利を定めている。自らの存立を全うし、国民が平和のうちに生存することまで放棄していないことは明らか。平和と安全を維持し、その存立を全うするために必要な自衛の措置を禁じているとは到底解されない

2. しかし、憲法は、自衛の措置を無制限に認めているとは解されない。国民の生命・幸福追求の権利が根底から覆される急迫、不正の事態に対処するやむを得ない措置として容認される。その措置は、必要最小限度にとどまるべき

安保環境の変化

3. 72年見解
憲法の下で出来る武力行使は、外国の武力攻撃による我が国に対する急迫、不正の侵害への対処に限られる。他国への武力攻撃を阻止するいわゆる集団的自衛権行使は憲法上許されない

3. 新政府見解
我が国への武力攻撃のみならず、密接な関係にある他国への武力攻撃で、我が国の存立が脅かされ、国民の生命・権利が根底から覆される明白な危険がある場合、他に適当な手段がない時、必要最小限度の実力行使は憲法上許容される

自衛隊発足から60年にあたる7月1日，閣議決定された新見解は「国の存立を全うし，国民を守るための切れ目のない安全保障法制の整備について」。集団的自衛権の行使を限定容認するための武力行使の新3要件として，①日本と密接な関係にある他国への武力攻撃が発生し，国民の生命，自由及

121

第3章　安保法制　こう議論された

図3-12　集団的自衛権の行使容認を巡る取り組みと最近の主な安全保障上の出来事

外は外交関係

2006年	9月26日	安倍第1次政権発足
	10月 9日	外 北朝鮮が地下核実験を実施
07年	5月18日	安保法制懇（安全保障の法的基盤の再構築に関する懇談会）の初会合
	9月12日	安倍首相が退陣を表明
09年	4月 5日	外 北朝鮮が弾道ミサイルを発射し、日本上空を通過
	5月25日	外 北朝鮮が2回目の核実験
12年	9月11日	日本政府が尖閣諸島の3島を国有化
	12月12日	外 北朝鮮が長距離弾道ミサイルを発射
	26日	安倍第2次政権発足
13年	1月30日	外 自衛隊護衛艦に中国海軍艦艇が火器管制レーダーを照射
	2月 8日	安保法制懇が5年ぶりに議論再開
	12日	外 北朝鮮が3回目の核実験
	11月23日	外 中国が防空識別圏を設定
14年	5月15日	安保法制懇が憲法解釈見直しの報告書を首相に提出
	20日	与党協議がスタート
	24日	外 東シナ海で中国軍機が自衛隊機に異常接近
	6月11日	外 中国軍機が自衛隊機に再び異常接近
	7月 1日	憲法解釈の見直しを閣議決定

び幸福追求の権利が根底から覆される明白な危険がある，②国民を守るために他に適当な手段がない，③必要最小限度の実力の行使——を掲げた。首相は新3要件について，「明確な歯止めになっている。自衛隊がかつての湾岸戦争やイラク戦争での戦闘に参加するようなことはこれからも決してない」と述べた。

政府見解は，自衛隊による多国籍軍などへの後方支援を拡充する考えを打ち出し，PKOなどで離れた場所の民間人らを助ける「駆けつけ警護」もできるようにする。武装勢力による離島占拠といったグレーゾーン事態で，自衛隊が素早く出動できるようにする。日本の防衛に当たる米軍艦船などを自衛隊が防護できるようにする方針も示した。

公明党の山口那津男代表は1日，国会内で記者会見し，閣議決定に関し，「従来の政府の憲法解釈との論理的整合性，法的安定性を維持し，憲法の規範性を確保する役割を公明党は果たすことができた」と語った。

閣議決定を受け，政府はその後，自衛隊の具体的な活動内容などを定めた関連法案の「作成チーム」を政府内に設置した。

■「限定行使」訴えた高村氏

集団的自衛権行使の憲法解釈が見直されるまで，安倍首相と自民，公明両党の政治家，官僚の思惑が激しく交錯した。

「『自衛隊がアメリカまで行って，アメリカを守る』。こういう自衛権は必要最小限度とは，とても言えない。イラクに行って，米軍と（一緒に）戦うことも必要最小限度ではない」

高村正彦副総裁は2014年3月31日，自民党の安全保障法制整備推進本部の初会合で，集団的自衛権の行使を全面解禁することはしないと宣言した。

党内では，首相が「地理的な概念で『地球の裏側』（は除外する）という考え方はしない」と述べていたことから，首相は全面解禁を目指していると見られていた。それに比べ，最高裁が1959年の砂川事件判決で示した「国の存立を全うするために必要な自衛のための措置」に含まれる集団的自衛権もあるのではないか，という高村氏の主張は，個別的自衛権を少し広げるだ

第3章 安保法制 こう議論された

けの印象で，相当に抑制されたものだった。
　初会合では，自民党内のリベラル派から「米国の戦争に巻き込まれる」などと慎重論が噴き出すとの見方もあったが，出席した100人を超える国会議員からは高村氏の唱える限定行使論に理解を示す声が相次ぎ，慎重論は一気に下火になった。
　実は首相もこの頃には，「限定行使しかない」と腹を固めていた。13年8月に抜てきした小松一郎内閣法制局長官（故人）が，首相が憲法解釈を見直そうとした2007年には壁のように立ちふさがった内閣法制局を，限定行使論なら了承という方向でまとめていたからだ。首相官邸，外務省，内閣法制局で極秘の調整も始まっていた。
　しかし，この時期の首相は「限定行使論でいい」と公には口にしなかった。
　「『全面解禁論の安倍に高村さんがブレーキをかけた。安倍も与党に配慮した』という構図でやりましょう。私は悔しい顔を見せる必要がある」
　首相は推進本部の初会合があった3月31日，高村氏との電話でこう示し合わせた。

■ 自公パイプ　大島氏仲介

　問題は，公明党の説得だった。首相は2014年3月6日，高村氏を首相官邸に呼び，「公明党との協議は高村さんがやってください。相手は北側一雄さん（副代表）です」と指示していた。
　自民党内には，安保の専門家を自任する石破茂幹事長が与党協議を担うとの観測も出ていたが，首相は高村氏を選んだ。政府関係者は「石破さんは1月，閣議決定を2015年夏に先送りするよう首相に進言した」と語り，解釈見直しに意気込む首相の不興を買ったとの見方を示す。
　高村氏は首相と同じ山口県選出で，首相は「考え方が合う」と信頼を寄せる。弁護士資格を持つ高村氏は，外相，防衛相を歴任して外交安全保障政策に明るく，法律や外交安全保障に詳しい公明党幹部との調整には適役だった。ただ，高村氏は，公明党との特別なパイプを持っているわけではなかった。
　高村氏は3月下旬，自民党本部にある大島理森前党副総裁の部屋を訪ねた。

公明党の漆原良夫国会対策委員長と信頼関係を築いている大島氏に仲介を依頼したのだ。高村氏から同じ派閥の会長を引き継いだ大島は,「わざわざ高村さんがワシの部屋に来て,手伝ってくれと頼んできた」と意気に感じ,調整に乗り出した。

そのしばらく後,大島氏は高村氏を北側氏に引き合わせた。大島氏は「論理上の接点を見いだすために,とことん2人で話し合っていただくしかない」と話し,お互いの携帯電話の番号を交換するように促した。

高村氏と北側氏は,すぐにうち解けたわけではなかったが,お互いに弁護士資格を持つこともあり,「法律家として話ができる」と認め合うようになった。

安保法制懇の報告書発表が5月15日と決まると,高村氏は北側氏に首相の記者会見での発言原稿案を手渡し,意見を求めた。北側氏は赤ペンで原稿案に直しを入れ,高村氏に戻した。

首相は15日の記者会見で,北側氏が修正した通りに語った。北側氏は首相の会見姿を見ながら,「与党で合意しないわけにはいかないな」と心の中でつぶやいた。

> **砂川事件判決**
>
> 東京都の旧砂川町（現・立川市）の米軍立川基地拡張計画に反対する学生らが基地に侵入し,日米安全保障条約の刑事特別法違反で起訴された事件を巡る1959年の最高裁判決。「自国の平和と安全を維持し,その存立を全うするために必要な自衛のための措置をとりうることは,国家固有の権能の行使として当然」と指摘し,憲法9条の下でも武力行使が可能な場合があるとの判断を示した。

2　北側副代表案　法制局と「合作」

■「幸福追求権を守る」

与党協議の調整役となった高村副総裁と北側副代表は,2014年5月4日から日中友好議連として北京を訪問した。高村氏は現地で移動する際,北側

第3章　安保法制　こう議論された

氏を同じ車の隣に座らせ，「私は（首相の）安倍さんを限定行使まで譲歩させた。これ以上の憲法解釈変更はない。だから受け入れてくれ」と切々と訴えた。

だが，北側氏は首を縦に振らず，こう突っぱねた。

「砂川判決だけでは集団的自衛権行使を認めるのに十分ではない。論理がたたない」

この1か月前の4月9日，北側氏は，集団的自衛権に関する公明党内の勉強会で，これまでの政府答弁や憲法解釈に関する衆院法制局・橘幸信法制次長の説明に耳を傾けていた。衆議院法制局は，法制面から議員活動を補佐する国会の機関である。

橘氏は，「解釈変更の論理」という資料を用意し，解釈変更の二つの道筋を提示した。A案は，武力行使を禁じた憲法9条の下で自衛権が認められるのは，憲法前文の平和的に生存する権利や13条の幸福を追求する権利を守るためだという1972年の政府見解の基本論理をベースに，これらの憲法上の権利の範囲内で集団的自衛権の一部を認めようとするものだった。もう一つのB案は，砂川判決を引用したもので，「国の存立」のための自衛権は「国家固有の権能」として認められるから，「国の存立」を全うするための集団的自衛権行使も限定容認できるとするものであった。

北側氏は，自らの考えを整理する中で，A案が適切だと思うようになった。A案に基づけば，集団的自衛権を部分的に認めても，過去の憲法解釈との論理的な整合性が取れると考えたためである。

政府内でも，内閣法制局が，憲法解釈の変更を行う場合には72年見解に基づくやり方が合理的だと気づいていた。小松長官は，集団的自衛権の行使を国民の生命や幸福追求権が「根底から覆される」場合に限って容認するという案を安倍首相に提示していた。

ただ，首相はこの案に「厳しすぎる」と難色を示した。限定行使の対象が日本周辺の有事に絞られ，シーレーン（海上交通路）の機雷掃海などができなくなると懸念したからだった。

こうした政府内の調整を踏まえ，高村氏は6月9日，「国の存立を全うす

る」という砂川判決の文言を用いた集団的自衛権行使を容認する新3要件の座長試案を北側氏に示した。北側氏は即座に,「根底から覆される」という文言を使った別の案を示し,険しい表情で強く受け入れを求めた。首相が認めなかった内閣法制局の案と同じだった。

外務省出身の小松長官は病気により2014年5月16日に退任し,横畠裕介内閣法制次長が内部から長官に昇格した。政府関係者は「できるだけきつい歯止めをかけようという点で,横畠さんと北側さんがタッグを組んだようだ」とみていた。

公明党幹部の一人は今,「北側案は,北側さんと横畠さんとの合作だった」と打ち明ける。

■ 首相「北側さんを信じる」

高村氏は,公明党内でも特に慎重な姿勢を示していた山口代表の発言を,報道などを通じてつぶさに分析していた。山口氏は憲法解釈について「継続性,論理的整合性,規範性」を繰り返し強調しているものの,「集団的自衛権に反対する」とは言っていないことに注目していた。

2014年5月12日。首相官邸で開かれた政府・与党連絡会議で,高村氏は山口氏の隣に座り,「山口さんが言っていることと私が言っていることは,矛盾はありませんね」と語りかけた。

山口氏は硬い表情で「私も注意深く話していますから」と応じただけだったが,高村氏はこう確信した。

「しっかり説明すれば,きっと認めてくれる」

公明党が集団的自衛権行使の限定行使に傾いた転換点は,6月10日の安倍首相と高村氏の会談だ。首相が公明党の主張をのむことを決めたからだ。

「公明党の北側副代表は,閣議決定の文言に国民の権利が『根底から覆される』という言葉を入れてほしいと言ってきた」

この日午後,首相官邸の首相執務室。首相と向き合った高村氏は前日の9日に北側氏と会った際,切り出された要望を首相に伝えた。

高村氏はこう付け加えた。

第3章　安保法制　こう議論された

「北側氏は『それが可能なら，自信はないが，党内をまとめる』と言っています」

「根底から覆される」という言葉は1972年，参院決算委員会に提出された政府見解の一部を引用したものだ。自衛隊による武力行使が認められる事態を極めて限定的に定義した言葉で，政府・自民党は，首相も交えた会議で「厳しすぎるこの表現は採用しない」との方針を確認していた。

首相は考えた末，「北側さんを信じます。それで結構です。細かい文言はお任せします」と応じた。首相は，全幅の信頼を置く高村氏と，北側氏の「党内をまとめる」との言葉にかけた。

高村氏は首相との会談後，記者団を煙に巻いた。

「首相に若干のお願いをしてきた」

翌11日朝，高村氏と北側氏は帝国ホテルで会談し，北側案をもとに文言調整を行った。最終的に新政府見解にもなった「明白な危険」という修正案も盛り込まれていた。ただ，高村氏は，政府・自民党が公明党に譲歩したことがわかるような決着を目指した。

11日，高村氏が常駐する自民党本部4階の副総裁室に，真っ赤に熟れたトマトが2箱届いた。トマトの花言葉は「完成美」「感謝」。自らの案を受け入れ，首相を説得してくれたことへの北側氏からのお礼の印だった。

通常国会最終盤の2014年6月19日。首相官邸で行われた与党党首会談で，首相は7月1日に閣議決定する方針を伝えた。山口氏は，党内の意見集約に時間がかかることを伝え，遅らせるよう求めたが，首相は応じなかった。山口氏は腹をくくった。自公両党の調整は決着した。

3　「出来ない日本」の変化

■ クリントン大統領の要請

「集団的自衛権は行使できない」という憲法解釈のために，政府が緊迫した空気に包まれたことがあった。1993年に始まった北朝鮮による核危機だ。

核開発を宣言した北朝鮮は核拡散防止条約（NPT）からの脱退を表明。軍

2　首相の決意——限定行使閣議決定

事的圧力をかける米国と一触即発の状態に陥った。

　1994年2月、クリントン米大統領は訪米した細川護熙首相との首脳会談で、こう切り出した。「海上封鎖を実施したい。日本も協力してくれるか」

　米国は、海上封鎖に対抗して北朝鮮が敷設するとみられる機雷の除去に加え、攻撃を行う米空軍機の援護、損傷した米艦船の日本へのえい航などの協力を、次々に日本側に迫った。

　だが、石原信雄官房副長官から検討を求められた内閣法制局の回答は、すべて「ノー」。集団的自衛権の行使になりかねないとの理由からだ。

　憤った斉藤邦彦外務事務次官は「これも出来ない、あれも出来ないでは日米同盟が壊れてしまう。憲法解釈を変えてください」と内閣法制局に詰め寄ったが、拒否されたという。

　「米側の希望するものには何も応えられません」と報告する石原氏に、細川氏は「ああ、そうですか」と語るしかなかった。

　その後、米軍への後方地域支援など自衛隊の活動内容を定めた周辺事態法が成立したが、集団的自衛権の壁に阻まれ、北朝鮮核危機のような事態が再発しても、自衛隊の対米支援は限定的となる。

　安倍内閣による憲法解釈変更に対し、竹下登内閣以降、7内閣で官房副長官を務めた石原氏は「日本がようやく変化するのではないか」と期待感を示した。

　北朝鮮を巡る不透明な動きは今も続いている。

　2013年3月、北朝鮮は、金正恩（キムジョンウン）第1書記が米領グアムの米太平洋軍をいつでも攻撃できる「射撃待機状態」に入ることを指示したと発表した。

　米政府関係者は日本政府に対し、「グアムの危機が現実のものとなったのだから、早く集団的自衛権の憲法解釈を見直してほしい」と求めたという。憲法上できないとされてきた自衛隊によるミサイル迎撃を求めているのだ。

　仮に憲法解釈の変更が見送られていたら、米国の日本不信は強まり、「日米関係に決定的な打撃」（首相）となっていた可能性は高い。

　ただ、閣議決定は一里塚に過ぎなかった。政府は、具体的な活動の内容を

第3章 安保法制 こう議論された

定めた関連法の整備に入った。

■北朝鮮，中国の脅威

　長年の懸案だった集団的自衛権を巡る憲法解釈の見直しが実現したのは，外政，内政双方の条件が合致したためだった。

　2014年6月29日朝5時過ぎ，菅義偉官房長官の携帯電話に，1通のメールが届いた。北朝鮮が日本海に向けてスカッドとみられる短距離弾道ミサイルを発射したとの連絡だった。

　北朝鮮は国際社会の警告を無視して，核・ミサイル開発を続けている。この時の弾道ミサイル発射も，日本人拉致被害者を巡る日朝協議を2日後に控えていたにもかかわらず，平然と日本海に撃ち込んだ。対応に追われた自衛隊幹部は「我々の常識が通用しない国だと誰にも明らかになった」と表情を引き締めた。

　急ピッチな軍拡を背景にした中国の海洋進出も，「今そこにある危機」になりつつあった。

　13年1月の海上自衛隊艦船へのレーダー照射事件と，11月の一方的な**防空識別圏（ADIZ）**の設定，14年5，6月の自衛隊機への中国軍機の異常接近と，軍事力を背景にした横暴な行動が相次ぎ，偶発的な衝突が現実味を帯び始めた。

　これらの安全保障環境の悪化が，閣議決定を後押ししたのは間違いない。外交評論家の岡本行夫氏は「国民が『自分の国も安全ではない』と実感するようになった」と分析した。

　歴代内閣は，集団的自衛権を巡る憲法解釈について，「変えるのは非常に難しい」（小泉純一郎首相）などとして手を付けられずに来た。自民党の石破幹事長は，安倍内閣で初めて見直せたのは「首相の強い意志が大きかった」と指摘した。

　それを可能にしたのが，13年7月の参議院選挙で圧勝して衆参両院の「ねじれ」を解消したことだった。安倍首相が強い政権基盤を確保したことで大きな政治課題に腰を据えて取り組むことができた。

憲法解釈見直しを受けた法整備は，15年の通常国会で実現させることを想定していたが，15年春には統一地方選挙，秋には自民党総裁選が控えていた。首相はこの後，アクセルとブレーキを踏み分ける神経戦を強いられることになった。

> **防空識別圏（ADIZ）**
>
> 領空侵犯を防ぐために，各国が独自に定めている空域。領空の外側に設定され，侵入してきた国籍不明機には緊急発進（スクランブル）をかけることもある。国際法上の規定はないが，設定の際は周辺国などと事前協議するのが通例。中国による一方的な ADIZ 設定は，〈1〉領土から遠く離れた沖縄県・尖閣諸島を含む〈2〉領空侵犯の恐れとは無関係に，ADIZ 内で指示に従わない航空機に強制的な措置を取ることを宣言した──などの点が問題となった。

4　日米協力　自由度増す

■ 米軍と自衛隊の「統合」

集団的自衛権の行使を限定容認する新たな見解で，日米同盟が変わることへの期待が高まった。

2014年6月24日午前，東京都内のホテルに国家安全保障会議（NSC）事務局と外務・防衛両省，米国務省元高官，元自衛隊幹部，現役衆院議員らの関係者が集まった。

議題は「集団的自衛権が行使できると，対中国で，米軍と自衛隊はどのような協力が可能か」。

会議は米国防総省に近いシンクタンクの呼びかけで開かれたものだった。

「日米の早期警戒機や戦闘機，イージス艦を一つのネットワークでつなぎ，一体化させる。敵が米艦に向けて巡航ミサイルを撃ってきたら，日本はイージス艦から迎撃ミサイルを発射し，米国の早期警戒機で誘導して撃ち落とすこともできるようになる」──。

集団的自衛権を行使すれば，米軍と自衛隊は，これまでの役割分担にとどまらない「役割統合」まで可能になるとの見方で，出席者は一致した。

第3章　安保法制　こう議論された

　終了後，出席者の一人は，「米軍と自衛隊が『統合』し，北朝鮮・中国への抑止力を発揮する。年末に改定する日米防衛協力の指針（ガイドライン）に盛り込むことは十分できるのではないか」と語った。

　冷戦後，不安定化した国際情勢に対応するため，日米両国は自衛隊と米軍の協力のあり方を模索してきた。だが，1997年に改定されたガイドラインでは限界があるのは，誰の目にも明らかだった。集団的自衛権の行使を認めず，「自衛隊の支援活動と武力行使との一体化」を禁じる厳格な憲法解釈を踏まえたものだったからである。

　自衛隊が多国間訓練に参加する際も，憲法解釈が常に活動を縛り続けた。

　2年に1度，米ハワイ沖で多くの国が参加して行われる環太平洋合同演習（リムパック）では，集団的自衛権は行使できないという憲法解釈が障害となり，海上自衛隊は，敵を想定して多国間で役割分担する戦闘訓練には参加せず，米海軍との2国間だけの共同訓練を中心に実施している。

図3-13　日米防衛協力の指針（ガイドライン）の変遷

策定・改定の時期	狙い	主な内容
1978年11月	旧ソ連による北海道侵攻を想定，日本有事での日米共同対処を規定	日本への武力攻撃時に，自衛隊と米軍はそれぞれの指揮系統に従って行動。陸海空で共同作戦を実施
1997年9月	北朝鮮核危機を踏まえ，日本周辺の有事（周辺事態）での日米の役割分担を規定	戦闘行為が行われていない日本周辺の海空域で，自衛隊が米軍への輸送や補給，捜索救助の支援を行う
2014年末まで	海洋進出を続ける中国や核・ミサイル開発を進める北朝鮮を念頭に，日米の連携を一層強化	集団的自衛権行使を限定容認する政府見解に基づき，有事に至る前の「グレーゾーン」事態での共同対処，周辺事態での後方支援の拡大を盛り込む方針

新たな憲法解釈では，米豪なども含む共同訓練への参加も可能だ。「戦闘行為を行っている現場」以外であれば給油や輸送も認められるようになり，多国間協力も日米協力も，自由度が増すことになる。

2014年6月に始まったリムパックには22か国が参加し，中国も初めて加わった。米ハワイ真珠湾の米海軍基地で6月30日に開かれた記者会見で，ハリー・ハリス太平洋艦隊司令官は日本の閣議決定について，こう表明した。

「我々は同盟の強化に向けたいかなる前進も歓迎する」

■ 同盟強化の好機

2014年7月1日夕，集団的自衛権の行使を容認する新しい憲法解釈を決めた閣議が終わると，岸田文雄外相は，前月死去したハワード・ベーカー元米駐日大使の弔問に，東京・赤坂の米国大使館を訪れた。

岸田氏が，同席したキャロライン・ケネディ現駐日大使に「ベーカー氏に敬意を表する」と語り，閣議決定内容を説明すると，大使は「日本だけでなく地域にとっても重要なステップで喜ばしい」と，日本の決断を強く支持する考えを示した。

ベーカー氏は，小泉首相とブッシュ大統領の下で「戦後最良」と言われた日米関係を支えたことで知られる。そのベーカー氏の在任中にも，集団的自衛権が行使できないという憲法解釈が，日米同盟にマイナスになりかねないことがあった。

本書第1章4で紹介した，01年9月の米同時テロ直後に米海軍横須賀基地から出航した空母「キティホーク」に対する海上自衛隊の護衛艦2隻の随伴である。

海上幕僚監部の香田洋二・防衛部長は出港の数日前，在日米海軍司令官から個人的に，電話で要請を受けていた。「キティホークがやられるわけにはいかない。何とかならないか」

香田氏は調整に走り，何とか「調査・研究」の名目で護衛艦は出動した。護衛では，集団的自衛権行使にあたるとの批判を招く恐れがあったからである。

第3章　安保法制　こう議論された

■ 自衛隊は何が出来るか

　1997年のガイドライン改定に当たっては、自衛隊と米軍の間で詳しい計画を作るため、日米合同の図上演習で「日本海を通過する米艦船の先に機雷が敷設された時、自衛隊には何が出来るのか」といった想定が繰り返された。だが、答えはいつもこうだった。「機雷掃海は武力行使であり、集団的自衛権の行使にあたるので困難」――。

　海上幕僚監部防衛部長として97年の改定に携わった斎藤隆・元統合幕僚長は「米側から『出来るか』と聞かれても、『出来ない』としか言えない。海上自衛隊は世界有数の機雷掃海能力を持つのにこれでいいのかという思いは、ずっと心の中にあった」と述懐した。

　集団的自衛権の行使には「日本が米国の戦争に巻き込まれる」という批判があったが、**米国は国防費削減**により、「内向き志向」を強めている。

　ガイドラインは、78年に初めて作られた際には旧ソ連の侵攻を想定し、自衛隊と米軍は、それぞれの指揮系統に従って行動することとされた。97年の改定では、朝鮮半島有事の発生を想定し、周辺事態で自衛隊が米軍への一定の支援を行うことが盛り込まれた。

　ガイドラインの再改定では、中国の脅威への対処や、サイバー・宇宙空間での防衛のあり方が検討された。安保環境の激変を受け、幅広で奥行きのあるガイドラインへの強化が求められていた。

📎 米国防費削減

　財政赤字の深刻化を受け、2011年8月に成立した予算管理法に基づく措置。米議会が財政再建策をまとめられなかった場合には、21会計年度までに国防費や公共事業費などの歳出を強制的に削減するとしている。このうち国防予算は、10年間で約5000億ドル（約50兆円）の削減を迫られていたが、14～15会計年度では超党派合意により計317億ドルが回復した。ただ、削減計画を受けて米国防総省は今年2月、現在52万人の陸軍を、44万～45万人と最大8万人縮小させると発表している。

5　国際貢献の「常識」へ一歩
■ オランダ軍の怒り

　陸上自衛隊が国際貢献として海外に初めて派遣された1992年のカンボジア国連平和維持活動（PKO）から、20年余。自衛隊の近くにいる他国部隊や民間人が襲われても「駆けつけ警護」ができないことが、指揮官を長年悩ませ続けてきた。

　2004年にイラク・サマワ入りした復興業務支援隊は、治安維持に当たっていたオランダ軍に「駆けつけ警護はできない」と説明すると、厳しい言葉を浴びせられた。

「何でそんなことができないで、来ているんだ」

　オランダ軍が自衛隊を守るのに、自衛隊はオランダ軍を守らない——。身勝手な理屈は、なかなか理解が得られなかったという。

　正当防衛や緊急避難以外の武器使用は、相手が国や国に準ずる反政府組織であった場合は憲法が禁じる武力行使に当たる恐れがあるため、できない。こうした理由により、自衛隊の駆けつけ警護はこれまで認められてこなかった。

　イラク派遣に先立ち、陸上幕僚監部は、駆けつけ警護の問題を検討した。「あいまいなままでは混乱する」と、隊員たちから突き上げがあったからだ。宗像久男陸幕防衛部長は部下に命じて、内閣法制局の見解を確認した。その結果はこうだった。

「自衛隊員及び業務上密接な関係がある職員の救出のみ可。その他の民間活動団体（NGO）などの日本人や現地住民、他国の部隊の救出は不可」

　この見解を基に、派遣部隊が可能な行動を陸自として整理した。各国の現地部隊のキャンプには連絡幹部として自衛官を派遣することになっているのに着目し、いざとなれば、派遣された自衛官の安否確認を名目に部隊を送るしかないというのが結論だった。これは法解釈ぎりぎりのもので、他国に前もって説明できるものでもなかった。

　2014年7月1日に閣議決定した新たな政府見解では、現地政府の同意が

第3章　安保法制　こう議論された

あるなどの条件が整えば，駆けつけ警護も可能とされた。「友軍」を見捨てるという国際常識からかけ離れた過度の制約は解消され，「普通の国」に近づくことになる。

宗像氏によると，「幹部自衛官の間では『部下を棺おけに入れるのであれば，自分は監獄に行く』という言葉が語られてきた」という。部下を死なせるぐらいならば，法に違反してもやむを得ないという意味だ。宗像氏は「私もいつも職を辞する覚悟を持っていた」と打ち明ける。

制度の不備により，現場に過重な負担を押しつけてきた日本の国際貢献。そのあり方は，この時，見直しの大きな一歩を踏み出した。

■ 非戦闘地域の概念　撤廃

自衛隊の海外派遣を巡っては，それまで現実離れした空論が交わされ続けてきた。

1994年のルワンダ国連平和維持活動（PKO）派遣の際，「正当防衛のために認められる機関銃の携行は1丁か，2丁か」といった議論が行われたのが代表例だ。「360度警戒するには，2丁必要」という現場の訴えはかき消され，社会党の意向を優先して「1丁」で決着させたのだった。

2014年6月の自民，公明両党による「安全保障法制整備に関する与党協議会」でも，こんな議論があった。

「国連のPKO部隊を助けに行けば，戦闘に巻き込まれて自衛隊員に死傷者が出る可能性があるのではないか」

出席者が，自衛隊による駆けつけ警護の危険性を指摘したのである。

発言権のない「書記」の立場で協議会に参加していた元陸自幹部の佐藤正久・自民党参院議員は「現場の立場から言えば，日本人だけを助けて他を助けないのはつらい。何をやっているのかと言われる」と感じたという。結局，駆けつけ警護は条件付きで認められることになったが，佐藤氏は「自分さえ良ければいいという発想から脱却しない限り，議論は収まらない」と訴える。

一方，新たな政府見解では，自衛隊の海外での支援活動での足かせとなっていた「武力行使との一体化」の考え方も見直された。

憲法は自衛以外での武力行使を認めていないが，内閣法制局は，武力行使そのものだけでなく「他国の武力行使と一体化する自衛隊の活動」も憲法違反だという解釈を示してきた。そのうえで，**武力行使との一体化**を避けるために，自衛隊の活動を「非戦闘地域」に限るという運用の理屈を編み出した。

だが，非戦闘地域の線引きはあいまいで，2004年11月，民主党の岡田克也代表との党首討論で小泉首相は「自衛隊が活動している地域は，非戦闘地域だ」と苦しい答弁を行い，批判を受けている。カンボジアPKO派遣時に陸上幕僚長だった西元徹也・元統合幕僚会議議長は「実際，ゲリラやテロが発生している場所で，戦闘地域か否かを分けるのは難しい」と説明した。

■ 海外派遣　恒久法へ

新たな政府見解では，自衛隊の支援活動に際して，「非戦闘地域」「後方地域」という概念が取り払われた。他国が「現に戦闘行為を行っている現場」での活動でなければ，支援は可能になった。

このほか，1992年に成立したPKO協力法では当初，自衛隊の活動を輸送や医療などの「後方支援業務」に限っていた。2001年の法改正で停戦監視や武装解除の監視など「本体業務」も行えるようになったが，実際に自衛隊が参加した例はない。憲法上，駆けつけ警護や，任務遂行のための武器使用が認められていないこともあって「慎重に対応してきた」（政府関係者）のが理由である。

新たな政府見解で駆けつけ警護や任務遂行のための武器使用が認められたことで，本体業務における自衛隊の活動は可能となった。実施の是非は政治判断にゆだねられることになる。

政府・自民党内では，PKO協力法に加え，人道的な国際救援活動も含む自衛隊の海外派遣に関する包括的な「恒久法」の制定を求める声があがった。安倍首相が掲げる「積極的平和主義」にふさわしい貢献活動を迅速に行うためで，政府と与党の検討作業はその後，国際平和支援法という形で結実した。

国際法にはない日本独特の概念で，憲法9条を踏み越えないために内閣法

第3章 安保法制 こう議論された

図3-14 これまで自衛隊が参加した国際平和協力活動

期間	国・地域	活動内容	延べ人数
1992年9月～93年9月	カンボジア	国連平和維持活動(PKO)	1216人
93年5月～95年1月	モザンビーク	PKO	154人
94年9月～94年12月	ルワンダ	人道的な国際救援活動	378人※
96年2月～2013年1月	ゴラン高原	PKO	1501人
99年11月～2000年2月	東ティモール	人道的な国際救援活動	113人※
01年10月	アフガニスタン	人道的な国際救援活動	138人※
02年2月～04年6月	東ティモール	PKO	2304人
03年3月～03年4月	イラク	人道的な国際救援活動	50人※
03年7月～03年8月	イラク	人道的な国際救援活動	98人※
07年3月～11年1月	ネパール	PKO	24人
08年10月～11年9月	スーダン	PKO	12人
10年2月～13年2月	ハイチ	PKO	2196人
10年9月～12年9月	東ティモール	PKO	8人
11年11月～	南スーダン	PKO	2102人

138

2 首相の決意——限定行使閣議決定

制局は，長年こうした解釈を積み上げてきた。戦闘地域における弾薬の輸送協力などが該当するが，何が「一体化」に当たるかは，戦闘行為との地理的関係や日本の行為の具体的内容などを総合的に判断するとしている。

「一体化」の理論に基づいて，朝鮮半島有事を想定した周辺事態法（1999年施行）では，米軍を支援する自衛隊の活動を「後方地域」に限定した。活動内容も，米軍の武力行使と一体化するという理由により「戦闘のために発進準備をしている飛行機への給油と整備」などが除外された。

> **武力行使との一体化**
>
> 海外で武力そのものを行使しなくても，他国の武力行使と一体となるような支援活動を自衛隊が行うことは，武力を行使したのと同じ法的な意味を持つため，憲法上は許されないとする解釈を指す。

6 グレーゾーン　危機頻発

■中国からの密航者

政府が2014年7月1日に閣議決定した政府見解は，いわゆる「グレーゾーン事態」に対処する能力の向上も打ち出したが，法整備は見送られた。自衛隊が防衛出動する有事には当たらないが，警察や海上保安庁では対処が難しい「隙間」にあり，現実に最も起きやすいとされるケースである。

1997年2月，鹿児島県・薩摩半島の西約40キロにある下甑（しもこしき）島に，中国広東省からの密航者20人が漂着した。さらに20人が山中を逃走中との情報があり，住民約4000人の島は緊張に包まれた。

島駐在の警察官とともに，島内にある航空自衛隊レーダーサイトの隊員30人も捜索に加わった。当時を知る役場幹部は「警察官が3人しかおらず，自衛隊に頼むしかなかった」と振り返る。

だが**自衛隊法**では，密航者は，防衛出動や治安出動，災害派遣のいずれの対象でもない。このため隊員は「調査・研究」名目で出動した。これに対し「自衛隊法違反だったのではないか」などの指摘が出て政治問題化し，久間章生防衛長官（当時）は釈明に追われた。

第3章　安保法制　こう議論された

図3-15　日本の周辺で起きたグレーゾーン事態やグレーゾーンに発展しかねない事態

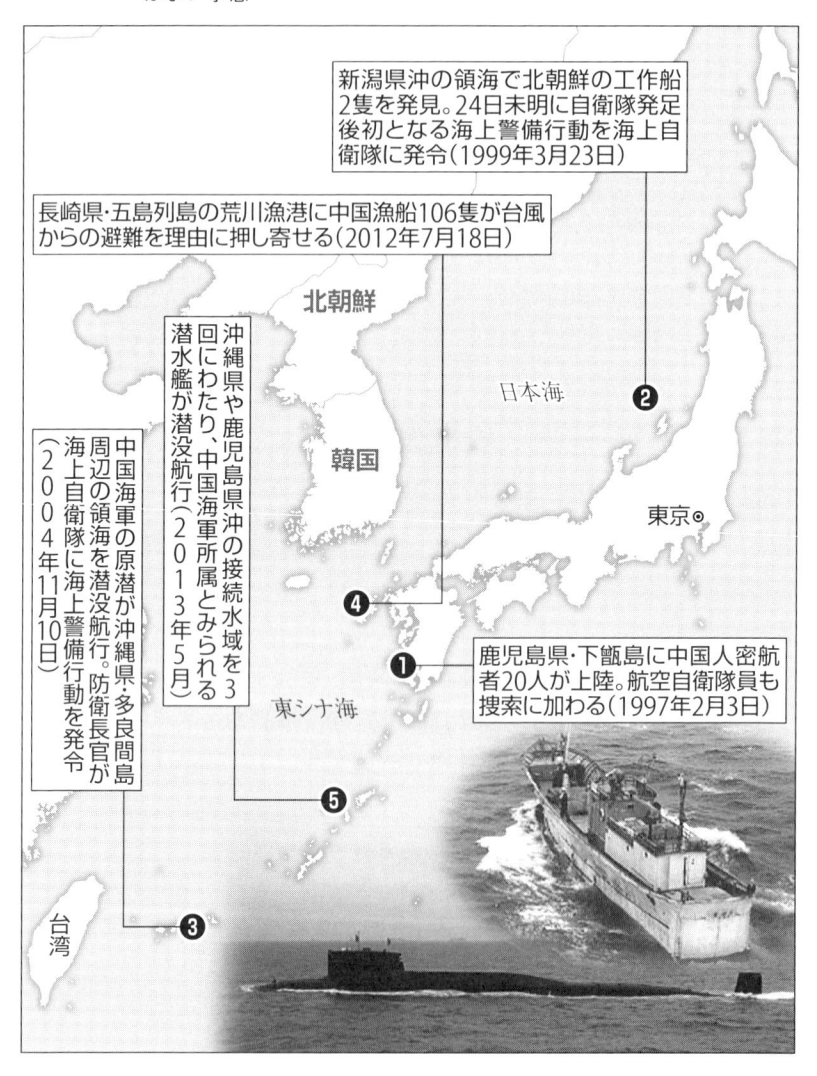

- 新潟県沖の領海で北朝鮮の工作船2隻を発見。24日未明に自衛隊発足後初となる海上警備行動を海上自衛隊に発令（1999年3月23日）
- 長崎県・五島列島の荒川漁港に中国漁船106隻が台風からの避難を理由に押し寄せる（2012年7月18日）
- 沖縄県や鹿児島県沖の接続水域を3回にわたり、中国海軍所属とみられる潜水艦が潜没航行（2013年5月）
- 中国海軍の原潜が沖縄県・多良間島周辺の領海を潜没航行。防衛長官が海上自衛隊に海上警備行動を発令（2004年11月10日）
- 鹿児島県・下甑島に中国人密航者20人が上陸。航空自衛隊員も捜索に加わる（1997年2月3日）

2　首相の決意——限定行使閣議決定

　グレーゾーン事態は，最近も起きている。

　2012年7月には，「台風からの避難」を理由に，東シナ海に面する長崎県・五島列島の荒川漁港が一時，106隻もの中国漁船で埋め尽くされた。「中国による沖縄県・尖閣諸島攻略の予行演習」という見方が出ている。自国漁船を送り込み，その保護を口実に漁業監視船や海軍艦艇で取り囲み実効支配を確立していく手法は，中国の常とう手段とされる。

　防衛省などは，自衛隊法を改正し，自衛隊がグレーゾーンにも対応できるよう法律上の根拠と，十分な武器使用権限を認められることを期待していたが，政府見解では見送られ，警察と自衛隊の連携強化や「手続きの迅速化」といった運用改善策を検討することにとどまった。

　14年5月27日の与党協議では，こんな場面があった。

　「下甑島のケースでは法的根拠があいまいなまま，自衛隊員が捜索活動にかかわった」と防衛省が現行の制度の不備を指摘すると，警察庁は「自分たちだけでも対応できた」と主張。公明党が「今のままで十分。どこに（法整備の）隙間があるんだ」と加勢した。

　出席した自民党メンバーの一人は，警察庁をこの日の会合に呼んだのは公明党の意向だったと指摘する。「防衛省と警察庁を同席させたら法整備の必要性について足並みの乱れが露呈するのは分かっていたから嫌だった」と振り返る。

　グレーゾーン事態への対処として自衛隊の権限を強化することは，治安維持を担当する警察には権限縮小につながり，容易に受け入れられないというわけである。

自衛隊法

　自衛隊の「任務，組織および編成，行動および権限」（1条）を定めた法律で，自衛隊は同法に明記された活動以外行うことができない。
　具体的な活動は，①日本への武力攻撃が発生した時の防衛出動（76条），②間接侵略など警察では対応出来ない際に首相が命じる治安出動（78条），③海上で治安維持にあたる海上警備行動（82条），④飛来する弾道ミサイルへの対応である破壊措置（82条の3），⑤災害救助にあたる

第3章　安保法制　こう議論された

災害派遣（83条）――など。
　防衛出動では他国からの武力攻撃に戦車や戦闘機で応戦する「武力の行使」が可能だが、それ以外の活動での武器使用は原則として正当防衛に限られるなど厳しい制限がある。

■自衛隊と警察　調整困難

　2014年7月3日、自民党大島派の勉強会で、グレーゾーン事態に関する法整備が見送られたことが話題となった。
　与党協議の内容を知るある出席者は「これは、軍と警察の100年戦争だ。今回の整理で50年ぐらいに縮まったが、これ以上突っ込んだら大変なことになる」と語り、自衛隊と警察との調整が困難であることを率直に認めた。
　自民党幹部は「役所の縄張り意識で法整備が後手に回るなら、『役所栄えて国滅びる』だ」と憤った。
　安全保障政策が専門の福田潤一・世界平和研究所研究員は、こう指摘した。「与党協議では集団的自衛権が主で、グレーゾーンは前座になったことに違和感を感じた。集団的自衛権への取り組みは評価できるが、いま喫緊の課題は、グレーゾーン事態にどう対処するかのはずだ」

7　集団安全保障は棚上げ
■「地球の裏側での戦争」

　「イラクのクウェート侵攻」
　事務方が安倍首相に用意した説明資料に、自衛隊の活動対象の一例として、こう記されていた。
　大型連休を前にした2014年4月下旬。首相官邸の一室で、首相を囲み、連休明けに始まる自民、公明両党による「安全保障法制整備に関する与党協議会」（座長・高村副総裁）に向けた最終調整が行われていた。出席者には、参院議員の礒崎陽輔首相補佐官、外務省出身の兼原信克官房副長官補らの顔があった。

2 首相の決意——限定行使閣議決定

資料の文言は、国連安全保障理事会決議に基づく多国籍軍による集団安全保障措置を、自衛隊にも認める可能性を意味していた。

この時期、政府・自民党は集団的自衛権の行使容認について「湾岸戦争やイラク戦争などに巻き込まれかねない」「地球の裏側で戦争することになるのではないか」といった批判を気にかけていた。

このため、高村副総裁が発案した「限定行使論」で歯止めをかけることにし、これなら慎重な公明党も説得できると踏んでいた。そこに集団安全保障の話まで持ち出せば、公明党の態度が硬化するのは目に見えていた。

礒崎氏が「集団安全保障はダメだ」と削除を求めると、首相も「その通り」と応じた。結局、協議会がスタートする直前の5月15日に行われた記者会見で、首相は「自衛隊が武力行使を目的に、湾岸戦争やイラク戦争のような戦闘に参加することは、これからも決してありません」と明言した。

だが、封印されたはずの集団安全保障は、6月20日の与党協議で、海上自衛隊がペルシャ湾のホルムズ海峡などシーレーン（海上交通路）で機雷掃海を行うケースに関する議論が行われたことで、蒸し返される。

「集団的自衛権ではできたものを、集団安全保障となった途端にやめるのはおかしい」（石破茂幹事長）

図3-16 集団安全保障と集団的自衛権のイメージ

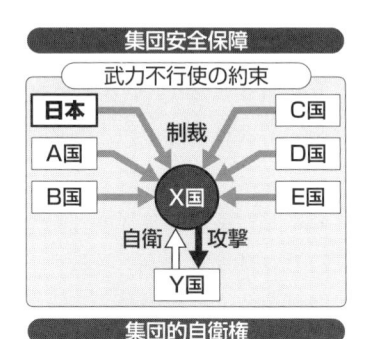

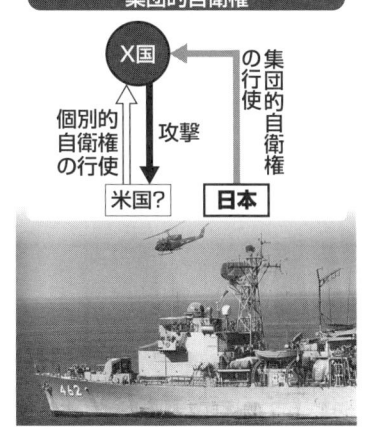

第3章 安保法制 こう議論された

「集団安全保障の話を持ち出されると，議論が拡散してしまう」（北側一雄・公明党副代表）

■ 与党協議は「暫時休憩」

　日本有事の際に国連決議が出されて集団安全保障に移行しても，自衛隊が個別的自衛権に基づく戦いをやめることはあり得ない。政府は，集団的自衛権も同じ理由で，国連決議が出れば国際社会が認めた活動になるのだから続けられるのは当然とみていた。

　安倍首相は2014年6月9日の参議院決算委員会で「機雷除去は受動的かつ限定的な行為で，敵を撃破するために空爆や砲撃を加える行為とは性格を異にする」と答弁している。

　しかし，集団安全保障という言葉が出た瞬間，空爆や砲撃をも想起させ，収束しかけた議論が「拡散」しかねない状況に陥った。そこで，新たな政府見解に集団安全保障の文言は盛り込まず，棚上げにされた。

　公明党幹部は，首相の考えを理解した。6月27日の協議会で，高村氏が機雷掃海の問題に言及すると，北側氏は「そんなのは内閣法制局に任せておけばいい」と言った。自公幹部間では，暗黙の了解ができた。

　誤解を招きかねないことから，政府・自民党は，丁寧な説明を重ねる方針を確認した。高村副総裁は，終了した与党協議会を「暫時休憩」と表現した。その真意について，周囲に「公明党とはいずれまた，集団安全保障の議論をしなければならないからだ」と話している。

　首相は7月5日の読売新聞のインタビューで，こう強調した。

　「集団安全保障で憲法上許される範囲が広がることはない。混濁する議論があるが，従来と変わらない」

8　豪州・ASEANは歓迎

■ オセアニアに進出する中国

　強い表現がちりばめられた。

2　首相の決意――限定行使閣議決定

「緊張を高める行動を差し控えることを呼びかける」「アボット首相は、日本による集団的自衛権の行使を含む、安全保障枠組みの再構築を支持する」

安倍首相とオーストラリアのアボット首相が、2014年7月8日発表した日豪共同声明。名指しこそしなかったが、声明は海洋進出を続ける中国を強くけん制する内容となった。

図3-17　集団的自衛権行使容認を受けたアジア太平洋地域各国の反応

ベトナム　関心を持っている。日本が引き続き平和、安定協力と発展維持に積極的に貢献することを期待(7月3日、外務報道官)

フィリピン　リーダーシップを発揮していることを称賛(6月24日、アキノ大統領)

カンボジア　日本の平和政策、武力不行使を支持(6月30日、ホー外相)

オーストラリア　積極的平和主義に関わる努力、集団的自衛権行使を含む安全保障枠組みの再構築を支持(7月8日、日豪首脳共同声明)

第3章　安保法制　こう議論された

　日豪は，防衛装備品の共同開発協定に署名したり，自衛隊と豪州軍による共同訓練を円滑化する協定の交渉を始めたりするなど，安全保障分野での連携を急速に強化している。

　自衛隊幹部は，「将来は，西太平洋などを担当する米第7艦隊に日豪が加わり，共同部隊が出来る可能性もある」と話す。豪政府関係者も，「軍事技術の共有はもちろん，宇宙や海洋での監視も日本と協力したい」と期待を寄せる。

　豪州を日本との安保協力強化へ走らせるのは，東南アジアを越えてオセアニア地域に進出する中国の存在がある。パプアニューギニアへ低金利の融資を行い，漁港整備を後押ししているほか，ミクロネシア中部のチューク諸島でも空港整備などで経済援助を行っている。ニュージーランドより東のトンガでは，サイクロンで損壊した埠頭（ふとう）の整備に低金利融資を行い，中国企業が建設を請け負った。豪州にとって中国は最大の貿易相手だが，こうした港湾施設などは将来の中国軍の拠点となる可能性もあるだけに，豪州政府は神経をとがらせている。

　7月8日の日豪首脳会談の翌日，豪紙オーストラリアンは，安倍首相とアボット首相の関係を「本物の温かさ」と表現し，豪州が日本との関係を重視し続けるとの見通しを示した。

　中国の圧力に直接さらされている東南アジアからも，日本の役割に期待する声が上がった。

　南シナ海の領有権問題　で中国とにらみ合いが続くフィリピンのアキノ大統領は6月24日，安倍首相とともに臨んだ共同記者会見で，集団的自衛権の行使容認に触れ「あなたがリーダーシップを発揮していることを称賛する」と語った。

　同じく中国との領有権問題を抱えるベトナムは7月3日，外務報道官が「（日本の憲法解釈見直しに）関心を持っている。日本が，引き続き平和，安定協力と発展の維持に積極的に貢献するために努力することを期待する」との談話を発表した。日本政府関係者は「中国との対立が激化しなければ『関心を持っている』までしか言わなかっただろう」と分析した。

> **南シナ海の領有権問題**
>
> 　中国が南シナ海について，9本の境界線からなる独自の「9段線」を引いてほぼ全域の管轄権を主張しているのに対して，フィリピン，ベトナム，ブルネイ，マレーシア，台湾が強く反発し，争っている。フィリピンは昨年，国連海洋法条約に基づく仲裁裁判所に，スカボロー礁などの領有権を巡り中国を提訴した。ベトナムは，今年5月に西沙諸島海域で石油の掘削を始めた中国と，船の衝突が続発している。中国と東南アジア諸国連合（ASEAN）は偶発的な衝突を予防するため，法的拘束力を持つ「行動規範」づくりに向けた事務レベルの協議を昨年スタートさせた。

■「日本の役割，死活的に重要」

　安倍首相は2012年12月の就任から1年足らずの間に，東南アジア諸国連合（ASEAN）加盟全10か国を歴訪し，信頼関係構築に努めていた。政府・与党内からは「首脳外交の成果だ」（自民党関係者）との声も上がった。

　ただ，政府は，集団的自衛権を行使する条件として「密接な関係にある他国」への武力攻撃と規定した。ASEAN諸国が「密接な他国」となる可能性は当面は低い。

　外務省幹部は「東南アジアは，日本による防衛装備品などの協力への期待が大きい」と指摘する。日本はベトナムに対し，政府開発援助（ODA）による巡視船の供与を検討している。日本のODAでは軍隊への支援は認められていないことから，ベトナムは，それまで軍に所属していた海上警察を切り離して別組織にしたほどである。

　豪州の有力シンクタンク「ココダ財団」のジョン・リー理事は，太平洋で日本が果たすべき役割について，こう訴える。

　「中国が急速に台頭し，主張を強めている地域で，日本が目立たない戦略的役割しか果たさないのは非現実的だ。日本の役割は，地域の安定にとって死活的に重要だ」

第3章　安保法制　こう議論された

9　法整備　時間かけ準備

■世論は「集団的自衛権に慎重」

　2014年7月3日午後、安倍首相は、首相官邸を一人訪れた自民党の高村副総裁に、こう切り出した。

　「集団的自衛権などの法整備は来年の通常国会で一括してやりたい。どうでしょう」

　高村氏が座長を務めた与党協議会で、自民、公明両党の間には、かつてない摩擦が生じた。秋口には内閣改造・自民党役員人事も控える。首相は、法整備について一拍置くのが安全と考えたようである。

　安全保障問題は、安定した政権でなければ取り組めない課題である。

　1991年に提出された国連平和維持活動（PKO）協力法は、成立までに9か月を要している。成立時の宮沢内閣は、発足当初の内閣支持率56％が、成立後には35％まで下がっている。

　02年に武力攻撃事態法など有事関連3法を提出した小泉内閣は、成立させるまでに1年2か月をかけている。

　集団的自衛権の行使を限定容認する新たな政府見解を受け、改正が必要な法律は10以上に及んだ。

　例えば自衛隊法では、「密接な関係にある他国」への武力攻撃で「国民の生命・権利が根底から覆される明白な危険」があれば武力行使ができるようになる。離れた場所の民間人らを助ける「駆けつけ警護」を可能にするため、PKO協力法も改正することになった。いずれも、政府は従来と大きく異なる答弁をしなくてはならないことから、国会審議は難航が懸念されていた。

　膨大な法案を準備する態勢も十分ではなかった。**国家安全保障局**や防衛省内の作業チームが法案作りに当たるとみられるが、いずれも小人数にとどまった。

　集団的自衛権の行使に関する国民の理解も、十分に得られていなかった。

　読売新聞社の世論調査では、シーレーン（海上交通路）での機雷掃海や邦人輸送中の米輸送艦の保護など集団的自衛権行使の2事例について賛成が7

割近くに上る一方,限定行使を「評価しない」との答えは51％と半数を超えた。

政府は2014年7月5日,内閣官房のホームページに「安全保障法制の整備についての一問一答」を掲載した。

問い「徴兵制が採用され,若者が戦地へと送られるのではないか？」

答え「全くの誤解。徴兵制は憲法上認められません」

野党や一部メディアが,この頃から「明日戦争が始まる」「国民が巻き込まれる」などと扇動的な批判を繰り広げていたため,政府は,当たり前のことであっても,丁寧に説明し反論していくことにした。

国家安全保障局

外交・安全保障の司令塔となる国家安全保障会議（NSC,議長＝安倍首相）の事務局で,今年1月に70人体制で発足した。安倍首相の信頼が厚い谷内正太郎元外務次官が初代局長に就任し,兼原信克,高見澤将林の両官房副長官補が局次長を務める。外務,防衛,警察など関係省庁からの出向者が諸外国の情報分析や戦略立案に従事している。集団的自衛権を限定容認した新たな政府見解を受けて,法案の立案作業も担当している。

■「ヤマ場」を控えて

法案を巡っては,野党第1党の民主党の対応も問われた。

海江田万里代表は,今回の閣議決定には反対する考えを明らかにしていたが,党内には賛成論もあった。党幹部の一人は,この時点で「思想を足して2で割ることはできない。代表はこれから立ち往生するだろう」と予測していた。

通常国会で法案の審議が本格化するのは,公明党の意向に配慮して15年春の統一地方選以降となった。同年秋には,任期満了に伴う自民党総裁選という政局の山場も控えており,大幅な会期の延長は困難とみられていた。

だが,与党協議に参加した自民党幹部の一人は,こう語った。

「閣議決定で一山越えたが,これからの法整備までハードルは多い。それでも首相は『絶対にやる』という覚悟だ」

第3章 安保法制 こう議論された

3　法制合意——与党協議

1　安保法制の全体像固まる
■「切れ目なし」対「歯止め」

　安全保障関連法案の全体像が固まったのは 2015 年 3 月 20 日。自民，公明両党が，国会内で「安全保障法制整備に関する与党協議」を開き，共同文書「安全保障法制整備の具体的な方向性について」をまとめた。

　政府は，法案を 5 月に国会へ提出する準備に取りかかるとともに，4 月に改定される日米防衛協力の指針（ガイドライン）に法案内容を反映させる作業を加速させた。

　自公両党の共同文書は，公明党が求めた「国際法上の正当性」「国民の理解と民主的統制」「自衛隊員の安全確保」の 3 原則を，法整備の前提として位置付けた。その上で，①武力攻撃に至らない侵害（グレーゾーン事態）への対処，②日本の平和と安全に資する活動を行う他国軍隊に対する支援活動，③国際社会の平和と安全への一層の貢献，④憲法 9 条の下で許容される自衛の措置，⑤その他関連する法改正事項——の 5 分野で，法整備の方向性を示した。

　恒久法を制定し，国際平和のための後方支援を可能にするほか，自衛隊が，日本防衛につながる活動を行う米軍や他国軍を守ることを認めた。「日本の平和と安全に重要な影響を与える事態」であれば，シーレーン（海上交通路）などで米軍や他国軍に補給・輸送などの後方支援もできる。

　2015 年 2 月 13 日に始まった与党協議では厳しい交渉が繰り広げられた。自衛隊による迅速で切れ目のない活動を可能にしたい政府・自民党と，歯止めを前面に出したい公明党は再三衝突した。

　特に，自衛隊の海外活動に関する法制の議論に，相当の時間が費やされた。14 年 7 月の閣議決定前の与党協議では，集団的自衛権限定行使の容認の議論に長い時間が割かれたのとは対照的だった。

■「建て増し」繰り返した法制度

自衛隊の海外活動に関する既存の法律を列挙すると次のようになる。

◆朝鮮半島有事など近隣有事の際に米軍への後方支援を定めた「周辺事態法」

◆国連平和維持活動（PKO）に参加するための「PKO協力法」

◆インド洋での給油活動を可能とした「テロ対策特別措置法」（時限立法）

◆イラク戦争後の人道復興支援活動のための「イラク復興支援特措法」（時限立法）

自衛隊の活動内容ごとに縦割りの法制となっていた。政府・自民党は当初、一から作り直して海外活動に関する包括的な恒久法の制定を目指した。

これに対し、公明党は、周辺事態法やPKO協力法などの存続を求めた。これらの法律が制定される際、公明党は自民党と協議し、自衛隊の活動に歯止めをかけたとの自負と強いこだわりを持っていた。周辺事態法とPKO協力法は、「平和の党」を掲げる公明党にとっての「実績」であり、存続は譲れない一線となっていた。

2015年2月13日に始まった与党協議と並行して、自民党の高村正彦副総裁と公明党の北側一雄副代表は水面下で、こんなやりとりを交わした。

高村「周辺事態法と恒久法を合わせたものを作りたい」

北側「それは切り分けてくれ。日本の防衛につながる周辺事態法と、国際平和のための恒久法は性質が違うものだ」

高村「分けるなら、恒久法は残していいんですね」

高村氏は、当時のやりとりについて、「自民党は周辺事態法を残すことで譲り、公明党は恒久法を認めた。このバーターだった」と振り返る。

高村氏は恒久法に、戦闘中の多国籍軍などへの後方支援と、紛争終結後の人道復興支援や治安維持などのPKO的な活動を含めることを考えた。しかし、北側氏が「PKO的な活動は、PKO協力法に加えるべきだという声が公明党内には強い」と、ここでも「切り分け」を求めた。

政府・自民党は恒久法という「実」をとるため、法案の切り分けを求める公明党の主張を受け入れた。自衛隊の海外活動に関する法制は、周辺事態法

第3章　安保法制　こう議論された

（現・重要影響事態法）と恒久法（国際平和支援法），PKO協力法の3本柱とすることで自公の話し合いは決着した。従来の法律に新たな活動を継ぎ足す形の修正となった。

「渡り廊下がいっぱいある古い店を更地にして，ビルに建て替えようと思ったが，また建て増しになった」

与党協議に携わった政府関係者は悔しさをにじませた。政府内からは「自衛隊の海外活動の法制が複雑になることで，国民の理解が得にくくなる」と嘆く声も出た。

■「国民への分かりやすさ」

恒久法は，国際平和のために活動する多国籍軍などへの後方支援というわずかな範囲をカバーするだけの内容になった。

政府の担当者たちは，恒久法に意欲を示してきた安倍首相の反応を心配した。2015年3月上旬，首相と国家安全保障局幹部らが最終確認の協議を行った。

「国民への分かりやすさ，説明のしやすさ，国会での答弁のしやすさが大事だ」首相はそう注文を付けただけで，3本柱の法制とすることにゴーサインを出した。

公明党は，安保法制の論議が，間近に迫っていた15年春の統一地方選に影響を与えないよう腐心していた。論議の内容が踏み込んだものになれば，選挙活動を担う公明党の支持者に動揺が広がるのではないか，と心配したのだ。安保法制の正式な承認も4月の統一選後に先送りした。

与党の共同文書「安全保障法制整備の具体的な方向性について」の原案に対し，北側氏は数多くの細かい修正を施した。

「対応できるよう法整備を行う」→「対応できるよう法整備を検討する」
「周辺事態法の改正」→「周辺事態法関連」

政府・自民党の担当者の一人は，公明党の背後に，与党協議には加わっていなかった内閣法制局がいるのではないかと感じた。「内閣法制局が公明党とタッグを組んで，法案づくりで自衛隊の活動に縛りをかけるのではないか」（政府高官）と心配する声が上がった。

3 法制合意——与党協議

■ どちらの法律を適用するのか

　法制の複雑化に伴い、課題として浮上したのが、恒久法（国際平和支援法）と周辺事態法（現・重要影響事態法）との使い分けだ。ともに自衛隊による後方支援を可能とする法律だが、日本の平和と安全に対する影響の度合いによって、どちらの法律を適用するかが変わることになる。

　例えば、日本への原油輸入ルートである中東のシーレーンで紛争が起こり、米軍から後方支援を求められた場合、国際平和支援法と重要影響事態法のどちらを当てはめるか、政府は難しい判断を迫られることになる。

　「日本への影響が大きい」として重要影響事態法を適用した場合、紛争が下火になって日本への影響がないと判断されるようになれば、改めて国際平和支援法を適用することが想定される。紛争がエスカレートする逆のケースも考えられ、国会承認などの手続きをどのように定めるのか、政府関係者は頭を悩ませた。

　自公両党は、国会承認のあり方でも対立した。公明党は、国際平和支援法に基づく自衛隊の活動に歯止めをかけるため、例外なき事前承認を義務づけるべきだと訴えたのに対し、自民党は、国会閉会中や衆院解散中も想定し、事後承認を認めるべきだとして譲らなかった。

　両党の話し合いはもつれたが、自民党が公明党の主張を受け入れる形で、例外なき事前承認が義務づけられた。ただ、法案には、衆参両院は、事前承認を求められた場合、「7日以内」に派遣の可否を議決する努力規定も盛り込まれた。

　政府・自民党も「一矢」報いた。重要影響事態法の適用範囲について、日本周辺に限定していた周辺事態法の法律解釈を改め、日本から離れた場所でも自衛隊が活動できるようにしたのである。

　政府担当者の念頭にあったのは、中東・ホルムズ海峡危機の際、自衛隊が米軍の後方支援をできるようにすることだった。海峡が機雷で封鎖され、原油輸入が長期間途絶し、「日本国民の生命・権利が根底から覆される明白な危険」が生じれば、自衛隊は、集団的自衛権の限定行使として機雷の掃海ができる。もし重要影響事態法の適用範囲を広げなければ、「自衛隊は武力を

153

第3章　安保法制　こう議論された

行使できるのに，米軍への後方支援はできない，という釣り合いが取れないことになる」（政府関係者）からである。

政府は15年5月，与党合意を踏まえ，周辺事態法を改正する重要影響事態法案と，恒久法である国際平和支援法案を閣議決定した。

朝鮮半島有事やシーレーンの紛争のように，日本の平和と安全に重要な影響を与える場合は重要影響事態法が適用される。同法は周辺事態法よりも自衛隊の活動地域を拡大したほか，米軍以外の他国軍への後方支援，弾薬提供や空中給油なども新たに認めた。

一方，国際平和支援法は，日本には直接影響を及ぼさない国際平和のために活動する多国籍軍などへの後方支援などに対応することになった。

2　集団的自衛権の行使容認へ

■「この先50年，発動する機会はない」

自公両党が協議再開の準備をしていた2015年2月，安倍首相は公明党の太田昭宏国土交通相にこう語りかけた。

「集団的自衛権なんてこの先50年，発動する機会はないですよ。でも，発動できる態勢を整えておくのが我々の役割じゃないですか」

政府はこれまで，個別的自衛権のみが憲法上可能だとして，日本が直接攻撃されなければ，自衛隊は武力を行使できないとしていた。前年7月の閣議決定で，新3要件が満たされれば，武力行使はできると憲法解釈を変更した。集団的自衛権の限定的な行使である。

15年3月の与党合意では，武力攻撃事態法に「存立危機事態」を規定し，新3要件の内容を反映させるとともに，自衛隊法76条の防衛出動の適用対象に存立危機事態を加える方針が決まった。自衛隊法3条で，存立危機事態への対処を自国防衛と並ぶ最重要任務に位置付けた。国会承認については，武力攻撃事態と同じく事前に得ることを原則とし，緊急の場合には事後承認も認めた。

■ 超音速巡航ミサイルへの対応

　集団的自衛権の限定的行使の容認を巡り，もっぱら注目が集まったのは中東・ホルムズ海峡での機雷掃海だったが，政府関係者は「現実には，ホルムズ海峡よりも朝鮮半島有事が念頭にある」と指摘する。

　外務省や防衛省の担当者を悩ませてきたのは，集団的自衛権の行使が一律禁じられたことで起こりうる事態に対応できなかったことである。

　「朝鮮半島有事が勃発すれば，米軍は，艦船を日本海に派遣してミサイル発射に備えたり，輸送艦や輸送機で日本に民間人を輸送したりする。だが，自衛隊は米軍を守ることができない」「北朝鮮が公海にばらまいた機雷によって，日本を行き来する船舶の航行が妨げられても，自衛隊は機雷の掃海ができない」

　首相や与党幹部が再三指摘したケースだ。今回の安保法制では，「日本の存立が脅かされる」などの条件を満たせば，米艦などの防護や機雷掃海は可能になる。

　日本が直面する，もう一つの安保上の懸念は言うまでもなく，中国軍の軍拡である。

　中国は，紛争が生じた場合，米軍に介入されることを阻むため，「接近阻止・領域拒否」(A2AD) 戦略に沿った兵器の開発を進めているとされる。米軍が特に恐れているのが，海面上を超音速で進み，米艦船を狙う巡航ミサイルである。

　「現在の米軍のシステムでは対処は困難だ。このままでは米国が空母を派遣して紛争の発生や拡大を抑止することが難しくなる」と元米政府高官は漏らす。

　米軍が対抗措置として開発を進めているのが，イージス艦と早期警戒機などの航空機を極めて高速のネットワークで連結し，ミサイルを迎撃する海軍統合射撃指揮対空 (NIFC-CA，ニフカ) と呼ばれる新システムである。

　水平線の先にある巡航ミサイルは，イージス艦のレーダーでは捉えられない。このため，ニフカでは，早期警戒機 E2D などが「目」となって巡航ミサイルを発見し，イージス艦が迎撃ミサイルを発射して撃ち落とす。

第3章　安保法制　こう議論された

図3-18　米海軍統合射撃指揮対空（NIFC-CA、ニフカ）の運用イメージ

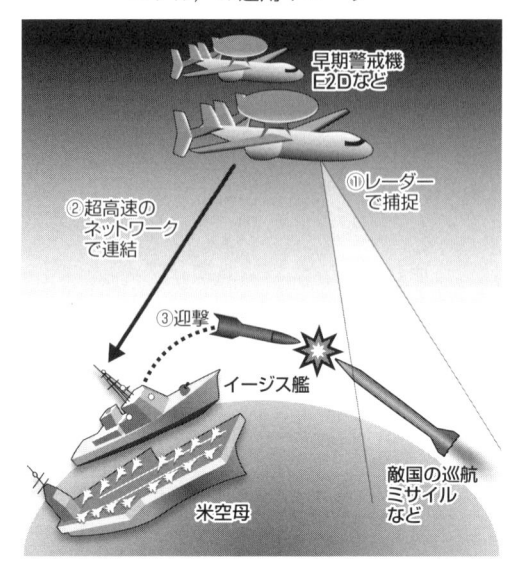

2015年6月、米軍は横須賀基地（神奈川県横須賀市）に、ニフカの能力を備えたイージス艦「チャンセラーズビル」（9900トン）を配備した。最先端システムを搭載した艦船を米国外に置くのは初めてだった。集団的自衛権の行使が認められたことで、日本はこのシステムに参加する道が開ける。日本が導入するE2Dや、最新鋭戦闘機F35は、ニフカに対応する装備を搭載することが可能である。

北朝鮮や中国に備える法制整備は、紛争を事前に抑止することに狙いがある。防衛省幹部はこう解説する。

「空母など米軍の行動の自由を確保することで、沖縄県の尖閣諸島防衛を含めた抑止力の向上につながる」

■「応分の寄与」阻止する法制

与党が合意に近づいた2015年3月16日、安倍首相は都内の国連大学で演説した。「私の祖父も、『常時、国連を通じての世界平和の確保のため、応分の寄与をなす心構えが必要だ』と強調している」

首相が引用したのは、外相当時の岸信介元首相が、日本の国連加盟直後の1957年2月に衆院本会議で行った外交演説の一節である。

しかし、実際の日本は長い間、世界平和の確保のため「応分の寄与」をすることに及び腰だった。内閣法制局による憲法9条の解釈のためである。

3　法制合意——与党協議

　連合国軍総司令部（GHQ）が草案を書いた憲法は、国連加盟国の軍隊が共同で平和を確保する集団安全保障を前提にしながら、日本には国連の活動に参加することを求めず、戦力の保持を禁止した。
　岸氏が外交演説をした時代には、国連による集団安全保障という理想は、米ソ冷戦や、朝鮮戦争で事実上崩壊していた。米国は日本に再軍備を求め、54年に自衛隊が創設された。しかし、日本には「自衛隊が国際貢献をするという考えはまったく念頭になかった」（外務省幹部）のである。
　1991年の湾岸戦争後、日本は「汗を流さない国」などと批判されてから、ようやく国際貢献に踏み出した。93年の朝鮮半島核危機によって、日本の安全確保に大きな空白があることが明らかになり、周辺事態法や、武力攻撃事態法などの有事関連法制の整備が進んだ。
　こうした活動を想定していなかった憲法との整合性を図るため、安保法制は複雑さを増していった。現場で活動する自衛官からは「難解な憲法解釈が絡み合った制約だらけのもの」（香田洋二・元自衛艦隊司令官）と受け止められた。
　日本の安全確保や国際貢献を制約してきた安保法制が、改められることには大きな意味があった。
　日米両国は2014年4月27日、安保法制見直しを反映した新たな日米防衛協力の指針（ガイドライン）について合意し、ガイドラインには以下の文言が明記された。
　「（自衛隊と米軍は）国際的な活動に参加する場合、相互に後方支援を行う」
　「機雷掃海等の安全な海上交通のための取り組み」
　「自衛隊と米軍はISR（情報収集、警戒監視、偵察）活動において協力する」
　世界各地の紛争に対し、米国が国防費削減などで対応が困難となる中、日本が「応分の寄与」を示すものになった。
　2015年4月28日、訪米した安倍首相は、オバマ米大統領と会談した。会談後に発表された日米共同宣言には、新ガイドラインの意義について、「日本が地域及びグローバルな安全への貢献を拡大することを可能にする」と記された。

第3章　安保法制　こう議論された

3　後方支援と武器使用の制約緩和
■「戦闘現場」以外に拡大

　2015年2月からの与党協議では，自衛隊が海外で実施する後方支援活動が焦点となった。

　後方支援とは，武力行使を行っている米軍など他国の軍隊に対し，自衛隊が物品や役務を提供することである。具体例として想定されているのは，「医療，輸送，保管（備蓄を含む），通信，建設，修理・整備，補給，空港・港湾業務，基地業務，宿泊，消毒，施設の利用，訓練業務」などである。

　今回の安保法制では，後方支援の実施範囲が拡大する。これまでの周辺事態法やテロ対策特措法は，戦闘地域から離れた「後方地域」や「非戦闘地域」で行うとしてきた。それが今回の安保法制は，「現に戦闘が行われている現場では実施しない」と定めており，戦闘現場を除く，幅広い範囲で自衛隊は後方支援ができるようになる。

　元陸上自衛隊幹部でイラク復興支援の指揮も執った佐藤正久・自民党参議院議員は3月19日夜のBS日テレの「深層NEWS」で「(最低限やってはいけないことを決め，実際の活動は自衛隊の判断に任せる)『ネガティブリスト』的に

図3-19　拡大する後方支援のイメージ

現行法制	周辺事態法	
	日本「周辺」で起きる日本の平和に重要な影響がある事態（朝鮮半島有事，台湾有事など）	米軍に対する補給、輸送、医療、修理・整備、通信などの支援。輸送を除き日本領内のみで活動
新たな法制	改正周辺事態法	
	日本の平和に重要な影響がある事態（日本周辺に限らず、南シナ海や中東のシーレーンでの紛争にも対応可能に）	従来の支援に加え、弾薬の提供や戦闘機への給油も新たに検討。公海や外国領域（同意のある場合）での活動も可能に。米軍以外も支援
	新たな恒久法	
	国際社会の平和と安全のために米軍などが活動している事態（米同時テロ後の対テロ作戦など）	

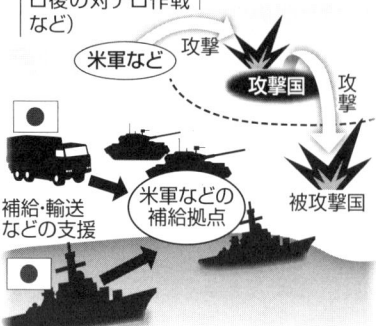

なった」と語り，現場の部隊の実情に応じた内容だと評価する。

　こうした変化が可能になったのは，2014年7月の閣議決定で，後方支援に関する憲法解釈が見直されたためである。後方支援は，それ自体は武力の行使にあたらないが，支援する他国軍の武力行使と密接に関連する場合には，「我が国も武力の行使をしたという法的評価を受ける場合があり得る」（政府答弁書）とされてきた。そうであれば，憲法違反となる。

　「武力行使との一体化論」といわれる内閣法制局が生み出した憲法解釈である。外務省幹部は「法制局からは『戦闘地域では水を与えることも一体化だ』と言われてきた」と語る。これに基づき，政府は，自衛隊が後方支援を行う場合，①現に戦闘が行われておらず，②自衛隊の活動期間を通じて戦闘行為が行われることがないと認められる——の両方を満たす場所を「非戦闘地域」として指定してきた。14年7月の新たな見解では，将来のわずかな危険性まで考慮していた②の要件を廃止した。

　さらに，重要影響事態法（改正周辺事態法）は，輸送以外の後方支援を日本の領域内に限っていたが，解釈変更に伴い，公海のほか，外国の領土・領海・領空についても，外国の同意があれば，活動を認めている。

　政府が想定しているのは，米軍の戦闘部隊などが宿泊や補給を行う拠点まで，自衛隊が必要な物資を輸送するようなケースである。自衛隊幹部は「危険な戦闘が行われている現場の近くまで行って，後方支援を行うわけではない」と説明する。

■ 武器使用で任務の妨害を排除

　安倍首相は2015年3月22日，防衛大学校（神奈川県横須賀市）の卒業式の訓示で，自衛隊の役割が紛争予防や人道復興支援に広がっていると指摘したうえで，こう強調した。

　「世界が諸君に大いに期待している。世界が諸君の力を頼みにしている。その誇りを胸に，自衛隊にはより一層の役割を担ってもらいたい」

　新たな安保法制では，国連平和維持活動（PKO）協力法を改正し，自衛隊が行う海外活動を拡大することが盛り込まれた。隊員の武器使用はこれまで，

第3章　安保法制　こう議論された

図3-20　国連平和維持活動（PKO）協力法の改正で変わる自衛隊の活動

	活動例	武器使用権限
現在	▶PKOでは停戦の監視、選挙・投票の監視、紛争による被災民の救援、紛争被害の復旧など ▶PKO以外の人道復興支援は特別措置法で対応	隊員と「自己の管理下に入った者」を守るための「自己保存型」に限定
今後	▶PKOとして治安維持などの安全確保も可能に ▶PKO以外でも人道復興支援、安全確保などが可能に	他国部隊や民間人らが攻撃され、自衛隊が駆けつけて救助する「駆けつけ警護」や、任務の妨害を排除する「任務遂行型」の武器使用も可能に

自らを守るための正当防衛といった「自己保存」型に限られていたが、新たに、任務を妨害する暴徒を排除するため、警告射撃をするといった「任務遂行型」の武器使用も認める。

1992年にカンボジアのPKOに自衛隊を派遣して以来、日本の国際貢献は、大きな制約の中で行われてきた。

自衛隊が参加中の南スーダンPKOでは、政府軍と反政府軍の衝突が宿営地周辺で起き、道路整備などの宿営地外での活動を停止しなければならない期間があった。13年12月には、宿営地に隣接する国連施設に数千人規模の避難民が押し寄せて緊迫したが、周辺で避難民が襲撃されても、自衛隊が救助に出向くことは許されていなかった。

PKOでは、民間活動団体（NGO）などと連携する場面も拡大する傾向にある。防衛省幹部は「現地で活動する日本のNGOが暴動に巻き込まれれば、助けを求められる場面もある」と指摘する。

似たような状況は、2004年から06年の陸上自衛隊イラク派遣の際にもあった。自衛隊は、オランダ軍などが治安維持の任務にあたる中で、道路整備などに取り組んだ。もしオランダ軍の部隊が襲撃されても、助けることはできなかった。自衛隊幹部は「日本だけが安全な場所で活動するという理屈は、現場で理解を得るのが難しい」と打ち明ける。

3 法制合意——与党協議

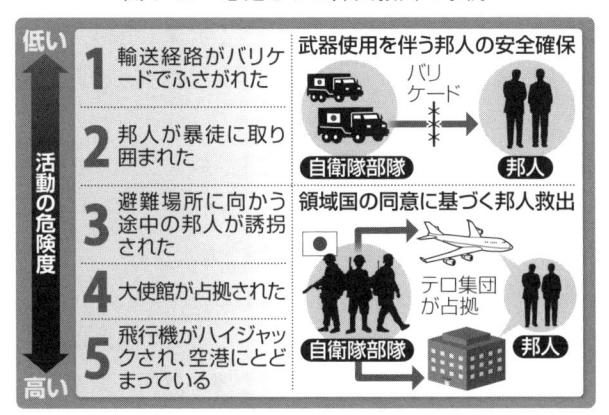

図3-21 想定される邦人救出の事例

活動の危険度 低い→高い		武器使用を伴う邦人の安全確保
1	輸送経路がバリケードでふさがれた	
2	邦人が暴徒に取り囲まれた	自衛隊部隊／邦人
3	避難場所に向かう途中の邦人が誘拐された	領域国の同意に基づく邦人救出
4	大使館が占拠された	テロ集団が占拠
5	飛行機がハイジャックされ、空港にとどまっている	自衛隊部隊／邦人

　近年のPKOは，停戦監視などの伝統的な任務に加え，国づくりや難民保護など「複合型・多機能型」に変容している。国際社会の要請に応えるためには，任務遂行型の武器使用は不可欠と言える。

　公明党は「自衛隊が危険な任務を行うようになれば，自衛隊員の募集が困難になるのではないか」（党幹部）として，隊員の安全確保の徹底を求めた。これに対し，自衛隊幹部は「任務の妨害に対して武器を使用できるのであれば，武装勢力への強いメッセージとなり，攻撃を受ける危険性はかえって少なくなる」と強調する。

4　平時の邦人救出と他国軍の防護

■「ランボー」にはなれない

　イスラム過激派組織「イスラム国」に拘束された日本人が殺害された事件の影響もあり，邦人救出の任務を可能にする法制の整備にも注目が集まった。

　「自衛隊にそんな能力はあるのか。邦人救出の任務は無理ではないか」

　政府は今回の安保法制整備で，現地政府の支配が及ばない危険地域に乗り込むような救出作戦は想定していないにもかかわらず，与党協議では邦人救出が必要だとする議員が少なくなかった。

161

第3章　安保法制　こう議論された

「自衛隊員は『ランボー』にはなれません」

　政府高官は，元米兵が単身でアフガニスタンに乗り込み，ソ連軍に捕らえられた元上司を救出するハリウッド映画の主人公を引き合い，危険な救出作戦はやらないことに理解を求めた。

「自衛隊が邦人輸送の集合場所へ向かう途中の道が，バリケードで遮られている」

「日本の大使館や領事館が武装勢力に占拠された」

「日本の航空機がハイジャックされ，外国の空港に着陸した」

　これらが政府の想定しているケースである。通常であれば相手国の警察や軍が対応する。しかし，争乱状態で，警察や軍が外国人保護まで手が回らない場合や，自衛隊の対応能力の方が高い場合には，現地国政府の同意に基づき，自衛隊が邦人の安全確保を行うことができる，と説明する。

　旧来，在外邦人の安全確保のために自衛隊ができるのは輸送任務までだった。2013年1月に起きたアルジェリアでの人質事件を受けた自衛隊法の改正では，従来の航空機と艦船に加え，陸上での輸送も認められた。邦人救出の想定の多くは，陸上輸送の延長線上で，妨害を排除するために武器を使用するものである。

　残りは，1996年にペルーの日本大使公邸が武装グループに占拠された事

図3-22　「武器等防護」の拡大

自衛隊法95条に基づき、自らの武器や弾薬、船など「我が国の防衛力を構成する重要な物的手段」を破壊や奪取から防護するため、合理的な限度で武器を使用できる

↓防護可能に

米軍など他国軍の艦船など
❶「我が国の防衛に資する活動」として認められる
❷米軍の武器等と同様な「我が国の防衛力を構成する重要な物的手段」に当たり得る場合

❶ 公海上で共同で警戒活動中の米艦などの防護
　第三国　→　防護　🇯🇵

❷ 弾道ミサイル発射警戒時の米艦などの防護
　攻撃／警戒　→　防護　🇯🇵
　米や豪州などの艦艇

162

件のような，人質事件の救出作戦に自衛隊を活用するケースである。

自衛隊ではこうした作戦のため，300人規模の対テロ専門部隊「特殊作戦群」が陸上自衛隊習志野駐屯地（千葉県船橋市）を拠点に訓練を行っている。陸自隊員のうち，厳しい選抜試験を通ったエリートだけが入れる特殊部隊である。

■ 現地政府の同意が前提

邦人救出は，2014年7月の閣議決定で，現地政府の同意に基づき，現地政府の権力が維持されている範囲内で行うならば，「警察的な活動」として憲法上許されると整理された。

自衛隊を派遣する際には，①救出場所で武力紛争が発生していない，②現地の警察などの治安機関が治安維持にあたっている――ことが前提となる。こうした状況が維持されているかどうかを，国家安全保障会議の審議を経て，政府が判断する。

シリア国内で起きた，過激派組織「イスラム国」による日本人人質事件のようなケースは，シリアが事実上の無政府状態にあるため，自衛隊の派遣はできない。朝鮮半島有事の際に韓国にいる邦人救出を行うためには，自衛隊の派遣について韓国政府が同意することが必要となる。

■ 米軍以外も対象に

〈日本の離島をめぐって軍事的緊張が高まる中，離島の周辺海域で自衛隊と共同訓練中の米軍艦船に対し，第三国の軍艦からミサイルが発射された〉

かつてであれば，自衛隊は何も手出しできなかった。新たな安保法制は，米軍の艦船や航空機などの破壊を回避する「武器等防護」の一環として，自衛隊による武器の使用を認めた。「武器等」とは「我が国の防衛力を構成する重要な物的手段」とされ，艦船や航空機，車両などを含む。

自衛隊は近年，米軍だけでなく，豪州軍などとも共同訓練などを通じ，行動を共にする機会が増えている。

「私が若い頃，防衛交流はイコール日米だったが，今や豪州，インド，東

第3章　安保法制　こう議論された

南アジア諸国連合（ASEAN）と結んでいる。日米を基本に多国間でいろいろな面で寄与していく必要がある」

　自衛隊の河野克俊統合幕僚長は2015年3月23日，都内の講演で，防衛協力の対象が広がっている現状に対応する必要性を指摘した。

　武器等防護は，米軍のみならず他国軍も対象となっている。公明党は対象の拡大に当初，慎重だったが，「日本のために一緒に作戦行動しているのに，『米国以外の国は守れない』では通用しない」（外務省幹部）という政府の説明を受け入れた。

　これまで自衛隊が，武器等防護を実施した例はない。ただ，99年の能登半島沖の不審船事件では，武器等防護の実施が真剣に検討された。自衛隊の護衛艦が不審船を追跡した際，北朝鮮からミグ21戦闘機が飛来したためだ。もしミグ機が発砲すれば，護衛艦は武器等防衛の規定に沿って応戦するよう指示が出されたという。

◇　　◇　　◇

　2015年5月11日。自民，公明両党は，新たな安保関連法案で基本的に合意した。

　政府・自民党が目指し，実現した課題を列挙すれば，集団的自衛権の限定的行使の容認，自衛隊の迅速な海外派遣を可能にする恒久法，PKOでの駆けつけ警護の解禁，周辺事態（重要影響事態）の範囲限定の撤廃，PKOに参加中の自衛隊に任務遂行のための武器使用を容認，後方支援を行う範囲の拡大，平時における米軍艦船・航空機といった「武器等防護」の実施などとなる。いずれも長年の懸案だった。これを一挙に解決し，新次元の法制となったと評することができる内容である。

　一方で，法案には公明党の主張に沿って，さまざまな歯止め策が明記された。

　具体的に挙げれば，①国際法上の正当性，②国民の理解と民主的な統制，③自衛隊員の安全確保——の3点の順守を求めた。北側一雄公明党副代表が主張したいわゆる「北側3原則」は，法案に盛り込まれた。

　例えば，恒久法「国際平和支援法」では，国際法上の正当性確保するため，

3　法制合意——与党協議

図3-23　与党協議で積み残された主な論点

	公明党  北側副代表	自民党  高村副総裁
国会の事前承認（恒久法の後方支援）	例外は認められない	国会閉会中などを想定し、事後承認も例外的に認めるべきだ
国連決議（国連平和維持活動以外の人道復興支援活動など）	必ず必要	国際機関の要請などでも派遣を認めるべきだ
集団的自衛権の限定行使に関する法改正	「他に適当な手段がない」ことを明記すべきだ	従来の「自衛権発動の3要件」から変わっておらず、法律に新たに盛り込む必要はない
周辺事態法の目的規定の修正	「そのまま放置すれば、我が国への武力攻撃に至る恐れのある事態」などの規定を残す	「我が国の平和と安全に重要な影響を与える事態」という定義にすべきだ

自衛隊を派遣できるのは国連決議がある場合に限定した。民主的な統制の一環として，国会の「例外なき事前承認」を派遣の条件とした。隊員の安全確保については，防衛相の安全配慮義務規定の形で明記した。

公明党の北側副代表は11日の与党協議後の記者会見で「いくつかの課題を乗り越え，合意形成できたことは喜ばしい。私どもの主張は相当盛り込めた」と評価した。

5月14日，安保関連法案がまとまると，与党協議会座長の高村自民党副総裁と，座長代理の北側氏は首相官邸を訪れ，首相に内容を報告した。政府は14日夕の臨時閣議で法案を決定し，15日に国会提出した。

自公間の駆け引きを経てまとまった法案は，議論の舞台を国会に移すことになった。

165

第3章　安保法制　こう議論された

4　混乱続きの不毛な国会審議

　安全保障関連法は2015年通常国会で，曲折を経て成立した。5月の提出から約4か月が経過し，審議時間は安保法制としては空前の時間となった。

1　衆議院で違憲論争に飛び火
■「1国のみでは安全守れない」
　安倍晋三首相は安全保障関連法案を閣議決定した2015年5月15日夕，記者会見に臨んだ。「もはや1国のみで自国の安全を守ることはできない時代だ。厳しい現実から目を背けることはできない。万が一の備えを怠ってはならない」
　だが，首相がそれよりも国民への説明として選んだ言葉は，野党の批判を意識したものだった。
　「米国の戦争に巻き込まれることはない」
　「戦争法案といった無責任なレッテル貼りは誤りだ」
　「自衛隊が湾岸戦争やイラク戦争での戦闘に参加するようなことは今後も決してない」
　「国際貢献では武力行使はしない」
　首相は2015年4月29日（日本時間30日未明），歴代首相として初めて米議会上下両院合同会議で演説し，「戦後初めての大改革だ。この夏までに成就させる」と訴えた。米議会で万雷の拍手を受けた時とは対照的に，首相の表情に高揚感はなかった。野党第1党の民主党は，真っ向から法案に反対し，各種世論調査でも，必ずしも国民の理解が進んでいなかったためである。
　政府・与党は，野党第2党だった維新の党の協力を得ようと秋波を送った。野党からも安保関連法案に賛成する政党が出てくれば，「与党単独で推し進めた強引な法案」（民主党幹部）との批判をかわすことが出来るためだった。

ただ、維新の党の動きは混迷を極めた。引き金となったのは、最高顧問の橋下徹大阪市長が、5月17日の大阪都構想を巡る住民投票において僅差で敗北し、「政界引退」を表明したことだ。橋下氏の影響力がかげりを見せたことが、維新の党を野党連携に傾かせ、法案審議を迷走させる一因ともなった。

■ 与党の不手際相次ぐ衆議院審議

2015年4月9日、15年度予算が参議院本会議で成立すると、安倍首相は首相官邸で記者団に、「この国会を改革断行国会と位置づけている。安全保障法制にもしっかりと取り組んでいく」と力を込めた。

政府・与党が最重要法案と位置づけた安全保障関連法案は、5月15日、国会に提出された。審議の舞台となったのは、衆議院の平和安全法制特別委員会（浜田靖一委員長）だった。特別委員会は、一般の委員会とは異なり、審議の定例日はなく、連日でも審議が可能であり、政権の浮沈をかけた重要法案であれば、連日審議することで早期の成立を目指す。だが、与党は、連日の審議に難色を示す野党に譲歩し、週3回のペースとすることを認めた。

集団的自衛権の限定行使の容認など安保政策を大きく変える内容だけに、当初、与党が目指したのは、6月下旬の衆院通過で、採決までに必要な審議時間を80時間程度と想定した。事実上の「定例日」を設けたことで与党の委員会運営が制約され、野党ペースの審議を許すことにもつながった。特に、与党委員が質問を極力見送ることで審議時間の圧縮を図ったことにより、結果的に、法案の問題点をあげつらう野党委員ばかりが目立った。

さらに、審議は、政府・与党の不手際でたびたびストップした。

5月28日、安倍首相が民主党の辻元清美氏に「早く質問しろよ」とヤジを飛ばしたのだ。首相は6月1日、陳謝に追い込まれた。

5月29日には、「周辺事態」に関する岸田文雄外相の答弁に、民主、維新、共産の野党3党が反発、審議を退席した。

自民党幹部が「自民党が後ろから鉄砲を撃ってどうするのか」と嘆いたのが、6月4日の衆議院憲法審査会の参考人質疑だった。自民党推薦を含む3

第3章　安保法制　こう議論された

人の憲法学者が，安保関連法案を「憲法違反」と主張した。自民党本部には批判の電話が殺到し，野党側を勢いづける結果となった。

　野党の批判は「違憲論」一色となり，政府は安保関連法案を「合憲」とする見解を示すなどの火消しに追われた。

　政府・与党は，過去最長の95日間の延長を決定し，「お盆前の8月10日で国会を閉じる」（首相周辺）という戦略は再考を余儀なくされた。

　自民党の失策はさらに続いた。6月25日，首相に近い保守系議員らの勉強会で，報道機関への圧力を求める発言などが相次ぎ，野党は首相の責任も追及した。自民党は勉強会代表だった党青年局長を更迭，首相は7月3日の特別委員会で「最終的に私に責任がある」と陳謝した。

　法案の内容が分かりにくい上，与党が想定していなかった事態が注目を浴びたことで，報道各社の世論調査では，有権者の法案への理解は広がらなかった。過半数を超える回答者が法案に否定的な見解を示した。閣内からも「あの数字を見て，国民の理解が進んだと言い切る自信はない」（石破茂地方創生相）といった発言も出た。

　首相はこうした懸念を払拭する狙いから，7月に入ると，自民党のインターネット番組に連日出演した。「法案は徴兵制につながる」との指摘に，「典型的なレッテル貼りだ」などと反論した。

　衆議院での法案採決を控え，与党は，維新の党との修正協議に期待した。橋下大阪市長に近い大阪系の議員らが安倍首相との協力を重視する姿勢を示していたためである。7月8日，維新の党が領域警備法案など三つの対案を提出すると，与党内では「修正協議に応じることで，採決に出席してもらえば，単独採決が避けられる」との期待感も広がった。

　だが，維新党内は，野党共闘を重視する松野頼久代表らと，政府・与党への協力を模索する大阪系議員らの対立で混乱した。結局，対案を巡る与党と維新の修正協議は14日，不調に終わった。

　これを受け，与党は7月15日の特別委員会で法案を与党単独で可決した。委員会の審議は116時間30分に達し，安保関連の法案・条約としては，1960年の日米安保条約改定（136時間）に次ぐ長さとなった。

16日，衆議院本会議で法案が採決され，自民，公明，次世代などの賛成多数で成立した。賛成は衆議院の全議席の7割近くを占めた。一方，民主，維新，共産など野党5党は採決に加わらなかった。

2 「失策」止まらぬ参議院審議

■「法的安定性」発言

　法案の参議院送付で安倍内閣は痛手を負った。読売新聞の世論調査で，内閣支持率が過去最低の43％に落ち込むなど，政府・与党の国会運営への批判が高まっていた。

　こうした中，2015年7月27日の参議院本会議に続き，28日には，参議院平和安全法制特別委員会（鴻池祥肇委員長）で審議が始まった。しかし，政府・与党はまたも失策を重ね，野党に格好の攻撃の糸口を与えてしまった。

　これに先立つ26日，首相の側近の一人で，法案の担当でもある礒崎陽輔首相補佐官が，地元・大分市での講演で，「（法案の）法的安定性は関係ない」などと発言したのである。

　政府は，従来の憲法解釈を変更したものの，法的安定性は損なわれていないと説明していた。集団的自衛権に抵抗感が強い公明党への配慮からだ。井上義久公明党幹事長は礒崎氏の発言を「法的安定性を軽視するような発言は看過できない」と批判した。更迭を求める声が野党に広がっただけでなく，与党内からも上がった。

　8月3日には特別委員会で，礒崎氏の参考人招致が行われた。礒崎氏は「軽率な発言で審議に多大な迷惑をかけたことを心からおわび申し上げる」と陳謝した。そのうえで，「法的安定性は確保されている。安全保障環境の変化を述べる際に，大きな誤解を与えた」と説明し，自らの発言を撤回する一方，首相補佐官を辞任しない意向を表明した。

　今度は，自民党の若手武藤貴也衆院議員が，法案に反対する学生団体をツイッターで非難したことが新たな火種となった。武藤氏は7月30日，学生団体について「『戦争に行きたくない』という自分中心，極端な利己的考え

第3章　安保法制　こう議論された

に基づく」と書き込んだ。民主党の細野豪志政調会長は8月4日の記者会見で「平和主義者を権力者が攻撃するのはいつの時代も行われてきたが，非常に危険だ」と批判した。武藤氏は同日には，「撤回するつもりはない」と語ったが，離党する形でけじめをつけた。

■ 相次ぐ情報の流出

　失言の次は，自衛隊の内部資料の流出だった。主役となったのは独自の情報収集能力を持つ共産党である。

　お盆の「政治休戦」をはさんで，審議が終盤を迎えた2015年9月2日の参議院特別委員会で，共産党は，河野克俊統合幕僚長が2014年12月に訪米した際の米軍幹部との会談記録とされる文書を提示した。この中で，河野統幕長が「（衆議院選での）与党の勝利により，来年夏までには（安全保障法制の整備が）終了するものと考えている」と発言していたと指摘し，「政治的中立性」が厳しく問われるべき自衛隊のトップの統幕長が，ルールを自ら踏みにじったと追及した。中谷安保法制相（防衛相）は「資料が確認できていないので言及を控える」と答弁するのが精いっぱいだった。

　河野統幕長は9月3日の記者会見で，文書の真偽は「確認中」としながらも，「安保法制成立を公約に掲げた自民党が圧勝したので，次の国会で成立を目指していくのだろうという認識はあった」と説明した。

　これに先立つ8月11日には，共産党が，安保関連法案の成立を前提に部隊運用の課題などを洗い出した統幕の内部資料を暴露し，審議を紛糾させていた。

　防衛省は9月8日，特別委員会理事懇談会で，河野統幕長の会談記録とされる文書について「同一のものの存在は確認できなかった」と報告したが，野党側は納得しなかった。

　与党内からは「防衛省や自衛隊の文書管理はどうなっているのか」（自民党幹部）との批判が相次いだ。

　参議院での与野党の修正協議は，衆議院よりも複雑となった。維新の党との修正協議は，柿沢未途幹事長の山形市長選応援を巡る内部対立が引き金と

なり，スムーズには進まなかった。民主党との野党再編を志向する松野代表らのグループと，橋下氏を支持する大阪を地盤とする国会議員の分裂が決定的になると，自民党幹部は「だれと話をしたらいいんだ」と漏らした。

もう一つの日本を元気にする会，次世代の党，新党改革との修正協議は，自衛隊を海外派遣する際の国会関与を強化することで折り合った。3党は参議院採決で法案に賛成した。

■「場外」の戦い

安保関連法案の審議中，国会や首相官邸周辺に法案反対派が押しかけ，法案の廃案を求めた。最大規模のデモは2015年8月30日だった。

国会正門前の道路を埋めた学生や高齢者などさまざまな参加者たちは，「戦争させない」「集団的自衛権はいらない」などとシュプレヒコールを上げた。特に注目されたのは，学生団体SEALDs（シールズ）だった。民主，共産など野党4党首もスピーチをした。参加者数について，主催者の発表では12万人だった。しかし，警察は約3万3000人とし，その差は4倍もあった。菅官房長官が記者会見で「通常よりもはるかに開きがあるような感じがしている」と指摘する通り，デモ主催者が反対派の多さをアピールしようと参加者の「水増し」を図った疑惑がささやかれた。共産党はデモについて，機関紙「赤旗」で積極的に報じるなど，党勢拡大に利用しようとしていた。

こうしたデモは，原子力発電所の再稼働反対，特定秘密保護法などでも繰り返されてきた。ただ，デモの圧力で法案の廃案に追い込もうとすることへの反発も少なくなかった。

維新の党を離党したばかりの橋下大阪市長はツイッターにこう投稿した。

「デモは否定しない。国民の政治活動として尊重されるのは当然。政治家も国民の政治的意思として十分耳を傾けなければならない。ただしデモで国家の意思が決定されるのは絶対にダメだ。しかも今回の国会前の安保反対のデモ。たったあれだけの人数で国家の意思が決まるなんて民主主義の否定だ」

さらに橋下氏は「日本の有権者数は1億人。国会前のデモはそのうちの

第3章　安保法制　こう議論された

何％なんだ？」としたうえで，「こんな人数のデモで国家の意思が決定されるなら，サザン（オールスターズ）のコンサートで意思決定する方がよほど民主主義だ」とも記した。

デモの盛り上がりは，野党を一時的に勢いづけたものの，法案の成立に全力を挙げる政府・与党の方針が揺らぐことはなかった。

9月4日，大阪市に出向いた安倍首相は，読売テレビの番組に出演し，安保関連法案の今国会での成立に重ねて意欲を示した。

「決める時には決めなければいけない」

参議院特別委員会での審議時間は103時間32分。衆参両院を合わせると，220時間を超えた。政府・与党は17日，特別委で法案を可決した。野党は必死の抵抗を試みたものの，法案は2015年9月19日未明，成立した。

日本の安保政策を大きく転換させる法律の制定である。

安倍首相は「子どもたちや未来の子どもたち，平和な日本を引き渡すために，必要な法的基盤が整備されたと思う。今後も積極的な平和外交を推進し，そして万が一への備えに万全を期していきたいと思う。」と感慨深げに語った。

第4章

試練の安保審議
残した課題

第4章 試練の安保審議　残した課題

　日本の安全保障法制は，変化する安保環境に機敏に対応できず，「現実」をかなり遅れてから後追いすることを繰り返してきた。歴代政権が，自衛隊の権限を広げる法整備に総じて及び腰だったからである。安保法制を巡る政府内や政党間の議論は迷走し，「憲法9条との整合性を図る」との理由から，複雑な憲法解釈が次々生みだされてきた。国会では，「神学論争」と指摘される不毛な議論が繰り広げられてきた。

1　国連平和維持活動 (PKO) 協力法 (1992年)
■「武力行使との一体化」論

　1989年に米国と旧ソ連が対峙していた冷戦が終結した。平和の時代の到来を世界中が期待していた翌90年8月，サダム・フセイン大統領率いるイラクが，隣国クウェートに侵攻した。湾岸危機の発生である。国連はイラクの行為を侵略と認定し，米国を中心とした多国籍軍は91年1月，イラクを攻撃し，湾岸戦争へと発展していった。

　湾岸危機・戦争は，国土防衛と災害救助に特化していた自衛隊が国際貢献に乗り出すきっかけとなった。政府は90年10月，多国籍軍の後方支援を行うための「国連平和協力法案」を臨時国会に提出した。

　後方支援の最大の課題は，「国連軍の目的・任務が武力行使を伴うものであれば，自衛隊が参加することは憲法上許されない」とした過去の政府見解との整合性であった。そこで，政府が持ち出したのが，「武力行使と一体とならないような後方支援ならば憲法上許される」という，武力行使との一体化論である。

　工藤敦夫内閣法制局長官は90年10月29日の衆議院特別委員会で，「戦闘行為のところから一線を画されるようなところまで医薬品や食料品を輸送するようなことは，憲法9条の判断基準からして問題はなかろう」と答弁し，武力行使と一体化しない境界を明示しようとした。これに対し，後方支援の実効性を確保したい外務省は強く反発した。柳井俊二条約局長は特別委員会で，「（後方支援は）ケース・バイ・ケースで判断すべき問題だ」と答弁。外

1　国連平和維持活動（PKO）協力法（1992年）

務省と内閣法制局の間で，現在まで繰り返されてきた「一体化」論争が幕開けした。

野党の強い抵抗に加え，政府内の答弁の乱れもあり，同法案は廃案に追い込まれた。その代わりとなる国際貢献の一環として，自衛隊を内戦が終結した外国に派遣し，復興支援などを実施するための国連平和維持活動（PKO）協力法が1992年に成立した。

一体化論は，その後の周辺事態法（1999年）やテロ対策特別措置法（2001年），イラク復興支援特別措置法（2003年）でも論点となった。内閣法制局と外務省を中心に編み出したのが「後方地域」「非戦闘地域」という概念である。これは，①現に戦闘行為が行われておらず，②自衛隊の活動期間を通じて戦闘行為が行われないと認められる地域——での活動ならば，武力行使と一体化しないとする考え方である。

国会では「現に戦闘が行われていない」地域をめぐる論争が続いた。柳井氏は「一体化論は一見もっともらしいが，国際情勢と関係ない机上の空論だ」と指摘し，国益に基づく政策判断こそが重要だと強調している。結局，2015年に成立した安全保障関連法は，自衛隊による他国軍への後方支援について，「活動期間を通じて戦闘が行われない」とする要件を削除した。

■公明党の歴史的転換

国連平和維持活動（PKO）協力法が国会で審議された時，自民党は参議院で過半数割れの状況にあった。PKO協力法が成立にこぎつけたのは，野党だった公明，民社両党の協力があったからである。

結党以来，野党として，自民党と対決してきた公明党にとって，同法への賛成は大きな政策と路線の転換を意味した。党書記長だった市川雄一氏は当時の心境について，「政権与党に堪えうる政党に脱皮したいという強い思いがあった。安全保障の論議から，逃げるべきではないと考えた」と振り返った。

決断は大きな賭けでもあった。公明党では1988年以降，国会議員の金銭スキャンダルなどが相次ぎ，89年の参議院選挙や90年の衆議院選挙ではふ

第4章 試練の安保審議 残した課題

図4-1 PKO協力法を巡る動き

1990年	8月2日	イラク軍がクウェート侵攻
	10月16日	国連平和協力法案を閣議決定
	11月8日	自民、公明、民社3党の幹事長・書記長会談で、国連平和協力法案の廃案・PKO法整備で合意
91年	1月17日	湾岸戦争。多国籍軍がイラク空爆開始
	1月24日	政府、多国籍軍に90億㌦の追加支援決定。支援総額は130億㌦に
	9月19日	国連平和維持活動（PKO）協力法案閣議決定
	11月27日	自民、公明両党が衆院特別委員会で質疑を打ち切り、PKO法案を可決
92年	5月29日	自公民3党がPKF（国連平和維持軍）の一時凍結、国会事前承認など再修正に合意
	6月6日	参院本会議で社会、共産両党が牛歩戦術を展開、徹夜の本会議が3日間続く
	6月15日	衆院本会議でPKO協力法成立

PKO協力法で会談する（左から）市川公明書記長，小渕自民幹事長，米沢民社党書記長

1 国連平和維持活動（PKO）協力法（1992年）

るわなかった。PKO協力法賛成への理解が得られなければ、「党の命運にかかわる」（市川氏）とみられた。

　PKOへの自衛隊派遣については、当時の世論も割れていた。当初の法案には、紛争地域での停戦確保や兵力引き離しなどを任務とする国連平和維持軍（PKF）参加が明記されたが、91年8月に読売新聞が行った世論調査では、反対が50％に達した（賛成36％）。

　91年2月5日の衆議院予算委員会で、市川氏は苦悩の胸の内を吐露している。

　「一国だけが平和ならいいという平和主義では生きていけないのではないか。（中略）おぼろげながら感じ始めているがゆえに、みんな苦しんでいるんです」

　参議院で事実上、決定権を握っていた公明党は、PKO協力法の賛成に踏み切ることになった。「自衛隊が戦争に巻き込まれるのでは」との不安を払拭するため、公明党が法案に明記するよう強く求めたのが「参加5原則」である。

　これは、①紛争当事者間の停戦合意、②PKO活動受け入れ国を含む紛争当事者の同意、③平和維持隊が中立を厳守、④以上の原則のいずれかが満たされない状況が生じた場合、部隊を撤収できる、⑤武器使用は要員の生命などの防護のために必要な最小限のものに限られる――という5項目からなる。さらに、PKF参加を一時凍結する法案修正を施すと、世論は変わった。PKO協力法成立直後の参議院選挙で、公明党は過去最高に並ぶ議席を獲得した。

■ 社会党の抵抗と衰退

　「今日、憲法違反のPKO（国連平和維持活動）協力法案が強行採決されようとしている。身をていして打開を図るべく、辞職を決意した」

　1992年6月15日、PKO協力法成立直前の衆議院で、異例の事態が発生した。同法に反対する田辺誠社会党委員長がこう述べ、党所属の全衆議院議員の辞職願を議長に提出したのである。議員辞職願は法案より先に議題にす

第4章 試練の安保審議 残した課題

PKO協力法案の採決で乱闘する与野党議員

るという国会の慣例を利用し，法案の採決を阻止しようという最後の抵抗だった。

これに先立つ6月5日夜からの参議院本会議でも，社会党は議院運営委員長らの解任・問責決議案8本を提出し，徹底的な抵抗に出た。決議案の採決では，わざとのろのろ歩いて投票する「牛歩戦術」をとった。採決1本当たり最大13時間も引き延ばし，PKO協力法の可決まで実に5日間が費やされた。

衆議院での議員辞職願は結局，議長預かりとなり，PKO協力法は成立した。社会党が過激な採決妨害に走った背景には，「自衛隊違憲」「非武装中立」という党是があった。社会党は「国際貢献には，自衛隊とは別の組織を派遣すべきだ」と主張した。

社会党参議院議員として「牛歩」に参加，その後民主党に移り，参議院副議長も務めた角田義一氏は，「別組織によるPKOにとどめておけば，多国籍軍への後方支援といった現在の議論に発展することはなかった」と語る。だが，冷戦後の国際情勢を無視した社会党の主張は国民から厳しい批判を受け，社会党は93年7月の衆議院選で惨敗した。96年に党名を社民党へと変更した後も，党勢衰退に歯止めがかからなかった。

2　周辺事態法（1999年）

　PKO協力法への抵抗戦術の総括も十分ではない。当時、国会対策委員長として議員辞職願をまとめた村山富市元首相は、現在の安全保障関連法について「憲法違反」と批判したうえで、こう語った。
　「この際、議員は総（全員）辞職するくらいの決意で取り組むべきだ」
　現在、野党第1党の民主党は、社会党の失敗に学び、安全保障に関係する重要法案では与党との修正協議に応じてきた。だが、民主党は再び、安全保障関連法について「違憲」と主張し、修正協議にも応じなかった。党内には、「抵抗野党では国民から見放される」との懸念が広がっている。

■ PKOに国民の支持

　1992年9月、カンボジアのPKOに参加する陸上自衛隊施設部隊の第1陣が、広島県呉市の海上自衛隊呉基地を出発した。海部内閣から議論を始め、宮沢内閣で実現するまで2年弱の月日がたっていた。
　湾岸危機後、「国連平和協力法案」の廃案で、米軍など多国籍軍を後方支援することができなかった日本は、多国籍軍の戦費負担を中心に計130億ドル（当時の1兆6900億円）もの巨額の支出をした。政府は、緊急増税によって費用を捻出したものの、財政支援策は国際的には評価されなかった。この苦い思い出は、今でも「外交上のトラウマ」として政府内で語り継がれている。
　海部内閣で官房副長官を務めた大島理森・衆議院議長は当時を振り返り、「歴代首相は戦前の深い悲しみの歴史を背負い、憲法9条の枠の中で悩み苦しんできた。PKO協力法を作り、自衛隊に汗をかいていただいたが、国民の意識が、『国際社会で生きていく日本として、お金だけでなく、相応の汗を流さなければいけない』という意識になった意味は大きい」と語る。
　14年度の内閣府の調査では、9割を超す国民がPKO活動への理解を示した。

第4章 試練の安保審議 残した課題

図4-2 周辺事態法が成立するまで主な出来事

	出来事	当時の首相
1993年3月12日	北朝鮮が核拡散防止条約(NPT)脱退を宣言【朝鮮半島核危機】	宮沢喜一
95年1月17日	阪神・淡路大震災	村山富市
96年3月8日	中国が台湾近海にミサイルを発射【台湾海峡危機】	橋本竜太郎
4月17日	日米首脳会談で日米安保共同宣言を発表。日米防衛協力の指針(ガイドライン)の見直し合意	
97年9月23日	新たなガイドラインを決定、発表	
98年4月28日	周辺事態法案を柱とするガイドライン関連法案を閣議決定。国会に提出	
8月31日	北朝鮮が日本上空を越えるミサイルを発射	小渕恵三
12月19日	小渕首相と小沢自由党党首が連立協議で合意。ガイドライン関連法案の通常国会成立で一致	
99年3月12日	衆院本会議で審議入り	
5月24日	参院本会議で関連法が可決・成立	

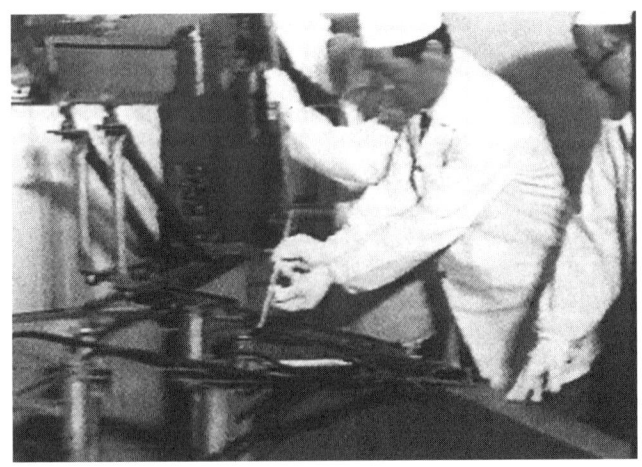

北朝鮮・寧辺の各関連施設で作業する北朝鮮技術者（朝鮮中央テレビ映像）

2 周辺事態法 (1999 年)

小渕恵三首相（右端）衆院特別委で野党議員の質問を身を乗り出して聞く

2　周辺事態法 (1999 年)
■ 朝鮮有事で「法の空白」

　朝鮮半島で武力衝突が起こる「朝鮮有事」を念頭に，自衛隊による米軍への後方支援を可能にしたのが周辺事態法である。

　きっかけとなったのは，北朝鮮の核開発問題を巡る 1993 年の「核危機」で，日本の安保法制の「空白」が浮き彫りになったことである。北朝鮮の核開発を阻止するため，米国は軍事攻撃を準備し，同盟国・日本に支援を求めた。在日米軍が日本側に示した支援リストは，機雷掃海から，攻撃を受けて航行不能となった米艦船のえい航，米軍の防護兵器，燃料の補給など 1100 項目に及んだ。

　「日本の後方支援が可能なら，我々はより多くの戦闘部隊を朝鮮半島に送ることができ，それだけ事態が早く収拾する」

　1994 年冬，東京・六本木の防衛庁（当時）地下室で，西元徹也・統合幕僚会議議長は，米軍幹部からこう迫られた。西元統幕議長が「日本に米軍の後方支援を可能にする法律はない」と答えると，米軍幹部は「朝鮮半島の危機

181

第4章　試練の安保審議　残した課題

は日本の防衛そのものでしょう」と落胆をあらわにした。
　「空白」を埋める必要に迫られた日本政府だが，この時期，政界は激動期を迎えていた。93年8月，長年与党だった自民党が下野した後，細川，羽田，村山と内閣が次々と交代し，自衛隊による後方支援の法制化は先送りされた。
　1998年4月，小渕内閣で「武力行使と一体化する可能性のない『後方地域』における『後方支援』」という概念が生み出され，周辺事態法がようやく国会に提出された。こうして政府は，憲法上の制約である「一体化」のハードルを乗り越えた。
　一方で「戦争法案」との批判を強める野党にも配慮した。「物品の提供には，武器（弾薬を含む）の提供を含まない」「戦闘作戦のために発信準備中の航空機に対する給油を含まない」「（支援は）公海及びその上空での輸送を除き，我が国領域において行われる」ことが，法律に明記されたのである。野呂田芳成防衛庁長官は「米国からの要望がなく，そうした支援は想定されていないため」（1999年5月の参院特別委員会）と理由を説明した。
　だが，米軍には「我々が自衛隊の支援を受けるために，日本の領海まで戻らなければならないのか」といった不満の声があった。今回の安全保障関連法には周辺事態法の「不備」とも言える，弾薬の提供や，戦闘機への空中給油なども盛り込まれた。西元氏は「しっかりした後方支援ができなければ，日本の安全を確保する上で大きな支障がある。ようやく当然のことができるようになった」と指摘している。

■「周辺」解釈，政府に難題

　周辺事態法の難題は，「武力行使との一体化」だけではなかった。「周辺」の解釈が，政府を苦しめた。
　周辺事態について，同法は「我が国周辺の地域における我が国の平和及び安全に重要な影響を与える事態」と定義した。政府は国会で「周辺」について，「事態に注目した概念であり，地理的概念ではない」と説明した。
　95年から96年にかけては，中国が台湾海峡で大規模な軍事演習を実施するなど，中台が緊張状態にあった。「周辺」地域に，中国が自国の一部とみ

なす台湾が含まれれば，中国を刺激する恐れがあった。

　そんな中，1998年5月22日の衆議院外務委員会で，外務省の高野紀元北米局長は，「極東と極東周辺を概念的に越えることはない」と答弁する。野党などの「自衛隊の活動範囲が際限なく広がる」との批判に反論するためだったが，中国は「極東には台湾が含まれる」などと猛反発した。橋本竜太郎首相は約1週間後，高野氏を首相官邸に呼び出し，政府見解に変更がないことを確認して混乱の幕引きを図った。

　橋本首相の後を継いだ小渕恵三首相は，「極東」などの具体化は避けたものの，1999年1月26日の衆議院予算委員会で，野党の追及を受けて自衛隊の活動範囲を限定する答弁を行った。

　「日本の周辺地域と限定しており，中東やインド洋，地球の裏側は（周辺事態の適用範囲とは）考えられない」

　この答弁をきっかけに，後方支援の範囲は，事実上，日本周辺と解釈されることになる。当時，防衛庁防衛局長だった佐藤謙氏は，小渕氏の答弁を「非常に残念」と振り返る。「安全保障の世界では将来何が起きるか分からない。法律に画一的な制限を設けるべきではない」と考えるためである。だが，「『戦争法案だ』という批判は激しく，我々の自宅にまで無言電話がかかってきた。首相も最後は耐えきれなかった」

　小渕首相答弁の16年後，安保関連法が国会で審議された。安倍晋三首相は2015年6月1日の衆議院特別委員会で，自衛隊による米軍などへの後方支援が可能となる「重要影響事態」の地理的範囲について，中東やインド洋も「該当することはあり得る」と答弁した。後方支援についての地理的な概念は，ようやく撤廃された。

3　テロ対策特別措置法（2001年）

■ 世論支持で短期成立

　2001年9月11日，ウサマ・ビンラーディンが率いる国際テロ組織「アル・カーイダ」による，米国本土での大規模テロが発生した。ハイジャック

第4章　試練の安保審議　残した課題

テロ特措法案の修正問題で会談する小泉純一郎首相（右）と鳩山由起夫民主党代表

された旅客機が，ニューヨークの世界貿易センタービルに突入する様子は世界中を震撼させた。

　この米同時テロの衝撃の余波が続く中，国会で成立したのがテロ対策特別措置法である。衆参両院での審議時間が100時間を超えることも珍しくない安全保障関連の法制の中で，特措法は62時間と比較的短い審議時間で成立した。

　特措法は，テロとの戦いに参加する米軍など多国籍軍を，自衛隊が後方支援するためのものである。戦時の自衛隊派遣は初めてで，国会審議の焦点はやはり憲法との関係だった。

　「自衛隊を出したって武力行使にはならない。憲法には解釈の幅があるんですよ」「もう神学論争はやめよう。仲間が危機にひんしていれば，常識で助けることができるんじゃないか」

　小泉純一郎首相は国会での野党の追及を，そんな「小泉節」の答弁で乗り切った。

　自民党政調会長代理だった久間章生・元防衛相は「常識を前面に出した首相の答弁は，多くの犠牲者を出したテロとの闘いのために，日本がテロ包囲

184

網に加わるのは当然だという国民の思いに合致した」と振り返る。当時の世論調査で，米軍の対テロ軍事行動への支持は8割を超えていた。

米側の期待も大きかった。

「ショー・ザ・フラッグ（日の丸を見せて）」

当時のリチャード・アーミテージ米国務副長官は，柳井俊二駐米大使にそう伝えたとされる。柳井氏は「本当はそんな直接的な表現はなかったが，日本側は人的貢献をしたいという思いがあり，米側に期待感があった」と語る。

2001年12月，特措法に基づき，インド洋で海上自衛隊補給艦による米艦への給油が始まった。多国籍軍への給油は2007年10月までに794回に上った。アフガニスタンを舞台とした多国籍軍によるテロとの戦いをめぐる日本の貢献は，各国から高い評価を得た。

ただ，テロのような新たな事態が起こるたびに，法整備が必要となる状況を疑問視する声が強まった。

そんな課題は，安保関連法の成立でついに解消されることになった。国連決議に基づいて活動する多国籍軍に対し，日本は特別措置法を制定することなく，迅速に自衛隊を派遣し，後方支援を行うことが可能になったのである。

■「反対，未熟だった」

米同時テロをきっかけに制定されたテロ対策特別措置法には，野党第1党の民主党が一定の理解を示す場面が多かった。

「（政府の憲法解釈が）不磨の大典のようにがんと立ちはだかって政治論を規制してきたやり方は間違いだ。自衛官がしっかり任務を遂行できる法律的な担保を与えるのが，あなた（小泉首相）の責任だ」

2001年10月11日の衆議院テロ防止特別委員会で，民主党の安住淳衆院議員は，自衛隊の武器使用権限に関して，こう指摘した。特措法は新たに「自己の管理下に入った者」を自衛隊員が防護することを認めていたが，防護する際の武器使用基準を明確にするべきだという主張である。小泉首相は答弁で「ご意見は全く同感な面が多い」と応じた。

少し前の9月19日昼，自民，公明，保守の与党3党の幹事長は，都内で，

第4章　試練の安保審議　残した課題

米大使館のクリステンソン臨時代理大使から「米国はアル・カーイダを打倒しなければならない。日本も同盟国として，軍事的支援も可能な限りお願いしたい」と要請されていた。本土が大規模テロの標的にされた米国の危機感の強さは，与党から野党にも伝えられた。与野党の意見交換は活発に行われ，「法整備について，互いの共通認識を持つことができていた」(安住氏) という。

　焦点は，法案の修正協議に移っていた。民主党は自衛隊派遣の国会承認について，「事後」から「事前」へと修正を求めたが，承認に時間がかかることを警戒した政府側は難色を示していた。決着は，10月15日の首相と民主党の鳩山代表による党首会談に委ねられた。

　だが，首相は，事後承認とする現行案について，「お願いします」と繰り返しただけで，修正に関する議論らしい議論もないまま会談は決裂した。党首会談に先立つ与党3党の幹事長会談で，公明，保守両党が事前承認への修正に強く反対したためだった。

　民主党は，審議の引き延ばし戦術はとらなかったものの，特措法の採決で反対した。特措法成立の約1か月後，自衛隊派遣の国会承認には賛成した。だが，旧社会党系議員らが造反し，党内のバラバラぶりを露呈する結果となった。

　岡田克也民主党代表は，政調会長だった当時の思いを，今でも自らのホームページに書きとどめている。

　「まだまだ民主党は未熟だった。同盟国の米国が歴史的な困難にあるときに，それに対して支援する法案に賛成できなかったことは，残念でたまらなかった」

4　イラク復興支援特別措置法 (2003年)
■「国連中心」か「日米同盟」か

　2003年3月20日，米国が，フセイン大統領率いるイラクへの武力攻撃を開始した。ブッシュ政権がイラクによる大量破壊兵器拡散の脅威を重視した

4 イラク復興支援特別措置法（2003年）

ことが，直接の理由だった。開戦当日，小泉首相はイラク戦争への支持を表明した。

　直後に米国大使公邸に招かれた山崎拓自民党幹事長は，ベーカー駐日大使から「戦争終了後の復興支援に人的な貢献をしてほしい」と要請された。山崎幹事長は「国連安全保障理事会の決議を受け，特別措置法を制定することが必要だ」と答えた。

　だが，日本が期待した安保理決議は，戦争終結後も採択のメドがたたなかった。イラクへの早期の武力行使を主張した米英両国と，大量破壊兵器の査察を優先すべきだと訴えたフランス，ドイツ，ロシアとの間で，安保理は真っ二つに割れていた。

　ためらう日本を横目に，米国など多くの国は迅速に動いた。30か国以上がこの年の6月までに，イラク復興支援のために，実際に部隊派遣したり，派遣を決めたりした。

　米国は同時テロの後，テロや大量破壊兵器の拡散を新たな安全保障上の脅威と位置づけるようになった。時間のかかる国連安保理決議より，自らに同調する国々を束ねて軍事行動に踏み切る「有志連合」志向が強まっていた。国連平和維持活動（PKO）協力法の成立以来，安保理決議を自衛隊参加の「お墨付き」と位置づけてきた日本の国際平和協力は，実情との隔たりが生じていた。

　イラク戦争開戦の4日後，参議院予算委員会に出席した小泉首相は，「イラクの戦後を考えると，国際協調体制の構築は重要だ」と述べる一方，「日本の安全を図る上においてもっとも頼りになるのは米国だ」と答弁した。国連か米国かのはざまで揺れる，苦しい胸の

イラク戦争開戦。記者会見で米国の武力攻撃を支持すると表明した小泉首相

187

第4章　試練の安保審議　残した課題

内を明かしたのだ。

　国連安保理は2003年5月22日，各国にイラクの復興と治安回復への協力を呼びかける決議1483号を採択した。米英独仏の旧西側諸国の足並みが乱れる懸念を抱えながらも，7月26日，イラク復興支援特別措置法は成立した。

　今回の安全保障関連法により，国際社会の平和と安全にかかわる国際平和共同対処事態での多国籍軍への後方支援が可能になった。だが，公明党の強い求めもあり，国連総会か安保理の決議が前提である。再び，国際協調とは「国連中心主義」なのか，「日米同盟」なのかという選択を迫られる場面が訪れる可能性がある。

■「非戦闘地域」困難な線引き

　イラク復興支援特別措置法は，自衛隊派遣を巡る憲法解釈上の制約の中で，「非戦闘地域」での後方支援が明記された。これは，周辺事態法で生み出された「後方地域」の考えを受け継いだものである。

　テロ対策特措法に基づく自衛隊派遣は，アフガニスタンの戦闘地域から離れたインド洋など公海上が活動場所だった。だが，イラクの復興支援は，多国籍軍が展開する陸上が舞台である。イラク領土内では，戦争終結後も現地武装勢力による多国籍軍への攻撃が頻発しており，法律上，戦闘地域と非戦闘地域の地理的な線引きは困難だった。野党は，「自衛隊が紛争に巻き込まれるリスクが高まる」などと批判を強めていた。

　イラク復興支援特措法が成立する直前の2003年7月23日，民主党の菅代表は党首討論で，「非戦闘地域がたとえばどこなのか。一か所でも言えるなら，言ってみてくれ」と迫った。

　小泉首相は，「どこが非戦闘地域なのか，私に聞かれても分かるはずがない」と答弁した。2004年11月の党首討論でも「自衛隊が活動している地域は非戦闘地域だ」と言い切り，野党を驚かせた。

　小泉答弁は，イラクの復興支援に手をさしのべることが，まるで戦争につながるかのような野党の主張を，痛烈に皮肉ったものだった。首相は「常識で判断しよう」と述べ，自衛隊が危険な戦闘地域で活動するはずがないと強

4 イラク復興支援特別措置法（2003年）

党首討論でイラクへの自衛隊派遣について議論を交わす小泉純一郎首相（右）と民主党の菅直人代表

調した。

　だが，自衛隊の活動地域＝非戦闘地域ならば，政府による「非戦闘地域であれば武力行使と一体化しない」という憲法解釈上の前提もまた，根本から崩れかねない。結局，首相の答弁は「開き直り」との批判を受けた。

　一方，イラク復興支援特措法に反対した民主党は，自衛隊の派遣を認めず，医師や国家公務員ら文民の派遣だけを容認する修正案を国会に提出した。「次の内閣」の安全保障担当として修正案を作成した前原誠司・元外相は，「米国は，大量破壊兵器の見つからないイラクを攻撃した。イラク戦争にはそもそも無理がある，という空気が，党の大勢だった」と振り返った。だが，修正案は，日本が求められている国際貢献とは何か，という根本的な問題に向き合っていないことは明らかだった。「イラクの治安が不安定だ」と指摘しながら，文民のみを派遣するという民主党の自己矛盾が，世論の支持を得ることはなかった。

　政府は同法成立を受け，イラク・サマワでの陸上自衛隊による人道復興支援活動を実施し，イラク政府や国際社会から評価された。国内においても，陸上自衛隊撤収直後の06年11月に発表された内閣府世論調査で，イラクで

の自衛隊活動を「評価する」という人が71.5％に達した。

5　有事法制（2003年）

■ 自衛権行使の法の不備放置

　他国による侵略や大規模テロなどに備え，自衛隊の行動や国民の保護に関して具体的に規定する「有事法制」は戦後，長らく整備されなかった。自衛隊を違憲とする旧社会党など，野党が強く反対してきたためである。

　「『制服』によっていま軍国主義の支配が進められようとしておる」

　1965年2月の衆院予算委員会。社会党の岡田春夫衆議院議員が，制服組の自衛官らによる有事に関する図上演習の存在を暴露した。1963年に実施された図上演習は「三矢研究」と名付けられていた。実態を把握していなかった佐藤首相は「かような事態が，政府が知らないうちに進行されている。ゆゆしいことだ」と防戦に追われた。その後も社会党は追及を続け，国会はたびたび紛糾した。

　1978年には，自衛官トップの栗栖弘臣統合幕僚会議議長が「奇襲攻撃を受けた場合，（自衛隊は）超法規的に行動しなければならない」と発言した。野党が反発したことから，栗栖氏は更迭された。

　有事法制がなければ，自衛隊による日本有事の際の活動でさえも，一般の法律に縛られることは知られていた。例えば，外国の軍隊からの武力攻撃に対応するため，自衛隊が壊れた道路や橋を直したり，陣地を作ったりしようとしても，省庁や自治体から許可が出るのを待つ必要があった。有事法制がないという法の不備によって，個別的自衛権の行使すらままならない状態が長年放置されてきたといえる。

　有事法制の検討が本格化したのは，2001年の森喜朗内閣当時だ。続く小泉純一郎内閣当時の2002年4月，政府は有事法制の核となる武力攻撃事態法など，有事関連3法案を国会に提出した。自衛隊が出動できる「武力攻撃事態」などを初めて定義し，有事の際，自衛隊が円滑に活動できる規定が盛り込まれた。

5　有事法制（2003年）

「国民の安全を確保し，有事に強い国づくりを進める」

有事法制の必要性を訴える小泉首相に対し，民主党など野党側も前向きな姿勢を示した。米同時テロ，北朝鮮半島の緊迫化など，脅威を身近に感じる国民の間に危機意識が共有されるようになっていた。そこに，高い支持率を誇る小泉内閣が現れたからこそ，長年の懸案に真正面から取り組めたといえる。

関連3法は2003年6月，成立した。1954年の自衛隊創設から数えてほぼ半世紀。有事法制をめぐる法の不備の大部分が，ようやく解消された。

■ 1年越し，粘りの修正合意

武力攻撃事態法など有事関連3法の成立まで，与野党の修正協議が断続的に続いた。

「自分の判断で，ここまでは法案修正で譲ります」

2003年5月上旬。有事法制を審議する衆議院特別委員会で与党理事を務めていた自民党の久間章生氏は，民主党理事だった前原誠司氏にそっとメモを差し出した。

民主党は修正協議で，有事でも基本的人権が守られるよう，「法の下の平等」を定めた憲法14条などを法案に明記するよう求めていた。久間氏のメモには，この憲法問題について，民主党の主張を大幅に取り込む内容が書かれていた。成立した関連3法には最終的に，「憲法14条を最大限尊重する」と明記された。

与野党は2003年5月13日に修正協議で合意した。関連3法は6月6日の参議院本会議で，自民，公明，保守新党の与党3党と，民主，自由両野党などの賛成多数で可決，成立した。衆参両院の本会議での採決は，賛成が約9割を占めた。

2002年4月の関連3法の国会提出から3国会をまたぎ，1年以上が経過していた。民主党は北朝鮮情勢の緊迫化などで有事法制の必要性を認識し，修正協議に応じ続けた。前原氏は，民主党所属の旧社会党系議員が採決後，「まさか自分が有事法制で（賛成の）起立をするとは思わなかった」とつぶ

第4章　試練の安保審議　残した課題

やいたのを鮮明に覚えているという。

　小泉首相は「有事法制は，国及び国民の安全を守る基本法制であり，できるだけ多くの会派の協力を得ることが大切だと考えてきた。(修正合意は) 画期的なことだ」と胸を張った。

　自衛隊は今や，国内の組織・公共機関の中で，国民から最も信頼されている。読売新聞社とギャラップ社の日米共同世論調査では，東日本大震災があった 2011 年から 14 年まで 4 回連続トップである。関連 3 法を議論していた当時から，イラク復興支援など自衛隊の海外派遣への国民理解が進んだのである。与野党が関連 3 法の成立に向けて協調する姿は，自衛隊への信頼醸成にも影響を与えたとみられる。

　2004 年には，有事の際に国や地方自治体，国民の役割分担を定めた国民保護法など有事関連 7 法も成立し，日本が武力攻撃を受けた場合の備えの基盤となる法制度がほぼ整った。

　安倍首相は今回の安全保障関連法で，維新の党などとの修正協議に期待感を表明した。だが，野党第 1 党の民主党は「憲法違反」などの批判を強めるばかりだった。

6　新テロ対策特別措置法 (2008 年)

■ ねじれ国会で海自撤退

　自衛隊は，インド洋で米軍を中心とした多国籍軍への給油活動を実施，テロとの戦いに協力した。国際社会から歓迎されながらも，福田内閣当時の 2007 年 11 月，国会の混乱という国内事情で活動は中断を余儀なくされた。

　給油活動の根拠となる法律は 2001 年成立のテロ対策特別措置法である。政府・与党は，2 年間限定の特措法の延長を国会で議決することで活動を継続してきた。

　2007 年 7 月の参議院選挙が転機となった。自民党は大敗し，参議院で与党が過半数を下回り，野党が多数を握る「ねじれ国会」となった。

　参院で第 1 党となった民主党は，過去にも特措法の延長に反対してきた。

6　新テロ対策特別措置法（2008年）

　延長は難しいと判断した政府は07年10月，新テロ対策特別措置法案を臨時国会に提出した。新法は，期限を1年間とするなど，内容を絞り込むことで民主党に配慮した。

　それでも，小沢一郎代表が率いる民主党は「新たな国連決議が必要だ」などと主張し，新法に反対した。民主党「次の内閣」の防衛担当だった浅尾慶一郎氏は「民主党は厳格な国連決議に基づいて自衛隊を派遣すべきだとの考えで，政府・与党との隔たりは大きかった」と語っている。

　さらに，新法の審議入り直前に，前防衛次官の防衛装備品を巡る汚職疑惑が浮上した。そのため，国会審議の見通しはいっそう不透明になった。

　事態打開のため，福田首相は10月30日と11月2日の2回にわたり，小沢氏と会談し，自民，民主両党が連立政権を組む「大連立」などを協議した。小沢氏は「自衛隊の海外派遣に関する恒久法の立法作業」を進めることなどを条件に，短期間の活動継続を検討する考えを示した。だが，小沢氏は民主党内の了解をとりつけられず，大連立は頓挫した。

　新法の成立が見通せないまま，海上自衛隊はインド洋から撤退した。自衛艦隊司令官だった香田洋二氏は「国際社会に通用しない，極めて内向きな議論をしていることに危機感があった」と振り返っている。

　福田首相は，新法を衆議院での再可決で成立させる決断をした。2008年1月11日，14年ぶりとなる越年国会で，新法が参議院で否決されると，衆議院で3分の2以上の議席を占める与党は衆議院で法案を再可決し，成立させた。参議院が否決した法案を57年ぶりに再可決させるという「非常手段」で，政府は国際社会の取り組みに協力する姿勢を示した。

　日本では，衆議院選挙はおおむね2～3年に1回のペースで，参議院選挙は3年ごとに実施される。政権が交代したり，参議院でねじれが生じたりすることは今後も想定される。そうした場合でも，安全保障上必要な法整備をいかに進めるか。新テロ対策特措法を巡る混乱は，そんな今日的な課題を投げかけていた。

第5章

語る 安全保障法制

第5章 (語る) 安全保障法制

　今回の安全保障法制の意義や論点を，専門家はどう見ているのだろうか。読売新聞では安全保障関連法案が国会で審議されていた2015年6月17日から9月8日にかけ，有識者のインタビューを掲載した。

◇　◇　◇

◆従来の解釈　国民守れない

細谷雄一（慶応義塾大学教授）

——安倍首相は法案の意義について「日本人の命と暮らしを守るため，あらゆる事態を想定し，切れ目のない備えを行うものだ」と説明している。

　安全保障の脅威が変わってきている。北朝鮮は核・ミサイル開発を進め，中国の台頭で東アジアのパワーバランスは崩れた。国際テロ組織「アル・カーイダ」のように，国家主体ではない脅威も台頭している。サイバー攻撃による原発などの電源喪失も，国民の生命と安全を脅かす。サイバー空間や宇宙の軍事利用に対抗するには，地理的な概念は意味を持たない。従来の日本の安全保障法制では，国民の生命と安全を十分に守れない状況になっている。

　以前の自民党政権も民主党政権も，党内の亀裂や国民の批判を生むような法案にはなるべく手を付けないできた。東日本大地震の際，政府は何度か「想定外」という言葉を使ったが，我々が想定していない脅威が浮上した時，政府が「想定外」と言って国民の安全を守れない事態を起こしていいはずがない。時代遅れの安保法制に頼っては，国民の生命を守れない。

——安全保障の法的基盤の再構築に関する懇談会（安保法制懇）のメンバーとして，2014年7月1日の閣議決定や安全保障関連法案をどう評価しているか。

　法案に入っているのは，安保法制懇が報告書で求めた内容の3割程度だ。安保法制懇は，時代にそぐわない不適切な憲法解釈の大幅変更を求めたが，政府は法的安定性の観点から，内閣法制局の意向を尊重し，従来の憲法解釈

第5章 (語る)安全保障法制

の枠組みを壊さないように法案を作った。苦心の結果，複雑で分かりにくくなってしまった。

——集団的自衛権の限定行使について，憲法学者は違憲と指摘し，政府は合憲とする見解を示した。

　集団的自衛権は国際法上の概念であり，国連憲章51条に基づいて理解すべきだが，憲法学者の多くは，全面禁止とした1981年の政府見解を絶対的な定義とみている。集団的自衛権の行使は自衛権の行使なのであって，外国まで行って戦争をすることだけではない。それ以外にも自衛的措置は多様に存在する。

　憲法学界では少し前まで，自衛隊違憲論が通説で，自衛隊がなければ戦争が起きないという平和主義を唱えていた。それは，他国の善意に自国の運命と安全を任せることだ。ほとんどの国は善意に頼っていいと思うが，1％でも善意に頼れない国があれば，私たちの安全は破壊される。相手の善意にのみ依存して，国民の安全を守れると唱えることは，国際政治史の教訓に反しており，政治の責任放棄だ。

——反対論の中には，「日本が軍国主義化する」といった主張がある。

　日本は軍国主義の教育をしていない。装備体系を見ても，弾道ミサイルや長距離爆撃機，攻撃型空母，大量破壊兵器，これらを何一つ持っていない。主要国の中で攻撃型兵器を一切持っていない国はほとんどなく，防衛費も国内総生産（GDP）比で一番少ない。日本が軍国主義化し，外国に出て行って戦争をする要因が見あたらない。戦後日本の平和国家としての確かな歩みを無視した思考だ。反対派は，自らの正義を絶対視している。なぜ政府が国民の生命をより実効的に守ろうと努力することが悪いことなのか，理解が難しい。

　　　ほそや・ゆういち　慶應義塾大学大学院博士課程修了。専門は国際政治学，
　　外交史。米プリンストン大客員研究員やパリ政治学院客員教授などを経て，
　　2010年から現職。第2次安倍内閣発足後に安保法制懇のメンバーとなった。
　　主な著書に『外交』（有斐閣），『国際秩序』（中公新書）など。千葉県出身。

（6月17日掲載）

第5章 語る 安全保障法制

◆冷戦時より環境厳しい

火箱芳文(元陸上自衛隊幕僚長)

――国会審議で,野党は「法整備によって自衛隊員のリスクが高まる」と指摘している。

自衛隊員は,自分たちが危険な業務に従事していることを自覚している。自らが盾となり,国家国民のリスクを下げることを目指している。集団的自衛権の限定容認だが,日米同盟をさらに強化するなど,きちんとした態勢で戦争を挑まれる国でないようにする。そういう矜持(きょうじ)をもって,日々苦しい訓練を積んでいる。隊員のリスクを理由に,安全保障関連法案に反対するのは,自衛隊への尊信の念がないと感じる。リスクと真剣に向き合うというならば,仮に海外派遣で死傷者が出た場合の顕彰制度のあり方や,遺族へのサポート体制などについて議論してほしい。

災害派遣でもリスクはある。2011年の東日本大震災の際,東京電力福島第一原子力発電所へのヘリコプターからの注水作戦は,陸上自衛隊にとって未知の世界だった。当時陸上幕僚長として,内心で「隊員が死ぬかもしれない」と思ったこともあった。政府には正直に,自衛隊がリスクを負うことで国家全体のリスクが下がる,という説明をしてほしい。

――安全保障関連法案は,国連平和維持活動(PKO)などで,任務の妨害を排除するための「任務遂行型」の武器使用を認めている。

図5-1 自衛隊の印象に関する内閣府世論調査

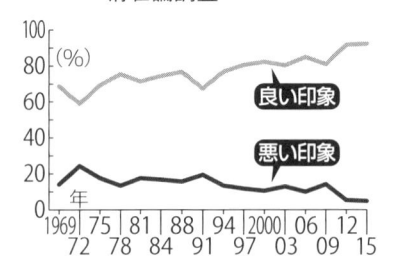

今まで,現場の部隊長の心配は「危険が迫っても,撃たれるまでは武器の使用ができない」という点だった。一緒に活動している外国の部隊が攻撃され,助けを求められても,「知らん」と言わなければならなかった。武器使用基準の緩和も,駆けつけ警護も,現

198

第5章 (語る)安全保障法制

場の裁量を認めてくれるもので，隊員のリスクを下げることも可能。高く評価したい。

——日本を取り巻く安全保障環境は変化している。

私が入隊した1970年代はもっぱらソ連の侵攻に備えていた。ソ連崩壊で冷戦下の秩序が崩壊し，国境を超えたテロの時代になった。米国は「世界の警察官」ではなくなり，中国や北朝鮮が軍拡に動いている。今の日本の安保環境は，冷戦下よりも厳しいと感じる。

南シナ海で傍若無人に振る舞う中国が，ある日，沖ノ鳥島を「うちのものだ」と埋め立てを始めたり，島の周辺海域で遭難した漁民を救出すると言って，占拠したりしてしまう事態がないと言えるか。グレーゾーン事態で自衛隊の出動の手続きの迅速化が図られるが，武器使用は制限されている。この点をもう少し議論してほしい。自衛隊が合憲か違憲かなんて，神学論争をしている暇はないはずだ。

——自衛隊の海外派遣には国民の理解も欠かせない。

近年，世論調査などで自衛隊員への理解が高まっているのは，災害派遣などで，多くを語らず，黙々と仕事をする姿が評価されている面もあるのだろう。

過度に期待されても難しいことはある。アルジェリアの人質事件のようなケースで，人質を奪還するような任務は今の自衛隊では困難を伴う。人員装備や我が国の情報収集能力がそこまで追いついていない。この法律が出来ても，自衛隊の活動に日本独自の制約は残る。それは，憲法を順守する中での行動だからだ。国民にもその点を理解してほしい。

図5-4 防衛大綱の変遷

1976年「51大綱」	冷戦下のソ連の脅威を念頭に置き，初めて策定。日本が「力の空白」となって周辺地域の不安定要因にならないように「基盤的防衛力構想」を打ち出す
95年「07大綱」	「平和の配当」名目で，防衛力を縮小。阪神大震災を受け，防衛力の役割に大規模災害対応を追加
2004年「16大綱」	北朝鮮の弾道ミサイル発射や米同時テロなどの新たな脅威に対応。ミサイル防衛体制の強化が最優先
10年「22大綱」	中国の国防費増大や東シナ海での動きを踏まえ，南西諸島防衛力の強化を打ち出す。機動性・即応性重視の「動的防衛力」の構築を掲げる
13年「25大綱」	動的防衛力に代わる概念として，陸海空3自衛隊を連携して運用する「統合機動防衛力」構想を掲げる

> ひばこ・よしふみ 1974年，防衛大学校（18期生）を卒業し，陸上自衛隊に入隊。同校幹事，中部方面総監などを経て，2009年3月，第32代の陸上幕僚長に就任。11年8月に退官し，12年4月から三菱重工業顧問。福岡県出身。　　　　　　　　　　　　　　　　　　　　（6月19日掲載）

第5章 語る 安全保障法制

◆法案に苦心の跡見える

阪田雅裕（元内閣法制局長官）

――内閣法制局は集団的自衛権の限定行使を認めた。

2014年の集団的自衛権の行使をめぐる政府内の議論をみていて戸惑ったのは，安倍首相や「安全保障の法的基盤の再構築に関する懇談会」が，何の制限もなく行使を可能にしようとしていたからだ。憲法9条のどこを読んでも，そういう解釈はできない。しかし，14年7月の閣議決定では，従来の政府見解を維持し，限定的なものにトーンダウンした。法案は，これまでの論理の枠内にとどめようという苦心の跡がうかがえる。公明党や法制局の努力もあったのではないか。

ただ，政府は自らの憲法解釈を変更するのだから，なぜそれが必要なのか説明しないといけない。限定的とはいえ，これまで「ダメ」と言ってきた集団的自衛権行使を容認することが，憲法は統治権力を縛るという立憲主義の考え方に照らしていいのか，という問題も残る。一内閣が解釈を恣意（しい）的に変えることが許されるなら，憲法は憲法でなくなってしまう。9条が誤っているなら，憲法改正を国民に正面から問うという王道を取るべきで，限定容認という手法はずるいとも思う。

――各種世論調査では，法案への慎重論もある。

首相は，ホルムズ海峡での機雷掃海を，集団的自衛権を行使する際の「存立危機事態」と位置付けているが，中東の有事で日本国民の権利が根本から覆される想定は，現実味がない。自衛権が認められるのは平和的生存権や幸福追求権を守るためだとする1972年の政府見解と，機雷掃海はかけ離れている。例えば，国連安全保障理事会の常任理事国入りを目指すといった目標を掲げ，そのために集団的自衛権の行使容認を（認めてもらいたい）と国民に問うならまだしも，抽象的に「安全保障環境が変わった」と言っても，理

解は深まらないし，納得は得にくいだろう。

──憲法学者は，集団的自衛権行使を違憲と主張している。

今の憲法が現実と整合していないのは事実だ。「自衛隊は憲法9条2項が禁じる戦力ではない」という説明は，舌をかんでしまう。自衛隊は合憲か違憲かという憲法解釈を巡って，今回のような不毛な議論が起きてしまうのは，国家として不幸だ。法規範は成文法だから，必ず時代遅れになる。今は憲法を神棚に上げて，ただ拝んでいる。こうした状況を変えるのも，立憲主義に通じる。

9条を改正し，自衛隊を憲法上で明確に位置付ける必要があるが，ハードルが高いというのであれば，内容を変えない改正を考えてもいいのではないか。口語体に改めたり，刑法や民法をカタカナから平仮名に変えた形式改正の手法を取ったりすることもできる。

法案で評価できるのは，国連平和維持活動（PKO）の見直しで，地域の治安を維持するなど業務を拡大し，武器使用基準も見直すことだ。「PKO 5原則」の下で，地域の治安維持に責任を持つことは，過去の自衛隊の実績から考えても可能であり，国際社会での評価向上にもつながる。

> さかた・まさひろ　1966年に大蔵省（当時）に入省。その後，92年に内閣法制局総務主幹に就任。第一部長，内閣法制次長などを経て，2004年8月から06年9月まで，小泉内閣の下で内閣法制局長官。退官後は弁護士活動をしている。和歌山県出身。　　　　　　　　　　　　（6月21日掲載）

📎 PKO 5原則

自衛隊がPKO活動に参加するために満たすべき条件で，1992年の国連平和維持活動（PKO）協力法で定められた。〈1〉紛争当事者間の停戦合意〈2〉紛争当事者の受け入れ同意〈3〉中立的立場の厳守〈4〉以上の原則のいずれかが満たされなくなった場合の撤収〈5〉要員の生命防護のための必要最小限の武器使用（武器使用基準）──の5条件。今回の関連法案には，武器使用基準を緩和し，任務の妨害を排除するための武器使用などを認める見直しを盛り込んだ。

第5章 (語る) 安全保障法制

◆空と海　将来は中国優位

神保　謙（慶應義塾大学准教授）

――安倍首相は，集団的自衛権の限定行使を柱とした安全保障関連法案について，日本を取り巻く安保環境の変化に対応する狙いがあると説明している。

　日本が集団的自衛権を行使する際の「存立危機事態」は，日本周辺で起きる可能性が高い。朝鮮半島有事の際に，公海上で活動する米軍に対して北朝鮮が攻撃した場合，存立危機事態と認定され，自衛隊は米軍を防護することになるはずだ。首相は，こうした日本周辺で起こり得るケースに重点を置いて説明すべきだ。

　中国の国防費は年十数％のペースで伸びており，海洋進出を止めるのは難しい。戦闘機や艦艇の建造，ミサイル増強を含めて，中国は将来，日本に対して優位に立つだろう。日本はいつまでも「航空・海上優勢」を保つことはできなくなる。台湾は既に航空優勢を失った。ミサイル防衛も難しい。今は「負けても，中国に完勝させない」という，劣勢を前提にした兵器体系に変わっている。台湾の安保政策は，日本の5年，10年後の防衛政策の参考となる。深刻な事態には米国に対応してもらわなければならない。そのためにも，日本が協力できる態勢をつくらないといけない。

――関連法案が成立すれば，戦後の安保政策は大きく転換する。

　日本の安保政策は過去20年余り，パッチワークで成り立ってきた。国連平和維持活動（PKO）協力法，その後，周辺事態法，テロ対策特別措置法，イラク復興支援特措法と，いろんな法律を国際政治環境の変化に合わせて作ってきたが，立て付けが悪くなってきた。今回，整理し直す意味は大きい。ただ，不十分な点もある。

　例えば，武力攻撃とは即断できない**グレーゾーン事態**は，シームレスな（切れ目のない）対応を目指しているが，警察権と自衛隊の自衛権の間に空白が残っている。海上保安官は，武器の使用はできるが，正当防衛と緊急避難のためと限られている。漁民に扮して高度に武装した集団が尖閣諸島（沖縄県）に不法上陸したら，とても対応できない。かといって，すぐに自衛隊が

第5章 (語る) 安全保障法制

図5-2 主要国の国防費

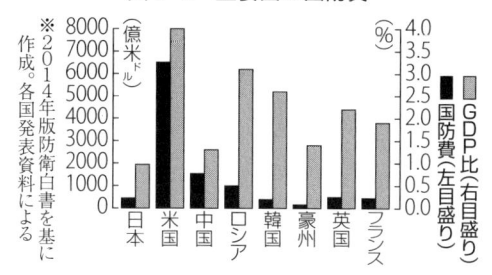

図5-3 中国の国防費の推移
15年間で6倍超に

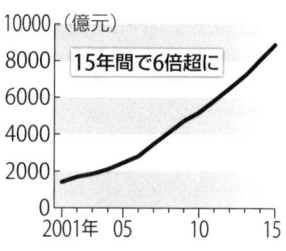

対応すれば、軍事衝突の可能性が生じる。海保ができる役割を増やし、装備や権限を拡大した方が実際の効果は大きい。さらなる立法措置が必要だ。

日本は、世界秩序の安定の恩恵を受け、経済国家として成り立っている。今回の法改正で、PKOに積極的に参加する姿勢を示したことは評価できるが、時代に合った想定をしているかどうかは疑問だ。PKOはこの20年で様変わりした。今、南スーダンなどアフリカで各国のPKO部隊が直面しているのは、テロを目的とした越境型の武装組織が破壊活動を行ったり、難民を襲撃したりするケースへの対処だ。(2013年のイスラム武装勢力による)アルジェリア人質事件は、まさにそういう情勢を背景に起こった。受け入れ同意の安定的な維持は困難な時代だ。PKO協力法改正案は、現代のPKOのニーズに合っているかというと、甘い。正しいと判断すれば能力に応じてできる限り国際秩序の構築に貢献することを、日本の安全保障の哲学とすべきだ。

　じんぼ・けん　慶應義塾大学大学院博士課程修了。キヤノングローバル戦略研究所主任研究員や東京財団上席研究員を務める傍ら、国立政治大学（台北市）の客員准教授として安全保障の授業も担当する。専門は国際政治学、日本の外交・防衛政策。主な著書に『民主党政権　失敗の検証』（中央公論新社）、『日本の国際政治学　学としての国際政治』（有斐閣）（いずれも共著）。群馬県出身。　　　　　　　　　　　　　　　　　　（6月25日掲載）

グレーゾーン事態

　警察や海上保安庁では対応が困難だが、自衛隊が防衛出動する「有事」にはあたらない事態。外国の特殊部隊などが漁民に偽装して離島を占拠したり、潜水艦が潜没したまま領海内にとどまったりするケースが想定されている。今回の安全保障法制では運用改善にとどまり、新たな法整備は見送られた。

第5章 語る 安全保障法制

◆集団的自衛権　日本守る

五百旗頭真（熊本県立大学理事長）

――法案が衆議院を通過した。衆議院での論戦に対する評価は。

　特別委員会で110時間以上を費やしながら，二つの大事な問題をあまり議論しなかった。一つは，中国の台頭という厳しい現実にどう対処するか。もう一つは，国際安全保障に日本がどう関与し，責任を担うかという問題だ。いずれの議論も乏しかったのは，非常に物足りなかった。

――今回の安保法制の意義は。

　どこの国も個別的・集団的自衛権は持っている。日本が国際活動を積極的に展開し，その中で，世界の平和と安全のため日本のできることをやるのは意味がある。他国に日本を支援してもらう土台にもなる。

　日本は現行憲法を70年近く一行も修正していない。環境は10年で変わるから，半世紀もたてば不都合なところがいっぱい出てくる。それを全く変えないのは誠にアブノーマル。世界中でこんな国はない。

　戦前も，日本は大日本帝国憲法を「不磨の大典」とし，一度も変えなかった。政治が軍部をコントロールできない憲法を抱いて日本は滅んだ。変えていたら，戦争につぐ戦争にのめり込まずにすんだろう。

　今の憲法は，敗戦直後に二度と戦争をしない観点で作られた。現在の日本には「どこかの国に攻め込もう」という意思も能力も備えもない。それなのに，法制度に手をつけると「また日本が侵略戦争をする」と言う人がいる。古い観念に呪縛され，現実を見ずにいる。人間が作った法制を物神化するのは間違いだ。そういうのを昔の言葉で「法匪（ほうひ）」と言う。現実の必要のために法制度を改めず，「違反している」と言うのは簡単だ。古くなった法制度を，適切かどうか柔軟な構想力を持って判断していくことが大事なことだ。

第5章 語る 安全保障法制

――日本に求められていることは。

　冷戦後に北朝鮮が核とミサイルを振りかざし，中国が軍備拡大を猛然とやっている。中国は，日本の領土である尖閣諸島を奪い取ろうと行動を起こし，南シナ海では実効支配を進める。それをどう抑制するかが，今問われている。「私は戦争はしない」では答えにならない。中国に自制させる方途を見いださなければ，平和は保てない。

　中国はフィリピン，ベトナムと，抵抗力の少ないところから支配を広げている。日本は攻撃性はないが，自助努力のしっかりした侮りがたい国であるべきだ。そして，日米同盟を強固にし，「日米不可分」を中国にも分からせる。加えて，国際社会に様々な友好国を持つことが大切だ。

　日米の協力体制の表れが，集団的自衛権を部分的に日本も行使できるようにすることだ。この地域で米国の艦艇などに何かあったら見殺しにせず，日本も一緒に守ることが重要だ。自衛隊が見て見ぬ振りをした途端，米国世論の中で日米同盟は終わる。逆に，日本は根深く米国と結びついていることを示す。そのことが日本の安全を守り，中国に自制を強いる有力な手段になる。

　「米国の戦争に巻き込まれる」というのは，どの国も持つジレンマだ。日本は世界で最も平和を好む国民として，紛争一つ一つについてしっかり判断する。国際的正当性があり，日本の生存と国益にとって不可欠だと考える場合は，**後方支援**をやり，そうでない時は断るべきだ。

　　　　いおきべ・まこと　神戸大学教授などを歴任。第8代防衛大学校長（2006
　　　　～12年）や東日本大震災復興構想会議議長（11～12年）も務めた。専門は
　　　　日本政治外交史で，『戦後日本外交史』『占領期――首相たちの新日本』など
　　　　著書多数。12年から現職。兵庫県出身。　　　　　　　（7月19日掲載）

後方支援

　外国の軍隊に自衛隊が行う物品・役務提供などの支援。周辺事態法を改正する重要影響事態法案では，後方支援の地理的制約をなくし，米軍に加え，「国連憲章の目的達成に寄与する活動を行う外国の軍隊」に対象を拡大した。支援内容には，従来の補給や輸送などに，弾薬提供，発進準備中の航空機への給油・整備を含めた。

第5章 (語る) 安全保障法制

◆「中国と衝突」想定し議論を

三浦瑠麗（東京大学客員研究員）

——集団的自衛権の限定的な行使について，憲法学者が「憲法違反」と主張したことが，衆院での安全保障関連法案の審議に影響を与えた。

　そもそも1999年に周辺事態法が成立し，朝鮮半島有事などで後方支援が出来るようになった。これは事実上，集団的自衛権に属するものを個別的自衛権として認めているものと言える。今回の安保関連法案は，その延長線上にあり，劇的な変化ではない。自衛隊の活動範囲を少しずつ広げる，日本の身の丈にあったものだ。

　憲法改正を先にやるべきだというのは，筋論としては正しいと思うが，すぐには難しいという認識は根強くある。その中で，安倍政権は，安保法制懇（安全保障の法的基盤の再構築に関する懇談会）の報告を参考にしながら抑制的な案を出し，さらに公明党が抑制をかけたと考えるべきだ。

——安全保障環境の変化とは。

　冷戦が終結し，西欧の人にとっては安保環境は改善したが，日本にとっては，ソ連の侵攻を恐れていた時よりも環境は悪くなっている。

　中国は，米軍がフィリピンから一度撤退した後，南シナ海に急激に勢力を拡張した。海南島には米本土を狙う核ミサイルを搭載した原子力潜水艦の拠点となる地下基地を作っている。中国を食い止めるパワーは米国しかないが，米国はイラク戦争後，「世界の警察」の座を降り，国内世論も内向きになっている。今はアジア太平洋地域重視の「リバランス（再均衡）政策」を掲げているが，長期的には，この地域への関与を低下させていくと思う。これこそが最大の安保環境の変化だ。

——国会論戦をどう評価しているか。

　中国との武力衝突を想定した議論が行われていないのは問題だ。米国から

南シナ海で警戒監視活動を共同で行うよう依頼された時，日本は直接には関係ない紛争だと断れるか。新たな**台湾海峡危機**が起きた場合，どう関わるかといった点だ。グレーゾーンで言えば，中国にある日本のデパートや工場が中国の民衆に襲われ，中国の警察が守ってくれない場合どうするかといった議論もすべきだ。これは国防の根幹だ。

——維新の党は対案で，集団的自衛権の行使を，日本に武力攻撃が至る明白な危険がある場合に限定するよう主張している。

　維新のように自国防衛のために自衛隊を使うのか，あるいは，国際貢献や米国を主体とした連合に自衛隊が加わるのか，という考え方の違いがある。政府の考え方では，イラク戦争に巻き込まれる可能性はあると思う。一方で，自主防衛を強くうたうことは，将来ナショナリストの強硬派の政権が，中国や北朝鮮に強い態度で臨むという恐れもある。自国の権益のみに関心を持てば，同盟の信頼低下にもつながる。

——自衛隊による後方支援では，活動範囲が広がることが争点になっている。

　ピントがずれた議論だ。問われるべきは，紛争に介入する際の自衛隊の役割や場所ではなく，平和につながらない，正しくない自衛隊の派遣は，後方支援であってもすべきではないし，平和に資すると思える派遣ならば，日本は応分の負担をすべきということだ。

　　　みうら・るり　東京大学大学院法学政治学研究科修了。2015年から現職。専門は国際政治学。主な著書に『シビリアンの戦争』（岩波書店），『日本に絶望している人のための政治入門』（文春新書）など。神奈川県出身。

(7月21日掲載)

台湾海峡危機

　1996年3月の台湾初の総統直接選挙の際，中国は台湾の独立をけん制するため，台湾近海でミサイル演習などを実施した。これに対抗し，米国は2隻の空母を派遣した。中国は，対艦弾道ミサイル「DF21」（射程1500キロ・メートル）の開発や，強力な攻撃力を持つ空母戦闘群の展開の準備を進めている。

第5章 語る 安全保障法制

◆憲法　集団的自衛権禁じず

柳井俊二（元駐米大使）

——安全保障関連法案は，あなたが座長を務めた有識者会議「安全保障の法的基盤の再構築に関する懇談会（安保法制懇）」の提言がベースとなった。

私たちが2014年5月に出した提言はもっと理論的にすっきりしたものだったが，安保関連法案は政治的な現実と内閣法制局の昔からの議論に引きずられ，非常に複雑で分かりづらくなった面がある。

提言に入れた集団安全保障に関する明文の規定は盛り込まれなかった。いまだに国連軍はできていないが，侵略国が出たら，国連加盟国がみんなで協力して抑え込むという考え方は，憲法が禁じているような個別の国家による紛争解決のための「武力の行使」とは異なる。平和を回復・維持するため，みんなで力を合わせることに，日本も加わらないといけないはずだ。

ただ，政治の問題として何もかもいっぺんにというのは難しいかもしれない。今回は，一定の条件の下で集団的自衛権を認めるところまでは踏み込んだわけで，日米同盟を強化し，抑止力を高める上で前に進んだと言える。

——集団的自衛権の行使を禁じた内閣法制局の解釈をどのように受け止めてきたか。

憲法第9条は「国際紛争を解決する手段として」の戦争や武力行使を放棄している。戦争の放棄は，1928年の「パリ不戦条約」にも盛り込まれた考え方だが，戦争禁止に関する国際的な様々な取り組みの中で，「個別的または集団的自衛権を含めて放棄すべきだ」という主張がなされたことはない。「9条がすべての武力行使を禁じているように見える」という点から出発する歴代の内閣法制局の立場は取らない。自衛権は，各国の刑法の正当防衛の考え方から生まれている。日本の刑法も「急迫不正の侵害に対し，自己または他人の権利を防衛するため，やむを得ずにした行為は，罰しない」と定め

第5章 (語る) 安全保障法制

ている。これが国際法にも生きている。

——衆議院での安保関連法案の審議では，野党側は集団的自衛権を行使できる「存立危機事態」などの明確化を求めた。

　敵に対し，反撃する場合と，反撃しない場合とをはっきり書いた法律を持っている国はない。反撃する場合をあらかじめ明確に定義してしまえば，敵は，定義に入ってないことをやってくるわけだ。それでは抑止力を高めることにならず，そういった議論には引きずり込まれてはならない。

　日本の国防力を高めることは必要だが，いくら高めても我々の隣には核兵器を持っている国がある。そういう国に対してどう抑止力を働かせるかと言えば，日米同盟を強化することが近道であるのは間違いない。

——「地球の裏側の戦争に巻き込まれる」との批判も強い。

　集団的自衛権は，権利であって義務ではなく，常に行使しなければならないものではない。湾岸戦争の時だって，戦闘部隊を出す話にはならなかった。仮に中南米で米国が関与する紛争が起きたとしても，現実的に米国が日本に助けを求めてくるはずがない。万が一，そんなことが起きたとしても，権利を行使する国が主体的に決めればいいだけだ。

　　やない・しゅんじ　1961年に外務省に入省。条約局長，外務次官，駐米大使などを歴任。第1次安倍内閣時に設置され，第2次内閣で再開した有識者会議「安全保障の法的基盤の再構築に関する懇談会」の座長を務めた。現在は国際海洋法裁判所裁判官。東京都出身。

（7月23日掲載）

第5章 語る 安全保障法制

◆抑止力　国民理解へ説明を

　　　　　　　　　　　　　森　　聡（法政大学教授）

——政府は安全保障法制の整備が必要な理由として，日本を取り巻く安保環境の変化を挙げている。

　軍事力を付けつつある国というのは，自国の実力を過信したり，他国の力を過小評価したりすることがある。北朝鮮は核・ミサイル開発を進め，中国は国防予算を急増させて領有権を主張する行動を活発化させている。「日本の防衛には隙がある」「日米同盟は機能しないのではないか」などと誤認するリスクを避けるためにも，今回の法整備は必要だ。

——野党は「戦争に巻き込まれる」「自衛隊のリスクが高まる」などと批判している。

　まったくおかしな議論だ。安全保障法制のポイントは，日本の安全や利益にかかわらない事態では，武力行使をしないとはっきりさせたことだ。自衛隊が新たな法制に基づいて防衛出動や後方支援活動を行えば，自衛隊員のリスクは高まる。しかし，法整備を怠り，切れ目だらけの法制の中で隊員が活動せざるを得なくなれば，隊員のリスクはもっと高まるし，国民もリスクにさらされることになる。法整備は，リスク管理につながっている。「自衛隊の海外活動への歯止めがかかっていない」という議論も聞かれるが，時の政権が誤った選択をすれば，国民の支持を失って退陣する仕組みがある。国会承認という手続きも整備される。その意味で，究極的な「歯止め」は日本国民であり，議会制民主主義という国の骨格だ。

——日本の安保政策には課題が山積している。

　グレーゾーン事態への対処が迅速に行われるようになるのはいいが，その後に予想される事態への対応を考えなければならない。例えば，離島に上陸した中国人の武装集団を制圧後，中国が何をしてくるか。2010年に起きた沖縄・尖閣諸島沖の中国漁船衝突事件では，日本が中国人船長を逮捕してか

第5章 （語る）安全保障法制

ら間もなく，中国は建設会社の日本人社員を拘束した。あの時よりも大きな規模で中国にいる日本人が拘束され，「尖閣を巡って領有権の争いがあることを認めるまでは，関係を正常化しない」と主張されたら，どう手を打つのか。日本が窮地に追い込まれないための戦略を用意しておくことが大事だ。

　日本人は，侵略戦争を行ってしまったという反省から，抑止を通じて平和を維持するという考え方に違和感を持ってしまいがちだ。他方，中国は海洋紛争もいとわない軍事戦略を推進しており，日本は今後，強い圧迫を受けることになる。米国は2014年，国防予算が制約される中で抑止力を向上すべく，**オフセット戦略**の追求を発表した。米中は経済面では依存し合いながら，実は熾烈な軍備競争を繰り広げていくだろう。

　安保環境の変化に応じ，日本も適切な防衛力を整備しなければならない。日本の防衛費は国内総生産（GDP）の1％未満のままでいいのか。米軍基地は沖縄に集中させておけばいいのかといった点も今後議論になるだろう。難問を解くためには，抑止力への国民の支持と理解が必要で，政府の説明や安全保障に関する研究・教育の充実がますます重要になってくる。

　もり・さとる　専門は国際政治学，現代米国の外交・国防政策。京都大学法学部卒業後，外務省を経て東京大学大学院博士課程修了。2010年から現職。13〜15年に米国のプリンストン大とジョージワシントン大学で客員研究員を務めた。著書に『ヴェトナム戦争と同盟外交』（東京大学出版会）。大阪府出身。

（7月24日掲載）

オフセット戦略

　軍事的優位を確保するため新たな技術や作戦概念で相手の能力をオフセット（相殺）する米国の国防戦略。ロボット技術や人工知能などの最先端の技術・システムを活用し，低コストで効果的な軍事力を整備する。2016会計年度の国防予算案では，高速打撃兵器やレーザー兵器などの技術革新を進める方針が示された。

第5章 （語る）安全保障法制

◆国際情勢に現実的対応

柳原正治（九州大学教授）

——集団的自衛権の限定行使の評価は。

2014年7月の閣議決定は、憲法9条の下でも自衛のための武力行使は可能という前提に立ち、直接には他国への攻撃でも、自国の存立を危うくするならば武力行使ができ、これは、国際的には集団的自衛権の行使にあたる、という論理でできている。従来の政府見解との連続性を考え、よく練られた解釈だ。今の国際情勢を考えると、日本に害が及ぶ事態でも武力行使ができないという状況は改めた方がいい。

国連も、国連憲章の厳格な解釈に頼っていては国際社会の平和を守ることはできないため、安保環境の変化に合わせて現実的な対応を取ってきた。国連平和維持活動（PKO）は、国連憲章のどの条文にも明確には書かれていない。かつてフランスやソ連はPKOを「憲章違反だ」と主張したが、今、反対する国はない。国連の必要な活動として合意が得られたからだ。

国連憲章は、集団安全保障の軍事的措置のための国連軍を規定したが、今まで作られたこともないし、今後もできる可能性は低い。このため紛争時に各国は集団的自衛権を行使したり、多国籍軍を作ったりした。湾岸戦争当時、多国籍軍による武力行使を認めた安保理決議について、多くの国際法学者は「憲章に違反する」と反対した。しかしその後、国際社会では、多国籍軍をつくることが一般的になってきている。憲章に書かれていなくても、その枠内で必要な措置を認めていこうという英知であり、現実に対処するためのやむを得ない措置だ。

——**安全保障関連法案では、自衛隊の海外派遣の「歯止め」として、国会同意が義務づけられた。**

国連加盟国は、自衛権を行使すると安全保障理事会に報告しなければいけない。また、**ニカラグア事件**のように国際司法裁判所が集団的自衛権の行使を違法と判断することもある。関連法案は、存立危機事態に自衛権を発動

第5章　語る　安全保障法制

する要件として「我が国の存立が脅かされ，国民の生命，自由および幸福追求の権利が根底から覆される明白な危険があること」と規定したが，この認定は難しい。政府は極めて重い自覚をもって判断しなければならない。

――参院での議論への期待は。

　集団的自衛権を行使する存立危機事態とは，具体的にどういうケースか，例示がもう少しあると分かりやすくなるのではないか。もちろん政府には近隣諸国との関係や安全保障という性格上，明確にしたくない部分があるのは仕方がないが，それを乗り越えてどこまで国民に説明できるかだ。例えば南シナ海での**フィリピンと中国の紛争**は，オランダ・ハーグにある紛争処理機関「常設仲裁裁判所」で，遠くないうちに訴訟の管轄について判断が下される。仮にフィリピンの主張が通れば，中国は実効的支配を強めるかもしれない。東シナ海の情勢もいっそう混沌（こんとん）とするだろう。こうした事態にどう対処していくのか，政府は丁寧に説明していくべきだ。

　　やなぎはら・まさはる　横浜国立大学助教授，九州大学助教授などを経て，1991年から現職。ドイツのミュンヘン大学客員教授も務めた。専門は，国際法・国際法史。17世紀以降の欧州の国際法史や国際紛争問題に詳しい。富山県出身。　　　　　　　　　　　　　　　　　　　　　　（7月26日掲載）

ニカラグア事件

　米国が中央アメリカのニカラグアの空港や石油貯蔵施設などを攻撃し，1984年に同国が米国を国際司法裁判所に提訴した紛争。米国は，武力攻撃はニカラグアによる近隣国への攻撃に対する集団的自衛権の行使であると主張したが，米国への援助要請がなかったことなどから，86年の判決で違法性が認定された。

フィリピンと中国の紛争

　フィリピンが，中国による南シナ海の領有権主張は国際法に違反するとして仲裁を求めている問題。2013年1月，国連海洋法条約に基づいて申し立てた。仲裁裁判所は15年7月13日に口頭弁論を終え，この訴えの管轄権があるかどうかを15年末までに判断するとした。中国は同裁判所に管轄権はないと主張し，仲裁に応じない姿勢を示している。

第5章 (語る) 安全保障法制

◆憲法解釈　変更あり得る

大石　眞（京都大学教授）

――安全保障関連法案の国会論戦では,「合憲か違憲か」が議論の中心だ。

　中身の議論が深まっていないのは残念だ。野党は法案の印象ばかりを批判している。「戦争法案」というネーミングはデマゴギー（民衆扇動）で,国民の代表である国会議員が使うべき言葉ではない。野党代表が,世論調査を基に「国民の多くが憲法違反だと感じている」と訴えるのも違和感がある。国会議員が自ら判断を放棄しているようなものだからだ。

　政府が既存の法律10本の改正案を平和安全法制整備法案として束ねたのも,議論を分かりにくくしている。一括法案を否定するわけではないが,切り分ければ,野党が反対しない部分もあっただろう。政府は丁寧に切り分けて説明しないといけない。安倍首相のヤジは品性にかかわる。控えてほしい。

――憲法9条と安保法制の関係をどう考えるか。

　憲法が作られた時,集団的自衛権を行使する事態なんて,誰も予想していなかったはずだ。人定法は,過去の事象に対する判断や評価から,条文ができている。想定していなかった事態に対し,憲法をつくった人がどう考えていたかを想像するなんておかしい。改正手続きが定められているのは,「憲法がすべてお見通し」ではないからだ。

　もちろん,憲法が侵略的な武力行使の放棄を定めているのは疑いようがない。憲法解釈も安定している方が望ましい。しかし,国際情勢は絶えず動いている。安全保障政策は,国際情勢を考慮して,解釈変更の余地を残し,憲法の規範と整合性を取っていくべきだろう。

　例えば,ヘイトスピーチを取り締まるためにも,憲法解釈の変更が必要だ。今の解釈では,憲法21条の「集会,結社,表現の自由」が尊重され,取り締まることができない。だから,日本は,**ヘイトスピーチを規制する法整**

第5章 (語る) 安全保障法制

備を求めた国連の人種差別撤廃条約の第4条を留保している。9条の解釈変更に反対する人たちは、ヘイトスピーチを取り締まるための解釈変更にも反対するのだろうか。憲法解釈は、政策的な要素に左右され得ることを認めた方がいい。

　野党は憲法解釈変更を「立憲主義を覆す」と批判しているが、そもそも憲法の役割は、正しい形で政治家に権力を与えることだ。「権力を抑制しなければならない」という主張は、政治家には存在価値がない、と自ら言っているようなものだ。国民が選挙で投票するのも、権力を作り、議院内閣制を確立するためなのだから、立憲主義の議論は不毛だ。

――衆院憲法審査会での違憲論争をきっかけに、憲法学者が注目を浴びるようになった。

　我々憲法学者は、政権へのスタンスでものを言ってはいけない。そこを誤れば、学者や研究者の範囲を踏み外してしまう。時代とともに変わる規範を、きちんと現実の出来事にあてはめることが責任ある解釈者の姿勢だと思う。内閣や国会の法制局はそうした役割を担っている。最高裁も、法文を大事にしながら、起きた出来事にいかに妥当な解決策を見いだすかに腐心している。憲法学者にも、そういう姿勢が求められるのではないか。

おおいし・まこと　九州大学教授などを経て1993年から現職。専門は憲法学、議会法、宗教法、日本憲法史。『憲法秩序への展望』（有斐閣）など著書多数。衆議院議長の諮問機関「衆議院選挙制度に関する調査会」の委員。宮崎県出身。　　　　　　　　　　　　　　　　　（8月2日掲載）

国連の人種差別撤廃条約とヘイトスピーチ規制

　1965年の国連総会で採択され、69年に発効した条約。条約締約国は177か国（今年7月現在）。第4条で各国に人種差別を助長するようなヘイトスピーチを規制する法律の制定を求めている。日本は条約を締約したが、憲法21条が保障する「集会、結社、表現の自由」を重視する観点から、第4条の一部を留保している。このため、被害者が特定されれば、名誉毀損罪や侮辱罪、威力業務妨害罪などで取り締まることが出来るが、日本にはヘイトスピーチ一般に対する法規制は存在しない。

第5章 (語る) 安全保障法制

◆安保法制　自衛に不可欠

市川 雄一（元公明党書記長）

——安全保障関連法案をどう評価しているか。

　日本の自衛の構えを強化し、日本への攻撃を事前に防ぐ内容だ。集団的自衛権を自国防衛に限定しており、今の日本が置かれた国際環境の中で不可欠の立法措置だと思う。

　集団的自衛権の行使は、あくまで自国を守るための必要な措置、というのが本質だ。この理解が浸透していないように思う。

——米国が引き起こす各地の戦争に巻き込まれる、という批判がある。

　自衛権行使の新3要件に基づき日本が主体的に判断するわけだから、そんなことになるはずがない。

　米中露といった軍事大国以外、1国で自らを守ることは不可能だ。戦争を抑止するには、どこか強い国と組み、「攻撃すれば手痛い目にあう」と分からせ、思いとどまらせるしかない。

　日本人の中には「憲法の平和主義があるから日本が平和なんだ」という考えもあるが、そうではない。非武装で始まった戦後の日本は、世界最強の軍事力を持つ米国と安保条約を結ぶことで、平和を維持してきた。安保法制は、国際情勢の変化を受け、日米安保条約の実効性をより確かなものにするための措置だ。

——安保関連法案への国民の理解が進んでいない。

　1990年にイラクがクウェートに侵攻した時、日本は自衛隊の海外派遣という問題に直面した。当初は反対論が圧倒的多数だったが、冷戦構造の崩壊を目の当たりにした国民の中から、徐々に「日本が何の国際貢献もしなければ、国際社会で孤立する」という声が上がり始めた。92年にPKO（国連平和維持活動）協力法が成立し、一国平和主義を脱することができたのは、こ

第5章 (語る)安全保障法制

うした世論の変化があったためだ。

　南シナ海では中国が岩礁を軍事基地化し，ウクライナではロシアが関与しての紛争が続いている。現在の厳しい安保環境への認識が深まれば，安保関連法案への理解も進むはずで，政府・与党は努力すべきだ。

——集団的自衛権の行使容認には，公明党内にも慎重論が根強かった。

　執行部もだいぶ苦しんでいたようだが，政治は結果責任だ。いきさつはどうあれ，結果として良い合意を作った。自民党との連立がスタートした（99年）頃，党内で「政権与党に堪えうる政党であるためには，集団的自衛権の問題について，ただ反対ではだめだ。いずれ国際情勢が変われば，結論を出さざるを得なくなる」と問題提起したことがあったが，その時が来たのか，と感じた。

——民主党は関連法案を「憲法違反」などと批判している。

　自衛のための武力行使を認めた憲法第9条の規範性は，守られている。合憲の法案だ。かつての国会は，自衛隊が違憲か合憲か，日米安保条約は存続か破棄かを巡り分裂していた。今の国会も，安保の本質論は議論されていない。残念だ。安保政策を巡り，与野党の意見が正反対では，政権交代のある成熟した民主主義は遠ざかるばかりで，国民にとっても残念なことだ。

　いちかわ・ゆういち　1976年，公明党公認で衆院選初当選。89年に書記長に就任。自民，公明，民社3党による「自公民路線」を推進。93年，新生党の小沢一郎代表幹事（現生活の党共同代表），民社党の米沢隆書記長とともに，細川護熙内閣樹立に尽力した。現在は党特別顧問。神奈川県出身。

（8月9日掲載）

自衛権行使の新3要件

　従来の自衛権発動3要件に，集団的自衛権行使を限定容認する考えを盛り込んだ政府見解。〈1〉我が国と密接な関係にある他国への武力攻撃が発生し，我が国の存立が脅かされ，国民の生命，自由及び幸福追求の権利が根底から覆される明白な危険がある〈2〉他に適当な手段がない〈3〉必要最小限度の実力を行使する——を満たさなければならない。

第5章 語る 安全保障法制

◆自衛最小限度　時代で変化

北岡伸一（国際大学長）

——安全保障関連法案の国会審議は大詰めを迎えている。これまでの論戦をどう評価しているか。

「違憲か合憲か」という入り口論や，「戦争法案だ」「徴兵制につながる」といった荒唐無稽な批判が目立ち，法案の必要性や「これで十分なのか」「行き過ぎはないのか」という具体的議論ができていない。

もちろん政府は丁寧で上手な説明を心がけなければならないが，国会は，野党の質問に応じる形になるので，野党の責任も大きい。民主党は，政権を取っていた時は安全保障政策で前向きな議論をしていたのに，今や旧社会党のような主張を前面に出している。

法案に対する批判の中には，自衛隊の海外派遣に「歯止めがない」という指摘があるが，事実と違う。最大の歯止めはシビリアンコントロール（文民統制）だ。時の政権が判断を誤り，無用な犠牲を出した場合，国民の厳しい審判を受けて内閣は倒れる。だからこそ時の内閣は慎重に決断せざるを得ない。そもそも軍の派遣に法律で厳格な歯止めをかけている国はない。

「米国の戦争に巻き込まれる」という指摘も，あり得ない。いまや米国はかつてのような圧倒的な超大国ではなく，世界全体の安全に関与することに消極的だ。まして日本が紛争を始める可能性は皆無だ。

徴兵制の指摘も当たらない。今の戦闘はハイテクに頼っており，たんに素人を集めても役に立たない。

——座長代理を務めた政府の「安全保障の法的基盤の再構築に関する懇談会」が2014年に出した報告書では，安全保障環境の変化を法整備の必要性の理由に挙げた。

安全保障環境が変われば，自衛の必要最小限度が変わるのは当然だ。

第5章 (語る)安全保障法制

　憲法9条2項は，日本は軍隊を持てないと定めているが，1954年に政府は統一見解をつくり，必要最小限度の実力は持てるよう，解釈を変更した。最高裁判決でも支持されている。何が必要最小限度かは，時代によって変わるもので，外交と安全保障の専門家が全力で考えるべき分野だ。憲法学者にそれを見定める能力があるとは思えない。

　日本国憲法ができて69年，9条2項の解釈変更から61年，そして**1972年の政府見解**から43年。これだけ時間が経過しているにもかかわらず，法的安定性のみを重視するのはおかしい。日本が平和で無防備であればあるほど安全だというのは，「消極的平和主義」とも言え，大きな誤りだ。この間に中国は防衛費を大きく増やした。アジアのパワーバランスが崩れれば，攻撃を誘発する可能性もある。弱いということは危険なことだ。

　もちろん自衛隊員のリスクは短期的には増えるかもしれない。ただ，全体としてこの法制によって日本の安全は高まる。抑止力とはそういうものだ。

　今回の安全保障政策の進化を「軍事偏重だ」とか「危険だ」と言うのは，世界標準の議論から外れている。日本は明らかに軽武装の国で，非軍事の国際貢献を優先している。日本の防衛費は国内総生産（GDP）の1％未満で，主要国で最低だ。今回の法案が成立したとしても自衛隊の派遣には多くの歯止めがあり，世界で最も動員しにくい組織であることに変わりはない。

　きたおか・しんいち　東京大学教授，国連大使などを経て2012年10月から現職。専門は日本政治外交史。政策研究大学院大学特別教授，東京大学名誉教授。戦後70年の安倍首相談話に関する有識者懇談会（21世紀構想懇談会）座長代理も務めた。奈良県出身。　　　　　　　　（9月1日掲載）

1972年の政府見解

　「国民の生命，自由及び幸福追求の権利」を守るため，必要最小限の自衛措置を認めた。一方で，集団的自衛権の行使は必要最小限度を超え認められない，としている。安倍内閣は，この見解と安全保障関連法案について，「基本的な論理は維持されている」とした上で，集団的自衛権を限定的行使を容認する理由として，日本を取り巻く安保環境の激変を挙げている。

第5章 (語る) 安全保障法制

◆リスクと向き合う覚悟を

佐瀬 昌盛（防衛大名誉教授）

——安全保障関連法案の国会審議では、自衛隊のリスク増大を野党が指摘し、安倍首相は「リスクを低減させる努力を行う」と強調している。

　自衛隊は、1991年の湾岸戦争後のペルシャ湾への掃海艇派遣以来、海外活動で犠牲者を一人も出しておらず、野球で言えばパーフェクトゲーム（完全試合）を続けている。日本人の多くは「犠牲者が出なくて当たり前」と思ってしまっているが、他国の現状を見ればこれは奇跡で、いずれ犠牲者は出るかもしれない。日本国民にはそういった事態を受け入れる「免疫」がなく、このままではいざという時に国をひっくり返すような混乱が起きかねない。

　ドイツはかつて、北大西洋条約機構（NATO）域外への軍派遣を禁じていたが、コール政権が95年、旧ユーゴスラビア・ボスニア紛争への派遣を連邦議会に提案した。野党の「もし兵士がひつぎに入れられ、戻ってきたらどうするのか」との問いに対し、当時の外相は「自分と国防相がひつぎの横に夜通し立ち、死者を悼む」と答えた。兵士のリスクについて政治責任を明確にしたことで議論は収まり、ドイツ軍の海外派遣は実現した。

　今回の安保法制で、自衛隊の安全を最大限確保したとしても、役割が拡大し、海外派遣の回数が増えれば、危険な目に遭う確率は高まる。安倍内閣も20年前のドイツを見習い、リスクと向き合って責任を取るという姿勢を示すべきだ。自衛官の海外任務の手当や待遇改善を図る必要もある。

——日本を取り巻く安全保障環境の変化をどう考えるか。

　南シナ海のスプラトリー（南沙）諸島は、米軍がフィリピンから撤収したことで力の「空白」が生まれ、中国の介入を許した。旧ソ連はある意味で非常に臆病で、アフガニスタン以外は自らの勢力圏外に出なかったが、中国は隙があれば、何をやるか分からない怖さがある。

韓国は米韓同盟を通じて本来「準同盟国」のはずだが、反日姿勢を強めている。日本は、米国を除き、中国、ロシア、北朝鮮という三つの核保有国を含め、敵性国家に囲まれていると言っても過言ではない。

東西冷戦時代は、寄らば大樹の陰で米国に頼っていれば良かったが、今は戦国時代のようなものだ。「I defend myself（自ら自分を守る）」では、自国の防衛が成り立たない。集団的自衛権を使って「We defend ourselves（ともに互いを守る）」とすべきだろう。

――集団的自衛権の行使を可能にする憲法解釈の変更を長年訴えてきた立場から、関連法案をどう評価しているか。

戦後70年の安保政策を考えた場合、今回の法制が実現すれば、吉田茂首相による日米安全保障条約の締結、岸信介首相の安保条約改定に続く出来事と言える。

安全保障の改革をやり通すには、長期安定政権であることが不可欠だ。小泉内閣もその気になればできたかもしれないが、安全保障に関心がなかった。安倍内閣には、不人気の政策でも改革をやり遂げる強い意志が必要になる。

成蹊大学で教べんを執っていた頃、高校生の安倍首相に、入学試験の面接官として初めて出会った。モヤシのように細い少年が、歳月が流れ、今や祖父に続く偉業に挑んでいることは感慨深い。

> させ・まさもり　1958年に東京大学教養学科を卒業後、防衛大学校教授、拓殖大学海外事情研究所長を務めた。専門は国際関係論、安全保障論。主な著書に『集団的自衛権――論争のために』（2001年、PHP研究所）。安倍首相が設置した有識者会議「安全保障の法的基盤の再構築に関する懇談会」（安保法制懇）のメンバーでもある。中国大連出身。　（9月3日掲載）

ドイツ軍の海外派遣

ドイツは湾岸戦争で多国籍軍に人的貢献を行わなかったことで国際的な批判を受け、軍の海外派遣をめぐる議論が活発化した。憲法裁判所は1994年、連邦議会の事前承認を条件に北大西洋条約機構（NATO）域外への軍派遣を認めた。アフガニスタンの国際治安支援部隊（ISAF）では、タリバンによるテロ攻撃などで55人が死亡。旧ユーゴ・ボスニア、コソボ、ハイチへの派遣時にも犠牲者が出ている。

第5章 語る 安全保障法制

◆北の暴発　現実の脅威

高村正彦（自民党副総裁）

——安全保障関連法案に対する根強い世論の反対がある中、与党が今国会での成立を目指す理由は。

　戦後70年、日本が平和であり続けたのは、外交努力と同時に、多くの反対論の中、先人の決断によって自衛隊を作り、日米安全保障条約を締結・改定し、一定の抑止力を保ってきたからだ。安全保障環境が厳しくなる中、外交努力を続けるとともに、抑止力を高めていかなければならない。いつ来るかわからない危機を未然に防止する法制は、出来るだけ早く備えておく必要がある。

——安全保障環境の最大の変化は。

　必要最小限の自衛措置を認めつつ、集団的自衛権の行使は含まれないとした1972年の政府見解が出来た当時、北朝鮮は核もミサイルも持っていなかったが、今では核を開発し、日本のほとんどを射程に入れる中距離弾道ミサイル「ノドン」を300発以上持っていると言われている。北朝鮮の指導者がやってきたことを考えれば、日本に対する現実の脅威であり、外交努力だけで暴発を抑止することは難しい。平時の訓練から有事に至るまで、切れ目なく米国と連携できる法制を整えれば、「日本をミサイル攻撃したら、米国に必ずたたきつぶされる」と、国際社会に向けて発信することができる。これこそが抑止力だ。

　中国の軍事費は10年前まで日本よりも若干少なかったが、今は日本の3・4倍になり、瞬く間に10倍にもなろうとしている。日本と戦略的互恵関係を築こうとしている中国を脅威とは言えないが、軍事バランスは常に考えておかなければならない。

　世界一の軍事力を持つ米国の力は相対的に低下している。米国に「イラクで米軍とともに戦ってくれ、とは言わないが、せめて日本近海で日本を守る米艦は守ってほしい」と言われたら、もっともな要求だと思う。

第5章 (語る)安全保障法制

――一部の野党は，関連法案が成立した場合の徴兵制のおそれなどを指摘している。

そうした主張は，荒唐無稽な不安をあおり立て，それを心配する人たちによって形成された民意に従うべきだ，と言っているかのように見える。将来政権を担おうという政党には，国民の命を守るために何が一番良いのか，というあるべき民意を形成する努力を怠ってほしくない。徴兵制は，軍事的合理性もなければ，政治的合理性もない。徴兵制を提案した内閣は即座につぶれる。

――憲法と安保関連法案の法的安定性も，国会論戦の焦点となった。

憲法が認める憲法の唯一の番人は最高裁判所だ。自衛権に関して最高裁が唯一の判断を示した1959年の砂川事件判決は，「国の存立を全うするための自衛の措置は主権国家として行使しうる」と言っている。今の安全保障環境を前提に，必要な自衛の措置は何かを考えれば，国際法的には集団的自衛権と言わざるを得ないものもある。憲法9条の範囲内で，国民の命と暮らしを守るための法制が，関連法案だ。法的安定性は確保されている。

法案は，おおよそ戦後100年までの安全保障法制の基盤となるものだ。一方で，多くの憲法学者が自衛隊ですら違憲であると指摘する中で，戦力放棄などを定めた9条2項の改正は検討し続けなければならない。

こうむら・まさひこ　弁護士を経て1980年の衆院選で初当選。小渕内閣と福田内閣などで外相，第1次安倍改造内閣では防衛相。2012年9月から党副総裁。自民，公明両党の「安全保障法制整備に関する与党協議会」の座長として安全保障関連法案をとりまとめた。山口県出身。　（9月4日掲載）

中国の軍事費

防衛省の2015年版防衛白書によると，中国の国防予算は約8869億元（約17兆円）で，同じ年の日本の防衛費（4兆9801億円）の約3.4倍となっている。1989年以降では，世界同時不況が影響した2010年を除き，毎年2けたの伸びを続け，過去27年で約41倍に増えた。このペースが続けば，名目上の規模は5年後に日本の4倍超，10年後に7倍近くに膨らむ。

第5章 語る 安全保障法制

◆安保政策　野党と協議を

細野豪志（民主党政調会長）

——安全保障関連法案の評価は。

　安全保障政策は本来，与野党が対立すべきではないし，国論を二分すべきでもない。

　与野党合意のモデルとすべきは，有事法制だ。小泉内閣が2002年，有事法制を国会提出してきた時，野党内で評価する声はなかった。しかし，小泉首相はこの年の成立を先送りし，与野党で協議する道を選んだ。翌年には我々の意見もかなり取り入れられ，民主党も賛成した。安保政策は，国民的合意を得ながら進めるというのが自民党の考え方だった。

　今回の安全保障関連法案も，その重みを考えれば与野党協議に1年ぐらいかけるべきだ。にもかかわらず，安倍首相は2015年4月の訪米で夏までの法案成立を約束した。野党と協議しようという姿勢はほとんど見られなかった。首相は，12年の自民党の政権復帰以降，民主党代表と一度も党首会談を開いていない。あえて国論を二分することを選んでいるように見える。

　憲法の枠内で，現実的な安全保障上の懸念にどう向き合うかという協議であれば，民主党は対応できた。有事法制の時も党内で大議論があったが，まとまった。

　安倍政権に「民主党を蹴散らして進んでいこう」という状況を許してしまったのは，民主党政権がふがいなかったからという面もあり，そこは責任を感じている。

——安全保障環境が変化したため，法整備が必要という認識は政府と一緒か。

　安保環境が特に大きく変化したのは，日本周辺だ。朝鮮半島情勢は切迫しているし，中国は東シナ海や南シナ海への進出を強めている。だからこそ日本近隣で現実的な対応が可能な法律を作るべきだ。今の政府案では，なぜ集団的自衛権を行使するのかという理由が明らかではない。国際平和支援法案

第5章 (語る)安全保障法制

は，世界中の戦争の後方支援を政府の判断で行えるようにするものだ。後方支援は補給活動が主になる。日本は国際的な問題の解決策として戦争を行わないことが国是だ。あらゆる戦争の後方支援を可能にするのは，国是の撤回と同じではないか。安全保障関連法案は廃案を求めていく。全国的なデモを軽く見るべきではない。

――通常国会は9月27日に会期末を迎えるが，民主党の対案の国会提出は一部にとどまっている。

　我々は，日本の近くの有事には現実的に即座に対応できるよう法整備を進め，日本から遠い地域の有事への関与は抑制的に行い，人道復興支援は積極的に取り組む，という考え方だ。周辺事態法改正案と，9月4日に維新の党と共同提出した領域警備法案は，邦人保護と後方支援を定めている。人道復興支援は，PKO（国連平和維持活動）協力法改正案で対応する。周辺事態法は，朝鮮半島有事を想定してできた法律だ。これを手直しして国際環境の変化に対応させる。国会提出するかどうかは，国会運営上の戦術の判断で決まるが，法案作りに若干時間がかかり過ぎたのも事実だ。

　「安倍政権がやっていることは非常に危ういが，北朝鮮や中国を見ていると，これもかなり危うい」という多くの国民の思いに，我々は応えられる政党になる必要がある。

　　　ほその・ごうし　調査研究機関研究員を経て2000年の衆院選で初当選。民
　　　主党政権では，原発相，環境相などを歴任。12年衆院選の野党転落後，党
　　　幹事長を務め，15年1月から党政調会長。安全保障関連法案の対案の取り
　　　まとめにあたった。滋賀県出身。　　　　　　　　　　　（9月5日掲載）

第5章 語る 安全保障法制

◆主権と自由　力で守る

浅野善治（大東文化大学教授）

――憲法学者の「違憲」発言が，安全保障関連法案の審議に大きく影響した。

　安倍政権が仮に「存立危機」という事態を設けず，「同盟国が攻撃を受けたから，武力行使をしましょう」と，日本に直接危害が及ばないケースも含めて集団的自衛権を認めたならば，憲法違反という議論が出て当然だろう。しかし，関連法案は，極めて限定的な集団的自衛権の行使を認めただけで，なぜこれが「違憲」なのか分からない。

　「武力行使の新3要件」は，自国が危ない時に限っている。何もしなければ，国民の生命や自由，幸福追求の権利が覆されてしまう事態だ。しかも「ほかに手段がない」場合に限定している。武力衝突を招くのは良くないからといって，力で対抗することをやめ，結局主権や自由が奪われてもいいのか。最終手段として力で守らなければいけない状況に備えようというのが今回の法案だ。

　憲法学者に「日本国民をどう守るのか」と問うと，憲法前文を引用し，「諸国民の公正と信義を信頼する」という人がいる。中国や北朝鮮の公正と信義を信頼して日本は進みましょう，というわけだ。尖閣諸島を奪われようが，ミサイルを発射されようが，何も抵抗しないことが，「国際社会で名誉ある地位を占める」という主張だ。政治的な理想の追求と，安全保障や国際政治の政策議論とがかみ合うはずがない。

――憲法9条と集団的自衛権を限定容認した安保法案の関係をどう考えるか。

　9条は，武力行使は自国防衛に限定され，他国を守るためには行使できないという大前提を決めている。法案は，今まで集団的自衛権の範囲だと考えられてきた中に，安全保障環境の変化に伴い，実は自国を守るために必要なものがほかにもあったから，法制化するというものだ。自国を守るため，ど

第 5 章　(語る) 安全保障法制

こまで必要なのかをあてはめて考え，自衛権の範囲を変えたに過ぎない。

「憲法解釈の変更は**立憲主義**に反する」と主張する野党や憲法学者もいるが，憲法を守らなければいけないからこそ，窮屈な形で集団的自衛権行使を限定容認する形になったとも言える。憲法解釈自体は変わっていないと考える。

──関連法案への国民の理解が進んでいないのは事実だ。

他国の領域で集団的自衛権を行使する唯一のケースとして，政府が中東・ホルムズ海峡の機雷掃海を例示したことが，国民の疑問を招いてしまった。本質的な議論を積み上げ，ぎりぎりこういうこともあり得る，という例示にすればよかった。国民の不安を解消し，新3要件は国民の生命・自由・幸福追求の権利が根底から覆されるような場合しか使わないということを理解してもらう努力が，政府・与党には求められる。

一部の野党が，国会の事前承認を一律に義務づける修正を求めているが，こうした議論は大切だ。やむを得ず事前承認ができない場合，防衛出動と同時に国会承認の発議を義務づけたり，衆院が不承認の議決をした場合，内閣への不信任決議が行われたとみなしたりする規定を検討してもいいのではないか。

　　あさの・よしはる　慶應義塾大学卒。1976年に衆議院法制局に入局。法制
　　局第1部副部長などを歴任し，2004年から現職。専門は憲法学，議会法，
　　立法過程論。全国都道府県議会議長会法制執務アドバイザーを務める。東
　　京都出身。　　　　　　　　　　　　　　　　　　　　　　　（9月8日掲載）

立憲主義

　権力者が勝手に権力を行使するのではなく，法に基づき権力は行使されるべきであるという政治の原則。安全保障関連法案の国会審議では，民主党など野党が，憲法解釈を変更し，集団的自衛権行使を限定容認しようとしている安倍内閣を「立憲主義に反する」と批判している。だが，政府は，過去にも安全保障環境の変化などに対応するため憲法解釈を変更してきている。政府は今回の野党の批判に対して「最高裁判決と軌を一にしている」として，立憲主義違反との批判は当たらないと反論している。

巻末資料

巻末資料

安全保障関連法の構成とポイント

法律名	構成	ポイント
平和安全法制整備法（10本の現行法をまとめて改正する一括法）	自衛隊法	首相は集団的自衛権を行使するため、防衛出動を命じることができる。自衛隊と連携して活動する米軍などの防護や、海外でテロなどに巻き込まれた日本人を救出するための武器使用も可能に
	国連平和維持活動（PKO）協力法	国連主体のPKOとは異なる有志連合による人道復興支援や治安維持活動への参加、駆けつけ警護が可能に
	重要影響事態法	周辺事態法を名称変更。日本の平和に重要な影響を及ぼす事態であれば日本周辺に限らず自衛隊による米軍などへの後方支援が可能に
	船舶検査活動法	大量破壊兵器の拡散を防ぐなどの国際的な船舶検査活動への参加が可能に
	武力攻撃・存立危機事態法	武力攻撃事態法を名称変更。集団的自衛権を行使できる「存立危機事態」を新たに規定
	米軍等行動円滑化法	存立危機事態を適用対象に加えるなど一部を改正
	特定公共施設利用法	
	外国軍用品等海上輸送規制法	
	捕虜取り扱い法	
	国家安全保障会議（NSC）設置法	NSCの審議事項として存立危機事態への対処を追加
国際平和支援法（新規立法）	国際平和支援法	時限的な特別措置法などで対応してきた国連決議に基づいて活動する米軍や多国籍軍に対する自衛隊の後方支援が随時可能に

1　安全保障関連法要旨

■平和安全法制整備法

◆自衛隊法

第一　自衛隊法の改正
　一　自衛隊の任務
　防衛出動を命ずることができる事態の追加と周辺事態法の改正に伴い，自衛隊の任務を改める
　二　防衛出動
　1　首相が自衛隊の出動を命ずることができる事態として，日本と密接な関係にある他国に対する武力攻撃が発生し，これにより日本の存立が脅かされ，国民の生命，自由と幸福追求の権利が根底から覆される明白な危険がある事態を追加する
　2　（略）
　三　在外邦人等の保護措置
　1　防衛相は，外相から外国における緊急事態に際して生命または身体に危害が加えられるおそれがある邦人の警護，救出その他の当該邦人の生命または身体の保護のための措置（以下「保護措置」という）を行うことの依頼があった場合において，外相と協議し，首相の承認を得て，部隊等に当該保護措置を行わせることができる
　2　防衛相は，外相から保護することを依頼された外国人その他の当該保護措置と併せて保護を行うことが適当と認められる者の生命または身体の保護のための措置を部隊等に行わせることができる
　3　外国の領域において保護措置を行う職務に従事する自衛官は，やむを得ない必要があると認める相当の理由があるときは，その事態に応じ合理的に必要と判断される限度で武器を使用できる
　四　米国軍隊等の部隊の武器等の防護のための武器の使用
　1　自衛官は，米国の軍隊その他の外国の軍隊その他これに類する組織の部隊であって自衛隊と連携し日本の防衛に資する活動に現に従事しているものの武器等を職務上警護するに当たり，必要であると認める相当の理由がある場合には，合理的に必要と判断される限度で武器を使用できる

2 （略）
五～七 （略）

◆ PKO協力法
第二　国際連合平和維持活動（PKO）協力法の改正
一　協力の対象となる活動及びその態様の追加等
　1　国際平和協力業務の実施または物資協力の対象として新たに国際連携平和安全活動を追加。当該活動の定義について，国際連合の総会，安全保障理事会もしくは経済社会理事会が行う決議等に基づき，紛争当事者間の武力紛争の再発の防止に関する合意の遵守の確保，紛争による混乱に伴う切迫した暴力の脅威からの住民の保護，武力紛争の終了後に行われる民主的な手段による統治組織の設立と再建の援助等を目的として行われる活動であって，2以上の国の連携により実施されるもののうち，次に掲げるものとする
　㈠　武力紛争の停止及びこれを維持するとの紛争当事者間の合意があり，かつ，当該活動が行われる地域の属する国及び紛争当事者の同意がある場合に，いずれの紛争当事者にも偏ることなく実施される活動
　㈡　武力紛争が終了して紛争当事者が当該活動が行われる地域に存在しなくなった場合において，当該活動が行われる地域の属する国の同意がある場合に実施される活動
　㈢　武力紛争がいまだ発生していない場合において，当該活動が行われる地域の属する国の同意がある場合に，武力紛争の発生を未然に防止することを主要な目的として，特定の立場に偏ることなく実施される活動
　2～4　（略）
二　国際平和協力業務の種類の追加
　1　国際平和協力業務の種類として次に掲げる業務を追加する
　㈠　防護を必要とする住民，被災民その他の者の生命，身体と財産に対する危害の防止・抑止その他特定の区域の保安のための監視，駐留，巡回，検問及び警護
　㈡　矯正行政事務に関する助言・指導など
　㈢　立法・司法に関する事務に関する助言・指導
　㈣　国の防衛に関する組織等の設立・再建を援助するための助言・指導・教育訓練に関する業務
　㈤　業務の実施に必要な企画及び立案並びに調整または情報の収集整理

(六)　国際連合平和維持活動，国際連携平和安全活動もしくは人道的な国際救援活動に従事する者またはこれらの活動を支援する者（以下「活動関係者」という）の生命または身体に対する不測の侵害または危難が生じ，または生ずるおそれがある場合に，緊急の要請に対応して行う当該活動関係者の生命と身体の保護
　2, 3　(略)
　三　武器の使用
　1　当該業務に従事する外国の軍隊の部隊の要員が共に宿営するものに対する攻撃があったときは，当該宿営地に所在する者の生命または身体を防護するための措置をとる当該要員と共同して，武器を使用できる
　2　二の1の(一)に掲げる業務に従事する自衛官は，業務を妨害する行為を排除するためやむを得ない必要があると認める相当の理由がある場合には，その事態に応じ合理的に必要と判断される限度で，武器を使用することができる
　3　(略)
　四　その他の措置
　1　国際平和協力本部長は，国際平和協力隊の隊員の安全の確保に配慮しなければならない
　2〜5　(略)
　五　(略)

◆重要影響事態法
　第三　周辺事態法の改正
　一　題名
「重要影響事態法」に改める
　二　目的
　そのまま放置すれば日本に対する直接の武力攻撃に至るおそれのある事態等日本の平和と安全に重要な影響を与える事態（以下「重要影響事態」という）に際し，合衆国軍隊等に対する後方支援活動等を行うことにより，日米安保条約の効果的な運用に寄与することを中核とする重要影響事態に対処する外国との連携を強化する旨を明記する
　三　対応の基本原則
　1　後方支援活動は，現に戦闘行為が行われている現場では実施しないも

巻末資料

のとする
　2　外国の領域における対応措置については，当該外国等の同意がある場合に限り実施される
　　四，五　（略）
　　六　武器の使用
　1　後方支援活動としての自衛隊の役務の提供または捜索救助活動の実施を命ぜられた自衛隊の部隊等の自衛官は，自己または自己と共に現場に所在する他の自衛隊員もしくはその職務を行うに伴い自己の管理の下に入った者の生命または身体を防護するため武器を使用できる
　2　（略）
　　七　（略）
　第四　船舶検査活動法の改正
　　一，二　（略）
　　三　船舶検査活動の実施等
　1　重要影響事態または国際平和共同対処事態における船舶検査活動は，自衛隊の部隊等が実施する
　2, 3　（略）
　　四　武器の使用
　自己または自己と共に現場に所在する他の自衛隊員もしくはその職務を行うに伴い自己の管理の下に入った者の生命または身体を防護するため武器を使用できる
　　五　（略）

◆武力攻撃・存立危機事態法
　第五　武力攻撃事態法の改正
　　一　題名
　「武力攻撃・存立危機事態法」に改める
　　二　目的
　存立危機事態への対処について，基本となる事項を定めることにより，存立危機事態への対処のための態勢を整備する旨を明記する
　　三　定義
　1　「存立危機事態」とは，日本と密接な関係にある他国に対する武力攻撃が発生し，これにより日本の存立が脅かされ，国民の生命，自由と幸福追求

の権利が根底から覆される明白な危険がある事態をいう
　2　（略）
　四，五　（略）
　六　対処基本方針
　1　政府は，存立危機事態に至ったときは，対処基本方針を定める
　2　対処基本方針に定める事項として，対処すべき事態に関する次に掲げる事項を追加する
　㈠　事態の経緯，事態が武力攻撃事態であること，武力攻撃予測事態であることまたは存立危機事態であることの認定及び当該認定の前提となった事実
　㈡　事態が武力攻撃事態または存立危機事態であると認定する場合にあっては，日本の存立を全うし，国民を守るために他に適当な手段がなく，事態に対処するため武力の行使が必要であると認められる理由
　3　（略）
　七　（略）
第六　米軍行動円滑化法の改正（略）
第七　特定公共施設利用法の改正（略）
第八　外国軍用品等海上輸送規制法の改正（略）
第九　捕虜取り扱い法の改正（略）
第十　国家安全保障会議設置法の改正（略）
第十一　施行期日等
　一　公布の日から起算して6月を超えない範囲内において政令で定める日
　二　（略）

■国際平和支援法

第一　目的
　国際社会の平和と安全を脅かす事態であって，その脅威を除去するために国際社会が国際連合憲章の目的に従い共同して対処する活動を行い，かつ，日本が国際社会の一員としてこれに主体的かつ積極的に寄与する必要があるもの（以下「国際平和共同対処事態」という）に際し，当該活動を行う諸外国の軍隊等に対する協力支援活動等を行うことにより，国際社会の平和と安全の確保に資する

第二　基本原則
一　政府は，国際平和共同対処事態に際し，この法律に基づく協力支援活動もしくは捜索救助活動または船舶検査活動（以下「対応措置」という）を適切かつ迅速に実施することにより，国際社会の平和と安全の確保に資するものとする
二　（略）
三　協力支援活動は，現に戦闘行為が行われている現場では実施しない
四　外国の領域における対応措置は，当該外国の同意がある場合に限る
五，六　（略）

第三　定義等
一　次に掲げる用語の意義は，それぞれ次に定めるところによる
1　諸外国の軍隊等　国際社会の平和と安全を脅かす事態に関し，国連の総会または安全保障理事会の決議が存在する場合において，当該事態に対処するための活動を行う外国の軍隊その他これに類する組織
2，3　（略）
二　協力支援活動として行う自衛隊に属する物品の提供と自衛隊による役務の提供は，補給，輸送，修理と整備，医療，通信，空港と港湾業務，基地業務，宿泊，保管，施設の利用，訓練業務並びに建設とする。武器の提供を含まない
三　（略）

第四　基本計画（略）
第五　国会への報告（略）
第六　国会の承認
一　首相は，対応措置の実施前に，基本計画を添えて国会の承認を得なければならない
二　首相から国会の承認を求められた場合は，先議の議院は7日以内に，後議の議院は先議の議院から議案の送付があった後，7日以内に，それぞれ議決するよう努めなければならない
三　首相は，国会の承認を得た日から2年を経過する日を超えて引き続き当該対応措置を行おうとするときは，国会に承認を求めなければならない
四，五　（略）

第七　協力支援活動の実施
一〜四　（略）

五　支援活動を実施している場所もしくはその近傍において戦闘行為が行われるに至った場合もしくは付近の状況等に照らして戦闘行為が行われることが予測される場合または部隊等の安全を確保するため必要と認める場合には，協力支援活動の実施を一時休止しまたは避難するなどして危険を回避
　六　（略）
　第八　捜索救助活動の実施等（略）
　第九　自衛隊の部隊等の安全の確保等
　防衛相は，対応措置の実施に当たっては，その円滑かつ効果的な推進に努めるとともに，自衛隊の部隊等の安全の確保に配慮しなければならない
　第十　関係機関の協力（略）
　第十一　武器の使用
　一　自己または自己と共に現場に所在する他の自衛隊員もしくはその職務を行うに伴い自己の管理の下に入った者の生命または身体の防護のためやむを得ない必要があると認める相当の理由がある場合には，合理的に必要と判断される限度で武器を使用できる
　二～六　（略）
　第十二　物品の譲渡及び無償貸し付け（略）
　第十三　国以外の者による協力等（略）
　第十四　請求権の放棄（略）
　第十五　政令への委任（略）
　第十六　附則
　平和安全法制整備法の施行の日から施行する

■安全保障関連法の付帯決議の要旨

　憲法の下，我が国の戦後70年の平和国家の歩みは不変だった。これを確固たるものとするため，二度と戦争の惨禍を繰り返さないという不戦の誓いを将来にわたって守り続けなければならない。
　その上で，我が国は国連憲章その他の国際法規を順守し，積極的な外交を通じて，平和を守るとともに，国際社会の平和と安全に積極的な役割を果たしていく必要がある。その際，防衛政策の基本方針を堅持し，他国に脅威を与えるような軍事大国とはならないことを改めて確認する。さらに，法制の運用には国会が十全に関与し，国会による民主的統制としての機能を果たす

必要がある。

このような基本的な認識の下，政府は法施行に当たり，次の事項に万全を期すべきである。

　一，存立危機事態の認定に係る新3要件の該当性を判断するに当たっては，第1要件にいう「我が国の存立が脅かされ，国民の生命，自由と幸福追求の権利が根底から覆される明白な危険がある」とは，「国民に我が国が武力攻撃を受けた場合と同様な深刻，重大な被害が及ぶことが明らかな状況」であることにかんがみ，攻撃国の意思，能力，事態の発生場所，その規模，態様，推移などの要素を総合的に考慮して，我が国に対する外部からの武力攻撃が発生する明白な危険など我が国に戦禍が及ぶ蓋然性，国民がこうむることとなる犠牲の深刻性，重大性などから判断することに十分留意しつつ，これを行う。

　存立危機事態の認定は，武力攻撃を受けた国の要請または同意があることを前提とする。重要影響事態において他国を支援する場合には，当該他国の要請を前提とする。

　二，存立危機事態に該当するが，武力攻撃事態等に該当しない例外的な場合における防衛出動の国会承認については，例外なく事前承認を求める。

　現在の安全保障環境を踏まえれば，存立危機事態に該当するような状況は，同時に武力攻撃事態等にも該当することがほとんどで，存立危機事態と武力攻撃事態等が重ならない場合は，極めて例外である。

　三，自衛隊の活動については，国会による民主的統制を確保するものとし，重要影響事態においては国民の生死に関わる極めて限定的な場合を除いて国会の事前承認を求める。国連平和維持活動（PKO）派遣において，駆け付け警護を行った場合には，速やかに国会に報告する。

　四，自衛隊の活動について，国会がその承認をするに当たって国会がその期間を限定した場合において，当該期間を超えて引き続き活動を行おうとするときは，改めて国会の承認を求める。

　政府が国会承認を求めるに当たっては，情報開示と丁寧な説明をする。当該自衛隊の活動の終了後において，法律に定められた国会報告を行うに際し，当該活動に対する国内外，現地の評価も含めて，丁寧に説明する。当該自衛隊の活動について180日ごとに国会に報告を行う。

　五，国会が自衛隊の活動の終了を決議したときには，法律に規定がある場合と同様，政府はこれを尊重し，速やかにその終了措置をとる。

1　安全保障関連法要旨

　六，国際平和支援法と重要影響事態法の「実施区域」については，現地の状況を適切に考慮し，自衛隊が安全かつ円滑に活動できるよう，自衛隊の部隊等が現実に活動を行う期間について戦闘行為が発生しないと見込まれる場所を指定する。

　七，「弾薬の提供」は，緊急の必要性が極めて高い状況下にのみ想定されるものであり，拳銃，小銃，機関銃などの他国部隊の要員等の生命・身体を保護するために使用される弾薬の提供に限る。

　八，我が国が非核三原則を堅持し，NPT（核拡散防止条約），生物兵器禁止条約，化学兵器禁止条約等を批准していることにかんがみ，核兵器，生物兵器，化学兵器といった大量破壊兵器や，クラスター弾，劣化ウラン弾の輸送は行わない。

　九，自衛隊の活動の継続中と活動終了後において，常時監視と事後検証のため，適時適切に所管の委員会等で審査を行う。さらに，自衛隊の活動に対する常時監視と事後検証のための国会の組織の在り方，重要影響事態とPKO派遣の国会関与の強化については，法成立後，各党間で検討を行い，結論を得る。

　右決議する。

巻末資料

2 安保関連法案の閣議決定時の安倍晋三首相記者会見（2015年5月14日）

【冒頭発言】

　70年前，私たち日本人は一つの誓いを立てた。二度と戦争の惨禍を繰り返してはならない。この不戦の誓いを将来にわたって守り続けていく。国民の命と平和な暮らしを守り抜く。この決意のもと，本日，日本と世界の平和と安全を確かなものとするための平和安全法制を閣議決定した。

　一国のみで，どの国も自国の安全を守ることはできない時代だ。この2年，アルジェリア，シリア，チュニジアで日本人がテロの犠牲になった。北朝鮮の数百発もの弾道ミサイルは，日本の大半を射程に入れている。そのミサイルに搭載できる核兵器の開発も深刻さを増している。

　我が国に近づいてくる国籍不明の航空機に対する自衛隊機のスクランブル（緊急発進）の回数は，10年前と比べて実に7倍に増えている。私たちは，この厳しい現実から目を背けることはできない。

　私は，近隣諸国との対話を通じた外交努力を重視している。首相就任以来，地球儀を俯瞰する視点で積極的な外交を展開してきた。いかなる紛争も武力や威嚇ではなく国際法に基づいて平和的に解決すべきだ。この原則を私は国際社会で繰り返し主張し，多くの国々から賛同を得た。

　同時に，万が一への備えも怠ってはならない。そのため，我が国の安全保障の基軸である日米同盟の強化に努めてきた。（4月下旬の）米国訪問で，日米の絆はかつてないほどに強くなっている。日本が攻撃を受ければ，米軍は日本を防衛するために力を尽くしてくれる。安保条約の義務を全うするため，日本近海で適時，適切に警戒監視の任務にあたっている。

　その任務に当たる米軍が攻撃を受けても，私たちは日本自身への攻撃がなければ何もできない，何もしない。これがこれまでの日本の立場だった。本当にこれで良いのだろうか。日本近海で米軍が攻撃される状況では，私たちにも危険が及びかねない。

　私たちの命や平和な暮らしが明白な危険にさらされている。そして，その危機を排除するため，他に適当な手段がない，なおかつ必要最小限の範囲を超えてはならない。この3要件による厳格な歯止めを法律案の中にしっかり定めた。国会の承認が必要となることは言うまでもない。

2　安保関連法案の閣議決定時の安倍晋三首相記者会見（2015年5月14日）

　極めて限定的に集団的自衛権を行使できることにした。それでもなお，「米国の戦争に巻き込まれるのではないか」という漠然とした不安を持つ人もいるかもしれない。その不安を持つ人に，はっきりと申し上げる。そのようなことは絶対にあり得ない。

　日本が危険にさらされた時は，日米同盟は完全に機能する。そのことを世界に発信することにより，抑止力はさらに高まり，日本が攻撃を受ける可能性は一層なくなっていく。「戦争法案」などといった無責任なレッテル貼りは，まったくの誤りだ。

　日本人の命と平和な暮らしを守るため，あらゆる事態を想定し，切れ目のない備えを行うのが今回の法案だ。海外派兵が許されないという原則は変わらない。自衛隊が，かつての湾岸戦争，イラク戦争のような戦闘に参加することは今後とも決してない。そのことも明確にしておきたい。

　海外で自衛隊は原油輸送の大動脈，ペルシャ湾の機雷掃海を皮切りに，20年以上にわたり国際協力活動に従事してきた。いまも灼熱（しゃくねつ）のアフリカで，独立したばかりの南スーダンを応援している。これまでの自衛隊の活動は間違いなく世界の平和に貢献している。こうした素晴らしい実績と経験の上にPKO協力法を改正し，新たに国際平和支援法を整備することとした。

　国際貢献の幅をいっそう広げていく。しかし，いずれの活動でも，武力の行使は決して行わない。紛争予防や人道復興支援，燃料や食糧の補給など，我が国が得意とする分野で，国際社会と手を携えていく。

　戦後日本は平和国家としての道をまっすぐに歩んできた。これまでの歩みに私たちは胸を張るべきだ。しかし，それは，「平和，平和」と，ただ言葉を唱えるだけで実現したものではない。自衛隊の創設，日米安保条約の改定，国際平和協力活動への参加。時代の変化に対応して，平和への願いを行動へと移してきた先人たちの努力の結果だと，私はそう確信している。

　行動を起こせば批判が伴う。安保条約を改定した時にも，PKO協力法を制定した時にも，必ずと言っていいほど，「戦争に巻き込まれる」といった批判が噴出した。しかし，そうした批判が的はずれなものであったことは，これまでの歴史が証明している。

　私たちは，先の大戦の深い反省とともに，70年もの間，不戦の誓いをひたすらに守ってきた。そして，これからも，私たち日本人の誰一人として，戦争など望んでいない。そのことに疑いの余地はない。

巻末資料

　私たちは，自信を持つべきだ。時代の変化から目を背け，立ち止まるのはもうやめよう。子供たちに平和な日本を引き継ぐため，自信を持って，前に進もうではないか。日本と世界の平和のため，私はその先頭に立ち，国民と新たな時代を切り開いていく覚悟だ。

【質　　疑】

　──報道各社の世論調査では慎重論が根強い。国民にどう説明するか。
　国民の命と平和な暮らしを守ることは，政府の最も重要な責務だ。我が国を取り巻く安全保障環境が厳しさを増す中，国民の命と平和な暮らしを守るため，あらゆる事態を想定し，切れ目のない備えを行う。平和安全法制の整備は不可欠だと確信している。(現行法制は)国民の命と平和な暮らしを守り抜く上で，十分な法制となっていないのが現状だ。分かりやすく丁寧に，必要な法整備であるということを(国会での)審議を通じて説明したい。
　米議会の上下両院の合同会議の演説では，平和安全法制の成立を「この夏までに」と言ったが，2012年の衆院選以来，私は自民党総裁として，平和安全法制の整備を公約として掲げている。(昨年12月の)衆院選でも，国民の審判を受けた。選挙で公約せず，実行するのとは全く違う。今まで言ったことを米議会の演説で，さらに繰り返し述べたということだ。
　しかし，国会審議はこれからであり，政府としては審議を通じて，平和安全法制が必要だと理解してもらえるよう努力したい。
　──法案成立後，直ちに自衛隊が参加を検討している活動はあるか。
　この法案が整備されたから，(自衛隊が)どこかに行くというものではない。ISIL(イスラム過激派組織「イスラム国」)に関し，我々が後方支援することはない。今まで行っている難民や避難民に対する食糧支援や医療支援などは大変感謝されている。こうした非軍事的な活動を引き続き行っていく。
　──自衛隊の活動を拡大することによるリスクはないのか。
　自衛隊の活動で，隊員の安全を確保すべきであるのは当然だ。自衛隊員は自ら志願し，危険を顧みず，職務を完遂することを宣誓したプロフェッショナルとして，誇りを持って仕事にあたっている。厳しい訓練を繰り返し行うことで，危険な任務遂行のリスクを可能な限り軽減してきた。それは，今後も変わることがない。
　──首相が言う「厳しい国際情勢」とは具体的にどういう点か。なぜ今，

2　安保関連法案の閣議決定時の安倍晋三首相記者会見（2015年5月14日）

安保法制が必要なのか。

　日本を取り巻く安全保障環境は一層厳しさを増している。北朝鮮の弾道ミサイルは日本の大半を射程に入れている。北朝鮮の行動については，予測するのが難しいのが実態だ。

　脅威は国境を簡単に越えてくるという状況の中においては，切れ目のない対応が必要になってくる。日本は米国と日米安保条約で結ばれている。同盟関係がしっかりとしているということが，抑止力，事前に事態が起こることを防ぐことにつながっていく。

　同盟にスキがあり，日米間の連携が十分にできていないと思われることによって，攻撃を受ける危険性は増していく。地域の不安定な要素となっていく可能性もある。そうした可能性をあらかじめしっかりと潰しておく必要がある。

　今回の法整備では，集団的自衛権の一部行使を限定的に認めていくことからグレーゾーンに至るまで，しっかりとした整備を行っていく。その結果として，日本が紛争に巻き込まれることも，日本が攻撃を受けることも，リスクとしては減少していくと考えている。

　——**安倍内閣で防衛費が増加しているが，どのように考えるか。**

　日本の防衛費はずっと減少してきたが，安全保障環境は逆に厳しさを増している。これまで減ってきた防衛費を（第2次）安倍政権で増やしたが，消費税が上がった分を除けば（増加分は）0.8％だ。この法制によって，防衛費自体が増えていく，あるいは減っていくということはない。第1次安倍政権時代に，防衛庁を防衛省に昇格させた時も同じ質問を受けたが，防衛費は減少した。

巻末資料

3　集団的自衛権に関する憲法解釈変更時の閣議決定の全文 (2014年7月1日)

■ 国の存立を全うし，国民を守るための切れ目のない安全保障法制の整備について

　我が国は，戦後一貫して日本国憲法の下で平和国家として歩んできた。専守防衛に徹し，他国に脅威を与えるような軍事大国とはならず，非核三原則を守るとの基本方針を堅持しつつ，国民の営々とした努力により経済大国として栄え，安定して豊かな国民生活を築いてきた。また，我が国は，平和国家としての立場から，国際連合憲章を遵守(じゅんしゅ)しながら，国際社会や国連を始めとする国際機関と連携し，それらの活動に積極的に寄与している。こうした我が国の平和国家としての歩みは，国際社会において高い評価と尊敬を勝ち得てきており，これをより確固たるものにしなければならない。

　一方，日本国憲法の施行から67年となる今日までの間に，我が国を取り巻く安全保障環境は根本的に変容するとともに，更に変化し続け，我が国は複雑かつ重大な国家安全保障上の課題に直面している。国連憲章が理想として掲げたいわゆる正規の「国連軍」は実現のめどが立っていないことに加え，冷戦終結後の四半世紀だけをとっても，グローバルなパワーバランスの変化，技術革新の急速な進展，大量破壊兵器や弾道ミサイルの開発及び拡散，国際テロなどの脅威により，アジア太平洋地域において問題や緊張が生み出されるとともに，脅威が世界のどの地域において発生しても，我が国の安全保障に直接的な影響を及ぼし得る状況になっている。さらに，近年では，海洋，宇宙空間，サイバー空間に対する自由なアクセス及びその活用を妨げるリスクが拡散し深刻化している。もはや，どの国も一国のみで平和を守ることはできず，国際社会もまた，我が国がその国力にふさわしい形で一層積極的な役割を果たすことを期待している。

　政府の最も重要な責務は，我が国の平和と安全を維持し，その存立を全うするとともに，国民の命を守ることである。我が国を取り巻く安全保障環境の変化に対応し，政府としての責務を果たすためには，まず，十分な体制をもって力強い外交を推進することにより，安定しかつ見通しがつきやすい国際環境を創出し，脅威の出現を未然に防ぐとともに，国際法にのっとって行

3 集団的自衛権に関する憲法解釈変更時の閣議決定の全文（2014年7月1日）

動し，法の支配を重視することにより，紛争の平和的な解決を図らなければならない。

　さらに，我が国自身の防衛力を適切に整備，維持，運用し，同盟国である米国との相互協力を強化するとともに，域内外のパートナーとの信頼及び協力関係を深めることが重要である。特に，我が国の安全及びアジア太平洋地域の平和と安定のために，日米安全保障体制の実効性を一層高め，日米同盟の抑止力を向上させることにより，武力紛争を未然に回避し，我が国に脅威が及ぶことを防止することが必要不可欠である。その上で，いかなる事態においても国民の命と平和な暮らしを断固として守り抜くとともに，国際協調主義に基づく「積極的平和主義」の下，国際社会の平和と安定にこれまで以上に積極的に貢献するためには，切れ目のない対応を可能とする国内法制を整備しなければならない。

5月15日に「安全保障の法的基盤の再構築に関する懇談会」から報告書が提出され，同日に安倍内閣総理大臣が記者会見で表明した基本的方向性に基づき，これまで与党において協議を重ね，政府としても検討を進めてきた。今般，与党協議の結果に基づき，政府として，以下の基本方針に従って，国民の命と平和な暮らしを守り抜くために必要な国内法制を速やかに整備することとする。

1　武力攻撃に至らない侵害への対処

　(1)　我が国を取り巻く安全保障環境が厳しさを増していることを考慮すれば，純然たる平時でも有事でもない事態が生じやすく，これにより更に重大な事態に至りかねないリスクを有している。こうした武力攻撃に至らない侵害に際し，警察機関と自衛隊を含む関係機関が基本的な役割分担を前提として，より緊密に協力し，いかなる不法行為に対しても切れ目のない十分な対応を確保するための態勢を整備することが一層重要な課題となっている。

　(2)　具体的には，こうした様々な不法行為に対処するため，警察や海上保安庁などの関係機関が，それぞれの任務と権限に応じて緊密に協力して対応するとの基本方針の下，おのおのの対応能力を向上させ，情報共有を含む連携を強化し，具体的な対応要領の検討や整備を行い，命令発出手続きを迅速化するとともに，各種の演習や訓練を充実させるなど，各般の分野における必要な取り組みを一層強化することとする。

　(3)　このうち，手続きの迅速化については，離島の周辺地域等において外

245

巻末資料

安保法制懇の動きと東アジア安全保障環境の変化

2007年 5月18日	第1次安倍政権の下、安保法制懇の初会合	
08年 6月24日	安保法制懇が集団的自衛権の行使容認を盛り込んだ報告書を福田首相に提出。そのまま、たなざらしに	
12月8日	中国の海洋調査船2隻が沖縄県・尖閣諸島の魚釣島南東の日本領海に侵入	
09年 4月5日	北朝鮮が「人工衛星」として弾道ミサイルを発射。ミサイルは日本上空を通過	
5月25日	北朝鮮が2006年10月以来となる2回目の核実験	
10年 3月26日	韓国海軍哨戒艦「天安」が北朝鮮潜水艦の魚雷攻撃を受け、黄海で翌日に沈没	
9月7日	尖閣諸島沖で中国漁船が海上保安庁巡視船に体当たり。以後、中国公船が同諸島沖を断続的に徘徊＝写真①、②	
11月23日	北朝鮮が韓国北西部・延坪島を砲撃	
12年 9月11日	日本政府が尖閣諸島のうち3島を購入・国有化	
25日	中国初の空母「遼寧」が正式就役＝③	
12月12日	北朝鮮が「人工衛星」として長距離弾道ミサイル発射＝④	
13日	中国機が尖閣諸島・魚釣島近くの日本領空を初めて侵犯	
13年 1月30日	東シナ海を警戒監視中の海上自衛隊護衛艦に、中国海軍艦艇が射撃のための火器管制用レーダーを照射	
2月8日	第2次安倍政権の下、安保法制懇が5年ぶりに議論再開＝⑤	
12日	北朝鮮が3回目の核実験	
7月24日	中国軍機が沖縄本島と宮古島間の公海上を往復。中国軍機の太平洋進出は初めて＝⑥	
9月8～9日	中国軍の爆撃機が沖縄本島と宮古島の間を通過して初めて太平洋に進出	
17日	安保法制懇第2回会合。法制が不備となっている安全保障上の具体例について議論	
10月16日	安保法制懇第3回会合。現行の憲法解釈では支障が出る恐れのある5事例について議論	
11月13日	安保法制懇第4回会合。礒崎陽輔首相補佐官が集団的自衛権行使に関する憲法解釈見直し試案を提示	
23日	中国が尖閣諸島上空を含む東シナ海に防空識別圏を設定	
12月17日	安保法制懇第5回会合。国連平和維持活動（PKO）での武器使用などを議論	
14年2月4日	安保法制懇第6回会合。武力攻撃に至らないグレーゾーン事態への対応を議論	
4月24日	オバマ米大統領が日米首脳会談後の共同記者会見で、尖閣諸島は日米安保条約5条の適用対象だと明言	
5月上旬	南シナ海のパラセル（西沙）諸島周辺で、中国とベトナムの艦船が衝突	

（ユーチューブから）①
②
（ロイター）③
（AP）④
⑤
⑥
（防衛省統合幕僚監部提供）

246

3 集団的自衛権に関する憲法解釈変更時の閣議決定の全文（2014年7月1日）

部から武力攻撃に至らない侵害が発生し，近傍に警察力が存在しない場合や警察機関が直ちに対応できない場合（武装集団の所持する武器等のために対応できない場合を含む）の対応において，治安出動や海上における警備行動を発令するための関連規定の適用関係についてあらかじめ十分に検討し，関係機関において共通の認識を確立しておくとともに，手続きを経ている間に，不法行為による被害が拡大することがないよう，状況に応じた早期の下令や手続きの迅速化のための方策について具体的に検討することとする。

(4) さらに，我が国の防衛に資する活動に現に従事する米軍部隊に対して攻撃が発生し，それが状況によっては武力攻撃にまで拡大していくような事態においても，自衛隊と米軍が緊密に連携して切れ目のない対応をすることが，我が国の安全の確保にとっても重要である。自衛隊と米軍部隊が連携して行う平素からの各種活動に際して，米軍部隊に対して武力攻撃に至らない侵害が発生した場合を想定し，自衛隊法95条による武器等防護のための「武器の使用」の考え方を参考にしつつ，自衛隊と連携して我が国の防衛に資する活動（共同訓練を含む）に現に従事している米軍部隊の武器等であれば，米国の要請または同意があることを前提に，当該武器等を防護するための自衛隊法95条によるものと同様の極めて受動的かつ限定的な必要最小限の「武器の使用」を自衛隊が行うことができるよう，法整備をすることとする。

2 国際社会の平和と安定への一層の貢献
 (1) いわゆる後方支援と「武力の行使との一体化」
 ア いわゆる後方支援と言われる支援活動それ自体は，「武力の行使」に当たらない活動である。例えば，国際の平和及び安全が脅かされ，国際社会が国連安全保障理事会決議に基づいて一致団結して対応するようなときに，我が国が当該決議に基づき正当な「武力の行使」を行う他国軍隊に対してこうした支援活動を行うことが必要な場合がある。一方，憲法9条との関係で，我が国による支援活動については，他国の「武力の行使と一体化」することにより，我が国自身が憲法の下で認められない「武力の行使」を行ったとの法的評価を受けることがないよう，これまでの法律においては，活動の地域を「後方地域」や，いわゆる「非戦闘地域」に限定するなどの法律上の枠組みを設定し，「武力の行使との一体化」の問題が生じないようにしてきた。
 イ こうした法律上の枠組みの下でも，自衛隊は，各種の支援活動を着実

に積み重ね，我が国に対する期待と信頼は高まっている。安全保障環境が更に大きく変化する中で，国際協調主義に基づく「積極的平和主義」の立場から，国際社会の平和と安定のために，自衛隊が幅広い支援活動で十分に役割を果たすことができるようにすることが必要である。また，このような活動をこれまで以上に支障なくできるようにすることは，我が国の平和及び安全の確保の観点からも極めて重要である。

ウ 政府としては，いわゆる「武力の行使との一体化」論それ自体は前提とした上で，その議論の積み重ねを踏まえつつ，これまでの自衛隊の活動の実経験，国連の集団安全保障措置の実態等を勘案して，従来の「後方地域」あるいはいわゆる「非戦闘地域」といった自衛隊が活動する範囲をおよそ一体化の問題が生じない地域に一律に区切る枠組みではなく，他国が「現に戦闘行為を行っている現場」ではない場所で実施する補給，輸送などの我が国の支援活動については，当該他国の「武力の行使と一体化」するものではないという認識を基本とした以下の考え方に立って，我が国の安全の確保や国際社会の平和と安定のために活動する他国軍隊に対して，必要な支援活動を実施できるようにするための法整備を進めることとする。

(ア) 我が国の支援対象となる他国軍隊が「現に戦闘行為を行っている現場」では，支援活動は実施しない。

(イ) 仮に，状況変化により，我が国が支援活動を実施している場所が「現に戦闘行為を行っている現場」となる場合には，直ちにそこで実施している支援活動を休止または中断する。

(2) 国際的な平和協力活動に伴う武器使用

ア 我が国は，これまで必要な法整備を行い，過去20年以上にわたり，国際的な平和協力活動を実施してきた。その中で，いわゆる「駆けつけ警護」に伴う武器使用や「任務遂行のための武器使用」については，これを「国家または国家に準ずる組織」に対して行った場合には，憲法9条が禁ずる「武力の行使」に該当するおそれがあることから，国際的な平和協力活動に従事する自衛官の武器使用権限はいわゆる自己保存型と武器等防護に限定してきた。

イ 我が国としては，国際協調主義に基づく「積極的平和主義」の立場から，国際社会の平和と安定のために一層取り組んでいく必要があり，そのために，国連平和維持活動（PKO）などの国際的な平和協力活動に十分かつ積極的に参加できることが重要である。また，自国領域内に所在する外国人の

3 集団的自衛権に関する憲法解釈変更時の閣議決定の全文（2014年7月1日）

保護は，国際法上，当該領域国の義務であるが，多くの日本人が海外で活躍し，テロなどの緊急事態に巻き込まれる可能性がある中で，当該領域国の受け入れ同意がある場合には，武器使用を伴う在外邦人の救出についても対応できるようにする必要がある。

　ウ　以上を踏まえ，我が国として，「国家または国家に準ずる組織」が敵対するものとして登場しないことを確保した上で，国連平和維持活動などの「武力の行使」を伴わない国際的な平和協力活動におけるいわゆる「駆けつけ警護」に伴う武器使用及び「任務遂行のための武器使用」のほか，領域国の同意に基づく邦人救出などの「武力の行使」を伴わない警察的な活動ができるよう，以下の考え方を基本として，法整備を進めることとする。

　(ｱ)　国連平和維持活動等については，PKO参加5原則の枠組みの下で，「当該活動が行われる地域の属する国の同意」及び「紛争当事者の当該活動が行われることについての同意」が必要とされており，受け入れ同意をしている紛争当事者以外の「国家に準ずる組織」が敵対するものとして登場することは基本的にないと考えられる。このことは，過去20年以上にわたる我が国の国連平和維持活動等の経験からも裏付けられる。近年の国連平和維持活動において重要な任務と位置付けられている住民保護などの治安の維持を任務とする場合を含め，任務の遂行に際して，自己保存及び武器等防護を超える武器使用が見込まれる場合には，特に，その活動の性格上，紛争当事者の受け入れ同意が安定的に維持されていることが必要である。

　(ｲ)　自衛隊の部隊が，領域国政府の同意に基づき，当該領域国における邦人救出などの「武力の行使」を伴わない警察的な活動を行う場合には，領域国政府の同意が及ぶ範囲，すなわち，その領域において権力が維持されている範囲で活動することは当然であり，これは，その範囲においては「国家に準ずる組織」は存在していないということを意味する。

　(ｳ)　受け入れ同意が安定的に維持されているかや領域国政府の同意が及ぶ範囲等については，国家安全保障会議における審議等に基づき，内閣として判断する。

　(ｴ)　なお，これらの活動における武器使用については，警察比例の原則に類似した厳格な比例原則が働くという内在的制約がある。

3　憲法9条の下で許容される自衛の措置

　(1)　我が国を取り巻く安全保障環境の変化に対応し，いかなる事態におい

249

ても国民の命と平和な暮らしを守り抜くためには，これまでの憲法解釈のままでは必ずしも十分な対応ができないおそれがあることから，いかなる解釈が適切か検討してきた。その際，政府の憲法解釈には論理的整合性と法的安定性が求められる。したがって，従来の政府見解における憲法9条の解釈の基本的な論理の枠内で，国民の命と平和な暮らしを守り抜くための論理的な帰結を導く必要がある。

(2) 憲法9条はその文言からすると，国際関係における「武力の行使」を一切禁じているように見えるが，憲法前文で確認している「国民の平和的生存権」や憲法13条が「生命，自由及び幸福追求に対する国民の権利」は国政の上で最大の尊重を必要とする旨定めている趣旨を踏まえて考えると，憲法9条が，我が国が自国の平和と安全を維持し，その存立を全うするために必要な自衛の措置を採ることを禁じているとは到底解されない。一方，この自衛の措置は，あくまで外国の武力攻撃によって国民の生命，自由及び幸福追求の権利が根底から覆されるという急迫，不正の事態に対処し，国民のこれらの権利を守るためのやむを得ない措置として初めて容認されるものであり，そのための必要最小限度の「武力の行使」は許容される。これが，憲法9条の下で例外的に許容される「武力の行使」について，従来から政府が一貫して表明してきた見解の根幹，いわば基本的な論理であり，1972年10月14日に参院決算委員会に対し政府から提出された資料「集団的自衛権と憲法との関係」に明確に示されているところである。

この基本的な論理は，憲法9条の下では今後とも維持されなければならない。

(3) これまで政府は，この基本的な論理の下，「武力の行使」が許容されるのは，我が国に対する武力攻撃が発生した場合に限られると考えてきた。しかし，冒頭で述べたように，パワーバランスの変化や技術革新の急速な進展，大量破壊兵器などの脅威等により我が国を取り巻く安全保障環境が根本的に変容し，変化し続けている状況を踏まえれば，今後他国に対して発生する武力攻撃であったとしても，その目的，規模，態様等によっては，我が国の存立を脅かすことも現実に起こり得る。

我が国としては，紛争が生じた場合にはこれを平和的に解決するために最大限の外交努力を尽くすとともに，これまでの憲法解釈に基づいて整備されてきた既存の国内法令による対応や当該憲法解釈の枠内で可能な法整備などあらゆる必要な対応を採ることは当然であるが，それでもなお我が国の存立

3 集団的自衛権に関する憲法解釈変更時の閣議決定の全文（2014年7月1日）

を全うし，国民を守るために万全を期す必要がある。
　こうした問題意識の下に，現在の安全保障環境に照らして慎重に検討した結果，我が国に対する武力攻撃が発生した場合のみならず，我が国と密接な関係にある他国に対する武力攻撃が発生し，これにより我が国の存立が脅かされ，国民の生命，自由及び幸福追求の権利が根底から覆される明白な危険がある場合において，これを排除し，我が国の存立を全うし，国民を守るために他に適当な手段がないときに，必要最小限度の実力を行使することは，従来の政府見解の基本的な論理に基づく自衛のための措置として，憲法上許容されると考えるべきであると判断するに至った。
　(4)　我が国による「武力の行使」が国際法を遵守して行われることは当然であるが，国際法上の根拠と憲法解釈は区別して理解する必要がある。憲法上許容される上記の「武力の行使」は，国際法上は，集団的自衛権が根拠となる場合がある。この「武力の行使」には，他国に対する武力攻撃が発生した場合を契機とするものが含まれるが，憲法上は，あくまでも我が国の存立を全うし，国民を守るため，すなわち，我が国を防衛するためのやむを得ない自衛の措置として初めて許容されるものである。
　(5)　また，憲法上「武力の行使」が許容されるとしても，それが国民の命と平和な暮らしを守るためのものである以上，民主的統制の確保が求められることは当然である。政府としては，我が国ではなく他国に対して武力攻撃が発生した場合に，憲法上許容される「武力の行使」を行うために自衛隊に出動を命ずるに際しては，現行法令に規定する防衛出動に関する手続きと同様，原則として事前に国会の承認を求めることを法案に明記することとする。

4　今後の国内法整備の進め方

　これらの活動を自衛隊が実施するに当たっては，国家安全保障会議における審議等に基づき，内閣として決定を行うこととする。こうした手続きを含めて，実際に自衛隊が活動を実施できるようにするためには，根拠となる国内法が必要となる。政府として，以上述べた基本方針の下，国民の命と平和な暮らしを守り抜くために，あらゆる事態に切れ目のない対応を可能とする法案の作成作業を開始することとし，十分な検討を行い，準備ができ次第，国会に提出し，国会におけるご審議を頂くこととする。

4 集団的自衛権の限定行使容認の閣議決定時の安倍首相記者会見（2014年7月1日）

【冒頭発言】

　いかなる事態にあっても国民の命と平和な暮らしは守り抜いていく。首相である私にはその大きな責任がある。その覚悟のもと，本日，新しい安全保障法制の整備のための基本方針を閣議決定した。自民党，公明党の連立与党が濃密な協議を積み重ねてきた結果だ。協議に携わってきたすべての方々の高い使命感と責任感に心から敬意を表する。

　「集団的自衛権が現行憲法の下で認められるのか」。そうした抽象的，観念的な議論ではない。現実に起こり得る事態において，国民の命と平和な暮らしを守るため，現行憲法のもとで何をなすべきかという議論だ。

　例えば，海外で突然紛争が発生し，そこから逃げようとする日本人を，同盟国であり能力を有する米国が救助，輸送している時に，日本近海で攻撃を受けるかもしれない。我が国自身への攻撃ではない。しかしそれでも，日本人の命を守るため，自衛隊が米国の船を守るようにするのが，今回の閣議決定だ。

　人々の幸せを願って作られた日本国憲法が，こうした時に，国民の命を守る責任を放棄せよと言っているとは私にはどうしても思えない。この思いを与党の皆さんと共有し，決定した。

　ただし仮に，そうした行動をとる場合であっても，それは他に手段がないときに限られ，かつ必要最小限度でなければならない。現行の憲法解釈の基本的考え方は，今回の閣議決定においても何ら変わることはない。

　海外派兵は一般に許されないという従来からの原則も，全く変わらない。自衛隊がかつての湾岸戦争やイラク戦争での戦闘に参加するようなことは，これからも決してない。

　外国を守るために日本が戦争に巻き込まれるという誤解がある。しかし，そのようなこともあり得ない。日本国憲法が許すのは，あくまで我が国の存立を全うし，国民を守るための自衛の措置だけだ。外国の防衛それ自体を目的とする武力行使は今後とも行わない。むしろ，万全の備えをすること自体が，日本に戦争を仕掛けようとするたくらみをくじく大きな力を持っている。これが抑止力だ。

4 集団的自衛権の限定行使容認の閣議決定時の安倍首相記者会見（2014年7月1日）

　今回の閣議決定で，日本が戦争に巻き込まれるおそれは，一層なくなっていくと考えている。

　日本が再び戦争をする国になるということは断じてあり得ない。今一度そのことをはっきりと申し上げたい。二度と戦争の惨禍を繰り返してはならない，その痛切な反省のもとに，我が国は戦後70年近く一貫して平和国家としての道を歩んできた。しかしそれは，平和国家という言葉を唱えるだけで実現したものではない。自衛隊の創設，日米安全保障条約の改定，そしてPKO（国連平和維持活動）への参加。国際社会の変化と向き合い，果敢に行動してきた先人たちの努力の結果だと考える。

　憲法制定当初，我が国は自衛権の発動としての戦争も放棄した，という議論があった。しかし吉田首相は東西冷戦が激しさを増すと，自らの手で自衛隊を創設した。その後の自衛隊が，国民の命と暮らしを守るため，いかに大きな役割を果たしてきたかは言うまでもない。

　1960年には日米安保条約を改定した。当時，戦争に巻き込まれる，という批判が随分あった。まさに批判の中心は，その論点であったと言ってもいい。強化された日米同盟は，抑止力として長年にわたって日本とこの地域の平和に大きく貢献してきた。冷戦が終結し，地域紛争が多発する中，PKOへの自衛隊の参加に道を開いた。当時も，戦争への道だと批判された。しかしカンボジアで，モザンビークで，そして南スーダンで，自衛隊の活動は世界の平和に大きく貢献し，感謝され，高く評価されている。

　これまでも私たち日本人は，時代の変化に対応しながら，憲法が掲げる平和主義の理念のもとで最善を尽くし，外交・安全保障政策の見直しを行ってきた。決断には批判が伴う。しかし，批判を恐れず，私たちの平和への願いを責任ある行動に移してきたことが，平和国家日本を作り上げてきた，そのことは間違いない。

　平和国家としての日本の歩みは，これからも決して変わることはない。むしろ，その歩みをさらに力強いものとする。そのための決断こそが，今回の閣議決定だ。

　日本を取り巻く世界情勢は一層厳しさを増している。あらゆる事態を想定して，国民の命と暮らしを守るため，切れ目のない安全保障法制を整備する必要がある。もとより，そうした事態が起きないのが最善であることは言うまでもない。だからこそ，世界の平和と安定のため，日本はこれまで以上に貢献していく。

さらに、いかなる紛争も力ではなく、国際法に基づき外交的に解決すべきだ。私は法の支配の重要性を国際社会に対して繰り返し訴えてきた。その上での万が一の備えだ。そしてこの備えこそが、万が一を起こさないようにする大きな力になると考える。

　今回の閣議決定を踏まえ、関連法案の作成チームを立ち上げ、国民の命と平和な暮らしを守るため、ただちに作業を開始したいと考える。十分な検討を行い、準備ができ次第、国会に法案を提出し、ご審議いただきたい。

　私たちの平和は、人から与えられるものではない。私たち自身で築き上げるほかに道はない。私は今後も丁寧に説明を行いながら、国民の皆様の理解を得る努力を続けていく。そして、国民の皆様と共に前に進んでいきたいと考えている。

【質疑応答】

　――時の政権の判断で拡大解釈でき、明確な「歯止め」にならないとの指摘があるが、どう考えるか。また、自衛隊員が戦闘に巻き込まれ、血を流す可能性がこれまで以上に高まる可能性も指摘されているが、どう考えるか。

　今回の新3要件も、今までの3要件と基本的な考え方はほとんど同じと言っていい。そしてそれが武力行使の条件であったわけだが、今回、新3要件としたところで、基本的な考え方はほとんど変わっていない、表現もほとんど変わっていないと言ってもいい。

　今回の閣議決定は、現実に起こりえる事態において、国民の命と平和な暮らしを守ることを目的としたものだ。武力行使が許されるのは、自衛のための必要最小限度でなければならない。このような従来の憲法解釈の基本的な考え方は、何ら変わるところではない。従って憲法の規範性を何ら変更するものではなく、新3要件は憲法上の明確な歯止めとなっている。

　また、この閣議決定で、集団的自衛権が行使できるようになるわけではない。国内法の整備が必要であり、改めて国会のご審議を頂くことになる。これに加え、実際の行使にあたっても、個別的自衛権の場合と同様、国会承認を求める考えだ。民主主義国家である我が国としては、慎重の上にも慎重に、慎重を期して判断をしていくことは当然だ。

　今日の閣議決定を受けて、あらゆる事態に対処できる法整備を進めることにより、隙間のない対応が可能となり、抑止力が強化される。我が国の平和と安全をそのことによって、抑止力が強化されたことによって、一層確かな

4 集団的自衛権の限定行使容認の閣議決定時の安倍首相記者会見（2014年7月1日）

ものにすることができると考えている。

——首相は今後，日本をどのような国にしたいのか。これがいわゆる普通の国になるということか。平和を守るために犠牲を伴う可能性もあるが，国民はどのような覚悟をする必要があるのか。今回の決定によって自衛隊の活動に変化があるのか。

　今回の閣議決定は我が国を取り巻く安全保障環境がますます厳しさを増す中，国民の命と平和な暮らしを守るために何をなすべきか。この観点から新たな安全保障法制の整備のための基本方針を示すもので，これによって抑止力の向上と地域及び国際社会の平和と安定に，これまで以上に積極的に貢献していくことを通じて，我が国の平和と安全を一層確かなものにしていくことができると考えている。憲法が掲げる平和主義をこれからも守り抜いていく。日本が戦後一貫して歩んできた平和国家としての歩みは，今後も決して変わることはない。今回の閣議決定は，むしろその歩みをさらに力強いものにしていくと考えている。

　また，今回閣議決定をした基本的な考え方，積極的平和主義については，私は首脳会談のたびに説明している。それを簡単にした説明書を，英語やフランス語やスペイン語やポルトガル語や様々な言葉に訳したものをお渡しをし，多くの国々から理解を得ている。

　また自衛隊の皆さんは，今この瞬間においても，例えばソマリア沖で海賊対処行動を行っている。あるいは東シナ海の上空や海上において，様々な任務を担って活動をしているわけだが，それぞれ時には危険が伴う任務である中で，国民の命を守るためにこの任務を果たしている。私は彼らに感謝をし，そして彼らの勇気ある活動に敬意を表したい。彼らは私の誇りだ。今後とも彼らは日本の国民を守るために，命を守るために活動していただくと確信している。

——関連法案の作業チームを立ち上げたいと発言した。今回の基本方針が国会でどのように議論されていくのか。グレーゾーン，国際協力，集団安全保障，どのようなスケジュールで考えているのか。

　法改正については，ただちに取り組んでいく必要がある。今回の閣議決定において，グレーゾーンにおいて，あるいは集団的自衛権，集団安全保障において，自衛隊が活動できるようになるわけではない。そのための法整備が

スタートしていくわけだが，この法整備についても，与党とよくスケジュールも含めて連絡をして，緊密な連携をしていきたい。今の段階では，まだこれからスタートするところなので，まだ申し上げる状況ではない。

——そもそも，首相が集団的自衛権に問題意識をもって取り組もうと思った原点は。

小泉政権時代に，いわゆる有事法制，国民保護法の制定を行った。当時，私は官房副長官だった。あの時，戦後60年たつ中において，日本の独立や国民の命を守るための法整備には不備があるという現実と向き合うことになった。その中で残された宿題があった。それが今回のグレーゾーンであり，例えば，集団安全保障の中でPKO活動する中において，一緒に活動する他国の部隊に対して，自衛隊がもし襲撃された時は助けてもらうことになるが，逆はないということで果たしていいのか。あるいはNGOの人たちが実際に危険な目に遭っている中で，自衛隊が彼らを守ることはできなくていいのか。

そしてまた，何人かの米国の高官から，米軍，米国が日本に対して，日本を防衛する義務を，（日米）安保条約5条において果たしていく考えだと（聞いた）。しかし，例えば，日本を守るために警戒にあたっている米国の艦船がもし襲われた中で，近くにいて守ることができる日本の自衛艦がそれを救出せず，あるいはその艦を守るために，何の処置もとらなくて，米国民の日本に対する信頼感，あるいは日本に対し，共に日本を守っていこうという意思が続いていくかどうか，そのことを真剣に考えてもらいたいと言われたこともあった。

だんだん安全保障環境が厳しくなる中において，まさにそうした切れ目のない，しっかりとした体制を作ることによって抑止力を強化し，そしてまったく隙のない体制を作ることによって，日本や地域はより平和で安定した地域になっていく。そのことを考えたわけであり，今日，その意味において閣議決定ができた。私は総理大臣として，国民の命を守り平和な暮らしを守るために，さまざまな課題に対して目を背けずに，正面から取り組んでいく責任がある。その責任において今回，閣議決定を行った。

5　安全保障法制整備に関する与党協議の概要
（2014年5月20日〜7月1日）

【第1回】（5月20日）
　政府が有識者会議「安全保障の法的基盤の再構築に関する懇談会」の報告書について説明した。今後、〈1〉武装集団による離島占拠など武力攻撃に至らない侵害（グレーゾーン事態）への対処〈2〉国連平和維持活動（PKO）で離れた民間人らを助ける「駆けつけ警護」などの国際協力〈3〉集団的自衛権行使が必要とされる「武力の行使」に当たり得る活動——の順に週1回のペースで議論を進めることで一致。座長の高村正彦自民党副総裁は「今までの憲法解釈で出来ないものもあるのか。あるとすれば解釈を変えることの可否の検討を進める」と述べ、座長代理の北側一雄公明党副代表は「仮に憲法解釈の見直しが必要なら、論理的な整合性も確認しながら進めないといけない」と応じた。

【第2回】（5月27日）
　政府が、現在の憲法解釈・法制度では対処に支障がある15事例に1参考事例を加えた「事例集」を提示。このうちグレーゾーン事態と国際協力に関する計7事例、1参考事例の概要を説明した。北側氏は「離島での不法行為とはどこの離島を想定しているのか」「過去に不法行為や上陸はあったか」と質問。政府側は「尖閣諸島に限らない」「1997年に鹿児島県・下甑（しもこしき）島に中国人が不法入国した」と答えた。

【第3回】（6月3日）
　自衛隊が多国籍軍などに行う後方支援と、遠く離れた民間人を救出する駆けつけ警護について、政府が新たな考え方を説明した。
　後方支援では、他国の武力行使と一体化するかどうかが問題となってきた。大森政輔内閣法制局長官は1997年の国会答弁で、〈1〉支援対象との地理的関係〈2〉支援の具体的内容〈3〉支援対象との密接性〈4〉支援対象部隊の活動の現況——を総合的に勘案して判断するとの考え方を示したが、線引きが曖昧との批判が出ていた。
　政府が示した新基準案は、支援を原則可能とした上で、「支援する部隊が

既に戦闘行為を行っている」などの4条件を示し，これらを全て満たす場合は武力行使と一体化するため，後方支援は行えないとの考えを示した。政府がこれまで基準としていた「非戦闘地域」「後方地域」との概念はなくした。

しかし，公明党からは「自衛隊が戦闘現場で水や食料を提供したり，戦闘に使われる武器・弾薬を届けたりすることが可能となる」「どのような支援ができるのか具体的に示して」など厳しい質問が出た。

駆けつけ警護は，憲法が禁じる「国家や国家に準ずる組織」に対する武器使用が武力の行使に当たるおそれがあるとして認められていない。これについて，政府側は「我が国が承認している政府が存在し，権力が維持されている地域であれば，国に準ずる組織は存在しない」との考えを示し，駆けつけ警護を可能にする方向で検討していることを明らかにした。公明党の質問は持ち越しとなった。

また，政府は15事例のうち，集団的自衛権に関する8事例を説明。自民党は議論を加速させるため，協議会の開催を週1回から2回に増やすことを提案した。

【第4回】（6月6日）

政府は前回示した後方支援を巡る新基準案を撤回した。その上で，1997年の大森法制局長官答弁を維持する一方，戦闘現場では支援しないことを前提に，新たな3条件を示した。また，「駆けつけ警護」について，現地政府の同意があるなどの条件が整えば，「国家に準ずる組織は存在しない」との考え方を政府が改めて説明した。公明党から特に異論は出なかった。

集団的自衛権行使に関する8事例を巡る議論が実質的にスタート。政府側は過去の国会答弁を示し，8事例いずれも個別的自衛権では対応できないと説明した。北側氏は「現行の憲法下や法制度でどこまでできるかをしっかり議論する必要がある」と強調した。

【第5回】（6月10日）

集団的自衛権行使に関する8事例のうち，自衛隊による米艦防護を集中的に議論。北側氏は独自に作成したペーパーを基に，〈1〉周辺事態でも自衛隊法95条の（武力の行使にあたらない）武器等防護の拡大で対応可能〈2〉さらに切迫した事態では，米艦への攻撃は我が国への攻撃着手とみなせる場合があり，個別的自衛権で対応可能──と主張した。

5　安全保障法制整備に関する与党協議の概要（2014年5月20日〜7月1日）

自民党側は「全ての事例を我が国への攻撃の着手とみなすのは無理。国際法上は集団的自衛権で評価される事態もある」と反論した。
　政府は自公両党の議論を踏まえ，グレーゾーン事態や国際協力分野での対処方針を提示。グレーゾーン事態への対処は「手続きの迅速化も含め，必要な具体的措置を取る」と明記。海上警備行動発令の迅速化など，運用改善で対応する方針が示された。

【第6回】（6月13日）
　高村氏が集団的自衛権を限定的に容認する新たな3要件の「たたき台」（座長私案）を示した。従来の自衛権発動の3要件（〈1〉我が国に対する急迫不正の侵害があること〈2〉これを排除するために他の適当な手段がないこと〈3〉必要最小限度の実力行使にとどまるべきこと）を修正し，「他国に対する武力攻撃」についても，「国民の生命，自由及び幸福追求の権利が根底から覆されるおそれがある」場合に限って武力の行使を容認する内容だ。幸福追求権は憲法13条に明記されているほか，自衛権に関する1972年の政府見解でも指摘されており，公明党が重視する憲法解釈の整合性を担保するため，高村氏が新3要件に盛り込んだ。

【第7回】（6月17日）
　政府が閣議決定原案を提示。高村氏が示した新3要件を取り入れ，限定的な集団的自衛権行使が自衛の措置として憲法上許容されるとしても，その武力の行使は「国際法上は，集団的自衛権が根拠となる」と明記した。北側氏は「3要件は，まだ公明党内で議論していない」と述べ，具体的な議論は次回に持ち越された。高村氏は6月22日までの通常国会中の閣議決定を念頭に自公両党の幹事長に日程調整を指示した。

【第8回】（6月20日）
　新3要件について本格的に議論。国連などが中心となる集団安全保障措置でも，3要件に合致する武力行使を認めるかどうかについて激しい議論が行われた。自民党の石破幹事長は「集団的自衛権ではシーレーン（海上交通路）の機雷掃海ができたのに，国連決議が出て集団安全保障となった途端にやめる。それはあり得ない」と述べ，認めるべきだと主張した。北側氏は「これまで（機雷掃海を）自衛権の問題として議論してきたのに，いきなり

（集団安全保障について）言われても党内をまとめられない」と反発した。政府は閣議決定の概要を提示した。

【第9回】（6月24日）
　高村氏が，集団的自衛権行使を限定容認する3要件の修正案を提示した。国民の権利が根底から覆される「おそれ」との表現を「明白な危険」に改め，行使できるケースをより限定した。北側氏は記者団に「我が党の意見を踏まえ，要件がより明確，厳格になった」と評価した。

【第10回】（6月27日）
　政府が閣議決定の最終案を提示。公明党が前回協議会で求めた，外交努力の必要性や平和国家の歩みを重視する文言が盛り込まれた。集団安全保障措置については触れなかった。高村氏は「集団安全保障は議論の対象としてきたわけではない」と語り，事実上，結論を先送りにした。
　高村氏はまた，「今回の閣議決定は，憲法解釈の適正化であって解釈改憲ではない」と強調。北側氏も「憲法上の規範は100％維持されている」と述べた。

【第11回】（7月1日）
　自民，公明両党が新たな憲法解釈の閣議決定案で正式合意。高村氏は「国際法的に集団的自衛権であっても，我が国民を守るための集団的自衛権しかできない。厳しい縛りが入っている」と指摘した。北側氏は「解釈の見直しでできることはこれが限界。これ以上は憲法改正だ」と強調した。

6 「安全保障の法的基盤の再構築に関する懇談会」報告書(2014年5月15日)の要旨

はじめに

　2007年5月,安倍首相は,「安全保障の法的基盤の再構築に関する懇談会」を設置した。これまで政府は,集団的自衛権を権利として有しているが行使できないとしてきた。安倍首相が当時の懇談会に対し提示した「四つの類型」は,特に憲法解釈上大きな制約が存在し,我が国の安全の維持,日米同盟の信頼性,国際の平和と安定のための我が国の積極的な貢献を阻害し得るものだった。

　当時の懇談会は,08年6月に報告書を提出し,4類型の具体的な問題を取り上げ,集団的自衛権の行使及び集団安全保障措置への参加を認めるよう,憲法解釈を変更すべきなどの結論に至った。

　提言には,憲法解釈変更が含まれていたが,解釈変更は政府が新しい解釈を明らかにすることで可能であり,憲法改正を必要とするものではないとした。

　我が国を取り巻く安全保障環境は,前回の報告書提出以降,一層大きく変化した。北朝鮮におけるミサイル・核開発や拡散の動きは止まらず,東シナ海や南シナ海の情勢も変化してきている。アジア太平洋地域の安定と繁栄の要である日米同盟の責任も重みを増している。

安保法制懇に望む安倍首相,柳井俊二氏,北岡伸一氏ら

巻末資料

安保法制懇のメンバー

岩間陽子	政策研究大学院大教授(国際政治学)
岡崎久彦	元タイ大使、元外務省情報調査局長
葛西敬之	JR東海名誉会長
北岡伸一	国際大学長、東大名誉教授、政策研究大学院大教授(日本政治外交史)＝座長代理
坂元一哉	阪大教授(国際政治学)
佐瀬昌盛	防衛大名誉教授(国際関係論)
佐藤 謙	世界平和研究所理事長、元防衛次官
田中明彦	東大教授(国際政治学)、国際協力機構(JICA)理事長
中西 寛	京大教授(国際政治学)
西 修	駒沢大名誉教授(比較憲法)
西元徹也	元統合幕僚会議議長、元陸上幕僚長
細谷雄一	慶大教授(国際政治学、外交史)
村瀬信也	上智大名誉教授(国際法)
柳井俊二	国際海洋法裁判所長、元駐米大使、元外務次官＝座長

　安倍首相は 13 年 2 月，本懇談会を再開し，我が国の平和と安全を維持するために安全保障の法的基盤について再度検討するよう指示した。

　08 年報告書の 4 類型に限らず，我が国の平和と安全を維持し，その存立を全うするために採るべき具体的行動，あるべき憲法解釈の背景となる考え方，国内法制の在り方についても検討した。

〈Ⅰ〉　憲法解釈の現状と問題点
1　憲法解釈の変遷と根本原則
(1)　憲法解釈の変遷

　憲法 9 条を巡る解釈は，国際情勢の変化の中で，戦後一貫していたわけではない。

　憲法制定当時，少なくとも観念的には我が国の安全を 1945 年に成立した国連の集団安全保障体制に委ねることを想定していたと考えられる。

　しかし，冷戦が進行し，国連は機能せず，50 年 6 月に朝鮮戦争が勃発し，52 年 4 月に我が国が主権を回復し，日米間の安全保障条約（旧・日米安全保障条約）を締結し，54 年 7 月に自衛隊が創設されたが，54 年 12 月，大村清一防衛長官は，「憲法は戦争を放棄したが，自衛のための抗争は放棄してい

6 「安全保障の法的基盤の再構築に関する懇談会」報告書（2014年5月15日）の要旨

ない。（略）従つて自国に対して武力攻撃が加えられた場合に，国土を防衛する手段として武力を行使することは，憲法に違反しない」と答弁し，憲法解釈を大きく変えた。

また，最高裁判所が，59年12月のいわゆる砂川事件大法廷判決で，「同条（憲法9条）は，同条にいわゆる戦争を放棄し，いわゆる戦力の保持を禁止しているのであるが，しかしもちろんこれによりわが国が主権国として持つ固有の自衛権は何ら否定されたものではなく，わが憲法の平和主義は決して無防備，無抵抗を定めたものではないのである」という法律判断を示したことは，特筆すべきだ。同判決が，我が国が持つ固有の自衛権について集団的自衛権と個別的自衛権とを区別して論じておらず，集団的自衛権行使を禁じていない点にも留意すべきだ。

一方，集団的自衛権の議論が出始めたのは，60年の日米安全保障条約改定当時からだ。海外派兵禁止の文脈で議論され，やがて集団的自衛権一般の禁止へと進んだ。

政府は，憲法前文，13条の双方に言及しつつ，自国の平和と安全を維持しその存立を全うするために必要な自衛の措置を採れることを明らかにする一方，必要最小限度の範囲にとどまるべきもので，集団的自衛権行使は憲法上許されないとの見解を示した。集団的自衛権の行使は憲法上一切許されないという政府解釈は，今日まで変更されていない。

ある時点の特定の状況の下で示された憲法論が固定化され，安全保障環境の大きな変化にかかわらず安全保障政策が硬直化するようでは，憲法論のゆえに国民の安全が害されることになりかねない。それは主権者たる国民を守るために国民自身が憲法を制定するという立憲主義の根幹に対する背理だ。

政府が想定する憲法解釈見直しなどに伴い改正が必要な法律・協定

法律16

自衛隊の行動に関する法制
自衛隊法

有事関連
武力攻撃事態対処法
米軍行動円滑化法
外国軍用品等海上輸送規制法
特定公共施設利用法
国民保護法
国際人道法の重大な違反行為処罰法
捕虜取り扱い法

公共秩序維持
海賊対処法

周辺事態
周辺事態法
船舶検査活動法

国際平和協力
PKO協力法
国際緊急援助隊法
国際機関派遣防衛省職員処遇法

組織に関する法制
防衛省設置法
国家安全保障会議(日本版NSC)設置法

協定2

日米物品役務相互提供協定(ACSA)
日豪物品役務相互提供協定(ACSA)

巻末資料

安保法制懇の報告書の比較

2008年報告書	項目	2014年報告書
●9条は、集団的自衛権の行使や国連の集団安全保障への参加を禁ずるものではないと解釈すべき ●集団的自衛権の対象となるべき事項を個別的自衛権の適用範囲を拡張して説明しようとすることは、国際法では認められない	憲法9条の基本認識	●9条は、自衛のための武力行使は禁じておらず、国連PKOや集団安全保障への参加といった国際法上合法的な活動への憲法上の制約はないと解すべき ●「自衛のための措置は必要最小限度の範囲にとどまるべき」とのこれまでの政府解釈に立ったとしても、「必要最小限度」の中に集団的自衛権の行使も含まれると解釈して、集団的自衛権の行使を認めるべき
4類型 ①公海での米艦防護 ②米国に向かうかもしれない弾道ミサイルの迎撃 ③国際的な平和活動における武器使用 ④同じ国連PKOに参加している他国の活動に対する後方支援	対応すべき類型・事例	4類型に追加する6事例 ①日本の近隣で有事が発生した際の船舶検査、米艦への攻撃排除 ②米国が武力攻撃を受けた場合の対米支援 ③日本の船舶の航行に重大な影響を及ぼす海域での機雷除去 ④イラクのクウェート侵攻のような国際秩序の維持に重大な影響を及ぼす武力攻撃が発生した際の国連決定に基づく活動への参加 ⑤日本領海で潜没航行する外国潜水艦が退去要求に応じず徘徊(はいかい)を継続する場合の対応 ⑥海上保安庁が速やかに対処することが困難な海域や離島で、船舶や民間人に対し武装集団が不法行為を行う場合の対応
●集団的自衛権の範囲と手続きの関連法で、PKO活動への参加は、任務と武器使用の手続きや限度を一般法で制定 ●国際的な平和活動への参加で武器使用の蓋然性の高いものは国会承認 ●基本的安全保障政策を確定し、国民の前に明らかにする	歯止め	集団的自衛権の行使について ●日本と密接な関係にある外国に武力攻撃が行われ、その事態が日本の安全に重大な影響を及ぼす可能性があるとき、その国の明示の要請または同意を得て、必要最小限の実力行使が可能とすべき ●第三国の領域を通過する場合、その国の同意を得るべき ●事前または事後の国会承認を必要とすべき ●国家安全保障会議を開催し、内閣が閣議決定で意思決定する必要があるが、政策的判断の結果、行使しないことがあるのは当然

　我が国を取り巻く安全保障環境がますます厳しさを増す中で、将来の国際環境や軍事技術の変化を見通し、必要最小限度の範囲の個別的自衛権だけで国民の生存を守り国家の存立を全うすることができるのか、という論証はなされてこなかった点に留意が必要だ。

　また、国連等が行う国際的な平和活動への参加については、60年代に内閣法制局は、正規の国連軍に対し武力行使を含む部隊を提供することは憲法上問題ないと判断していたが、その後、政府は、武力行使につながる可能性のある行為は憲法9条違反だとしてきた。

(2) 憲法9条の解釈に係る憲法の根本原則

　我が国を取り巻く安全保障環境の変化を想起しつつ、憲法9条の解釈を考えるに当たり最も重要な拠(よ)り所とすべき憲法の根本原則を確認する。

　(ア)　基本的人権の根幹としての平和的生存権及び生命・自由・幸福追求権

6 「安全保障の法的基盤の再構築に関する懇談会」報告書（2014年5月15日）の要旨

自衛権・集団的自衛権を巡る憲法解釈の変遷

1946年6月 吉田茂内閣 「自衛権の発動としての戦争を放棄」	戦争放棄に関する本案の規定は、直接には自衛権を否定はしていないが、9条第2項において一切の軍備と国の交戦権を認めない結果、自衛権の発動としての戦争も、また交戦権も放棄したものだ
50年1月 吉田内閣 「武力によらざる自衛権」	いやしくも国が独立を回復する以上は、自衛権の存在することは明らかであって、その自衛権が、ただ武力によらざる自衛権を日本は持つということは、これは明瞭だ
54年12月 鳩山一郎内閣 「自衛権・自衛隊は憲法に違反しない」	憲法9条は、独立国としてわが国が自衛権を持つことを認めている。従って自衛隊のような自衛のための任務を有し、かつその目的のため必要相当な範囲の実力部隊を設けることは、何ら憲法に違反するものではない
59年12月 砂川事件最高裁判決 「国の存立全うに必要な自衛措置とりうる」	わが国が、自国の平和と安全を維持しその存立を全うするために必要な自衛のための措置をとりうることは、国家固有の権能として当然のことと言わなければならない
60年3月 岸信介内閣 「他国防衛以外の集団的自衛権ある」	集団的自衛権という内容が最も典型的なものは、他国に行ってこれを守るということだが、それに尽きるものではない。そういう意味において一切の集団的自衛権を憲法上持たないということは言い過ぎだ
72年10月 田中角栄内閣 「自衛措置は外国の武力攻撃排除のみ」	集団的自衛権を行使することは、憲法の容認する自衛の措置の限界をこえるものであって許されない。(中略)自衛のための措置は、あくまで外国の武力攻撃によって国民の生命、自由及び幸福追求の権利が根底からくつがえされるという急迫、不正の事態に対処し、国民のこれらの権利を守るためのやむを得ない措置としてはじめて容認されるものであるから、その措置は、右の事態を排除するためとられるべき必要最小限度の範囲にとどまるべきものである
81年5月 鈴木善幸内閣 「必要最小限度の範囲超え違法」	憲法9条の下において許容されている自衛権の行使は、我が国を防衛するため必要最小限度の範囲にとどまるべきものであると解しており、集団的自衛権を行使することは、その範囲を超えるものであって、憲法上許されないと考えている

憲法前文は平和的生存権を確認し，13条は国民の生命，自由及び幸福追求の権利について定めている。他の基本的人権の根幹と言うべき権利だ。これらを守るためには，我が国が独立を維持していることが前提条件で，外からの攻撃や脅迫を排除する適切な自衛力の保持と行使が不可欠だ。

(イ)　国　民　主　権

憲法前文は国民主権を「人類普遍の原理」とし，「国民主権原理」は，いかなる手段によっても否定できない根本原則として理解されている。その実現には主権者たる国民の生存の確保が前提だ。国民の生存，国家の存立を危機に陥れることは憲法上の観点からもあってはならない。政府の憲法解釈が国民と国家の安全を危機に陥れるようなことがあってはならない。

(ウ)　国際協調主義

さらに，憲法は前文で国際協調主義を掲げている。この精神から国際的活動への参加は，我が国が最も積極的に取り組むべき分野だ。

(エ)　平　和　主　義

平和主義は憲法の根本原則の一つだ。憲法の平和主義は沿革的に，侵略戦争を違法化した戦争放棄に関する条約（不戦条約）(28年) や国連憲章 (45年) 等，20世紀前半以降の国際法思潮と密接な関係がある。憲法前文の「日本国民は，(略) 政府の行為によつて再び戦争の惨禍が起ることのないやうにすることを決意し」という文言に体現されているとおり，我が国自身の不戦の誓いを原点とする憲法の平和主義は，侵略戦争と国際紛争解決のための武力行使を永久に放棄することを定めた憲法9条の規定によって具体化されている。我が国の平和主義は，同じく憲法の根本原則である国際協調主義を前提として解されるべきで，自国本位でなく国際的次元に立って解釈すべきであり，自ら平和を乱さないという消極的なものではなく，平和実現のために積極的行動を採るべきことを要請していると言える。政府は，2013年12月17日に閣議決定した「国家安全保障戦略」で，国際協調主義に基づく積極的平和主義の立場から，国際社会の平和と安定及び繁栄の確保にこれまで以上に積極的に寄与していくことを掲げているが，憲法の平和主義は，この「国際協調主義に基づく積極的平和主義」の基礎にあるものだと言える。

2　我が国を取り巻く安全保障環境の変化

我が国を取り巻く安全保障環境は，一層厳しさを増し，08年報告書の時に比べ一層顕著だ。

6 「安全保障の法的基盤の再構築に関する懇談会」報告書（2014年5月15日）の要旨

　第1は，技術進歩と脅威やリスクの性質の変化だ。技術進歩やグローバリゼーションの進展により，大量破壊兵器及びその運搬手段は拡散・高度化・小型化し，国境を越える脅威が増大し，国際テロの広がりが懸念されている。例えば北朝鮮は，度重なる国連安保理の非難・制裁決議を無視し，日本全土を覆う弾道ミサイルを配備し，米国に到達する弾道ミサイルを開発中だ。北朝鮮は，核実験を3度実施し，核弾頭の小型化に努め，生物・化学兵器を保有しているとみられる。また，様々な主体によるサイバー攻撃が社会全体に大きな脅威・リスクとなっている。その対象は国家，企業，個人を超えて重層化・融合化が進み，国際社会の一致した迅速な対応が求められる。世界のどの地域で発生する事象も，直ちに我が国の平和と安全に影響を及ぼし得る。

　第2は，国家間のパワーバランスの変化だ。変化の担い手は中国，インド，ロシア等国力が増大している国であり，国際政治の力学にも大きな影響を与えている。特にアジア太平洋地域においては緊張が高まり，領土等を巡る不安定要素も存在する。中国の影響力増大は明らかであり，公表国防費の名目上の規模は，過去10年間で約4倍，過去26年間で約40倍となっており，近代的戦闘機や新型弾道ミサイルを含む最新兵器の導入とその量的拡大が顕著だ。14年度公式発表予算額でも12兆円以上で，我が国の3倍近くに達している。これが続けば，一層強大な中国軍が登場する。また，領有権に関する独自の主張に基づく力による一方的な現状変更の試みも看取されている。以上のような状況に伴うリスクの増大が見られ，地域の平和と安定を確保するために我が国がより大きな役割を果たすことが必要となっている。

　第3の変化は，日米関係の深化と拡大だ。1990年代以降，弾道ミサイルや国際テロを始め多様な事態に対処する運用面での協力が一層重要になり，安全保障・防衛協力関係は大幅に拡大している。2013年10月の日米安全保障協議委員会（2プラス2）で，「日米防衛協力のための指針（ガイドライン）」の見直しを行うことが合意され，日米間の具体的な役割分担を含めた安全保障・防衛協力の強化について議論することとなっている。日米同盟なしで我が国が単独で安全を全うし得ないことは自明で，終戦直後と異なり，我が国が一方的に米国の庇護（ひご）を期待するのではなく，協力して地域の平和と安全に貢献しなければならない時代になっている。地域の平和と安定を確保するために重要な役割を果たすアジア太平洋地域内外のパートナーとの信頼・協力関係も必要となっている。

　第4の変化は，地域における多国間安全保障協力等の枠組みの動きだ。

1967年に設立されたASEAN（東南アジア諸国連合）に加え，冷戦の終結や共通の安全保障課題の拡大に伴い，経済分野におけるAPEC（アジア太平洋経済協力会議，89年）や外交分野におけるARF（ASEAN地域フォーラム，94年）にとどまらず，EAS（東アジア首脳会議，2005年）の成立・拡大やADMMプラス（拡大ASEAN国防相会議，10年）の創設など，様々な協力の枠組みが重層的に発展してきている。より積極的に各種協力活動に幅広く参加し，指導的な役割を果たすことができる制度的・財政的・人的基盤の整備が求められる。

　第5の変化は，アフガニスタンやイラクの復興支援，南スーダンの国づくり，また，シーレーンを脅かすアデン湾における海賊対処のように，国際社会全体が対応しなければならないような深刻な事案の発生が増えていることだ。国連を中心とした紛争対処，平和構築や復興支援の重要性はますます増大し，国際社会の協力が一層求められている。

　最後に，第6の変化は，自衛隊の国際社会における活動だ。自衛隊は南スーダンにおける活動を含めて33件の国際的な活動に参加し，実績を積んできた。自衛隊の実績と能力は，国内外から高く評価されており，様々な分野で，今後一層の役割を担うことが必要だ。

　最近の戦略環境の変化はその規模と速度において過去と比べても顕著で，予測が困難な事態も増えている。変化の規模と速度に鑑（かんが）みれば，我が国の平和と安全を維持し，地域及び国際社会の平和と安定を実現する上で，従来の憲法解釈では十分に対応することができない状況に立ち至っている。

3　我が国として採るべき具体的行動の事例

　本懇談会では，以下のような事例で我が国が対応を迫られる場合があり得るが，具体的な行動を採ることを可能にする憲法解釈や法制度を考える必要があるという問題意識が共有された。事例は整理の必要性を明らかにするための例で，これらのみを合憲・可能とすべきとの趣旨ではない。

　事例1　我が国近隣で有事が発生した際の船舶検査，米艦等への攻撃排除等

　──我が国近隣で，ある国に対する武力攻撃が発生し，米国が集団的自衛権を行使してこの国を支援している状況で，海上自衛隊護衛艦の近傍を攻撃国に対し重要な武器を供給するために航行している船舶がある場合，我が国

6 「安全保障の法的基盤の再構築に関する懇談会」報告書（2014年5月15日）の要旨

「武力の行使」に当たり得る活動

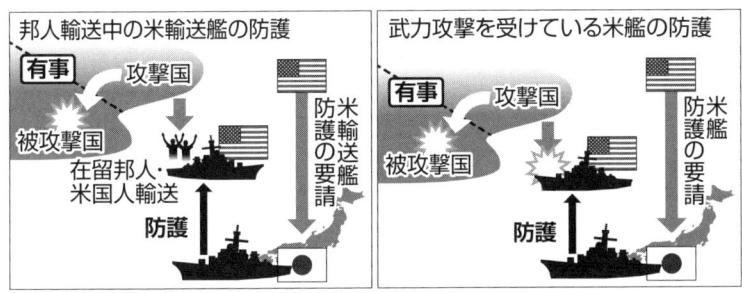

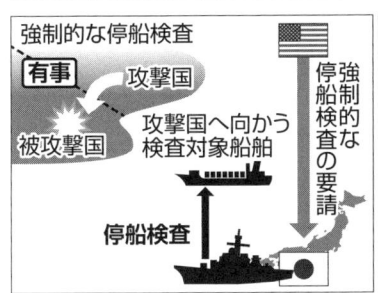

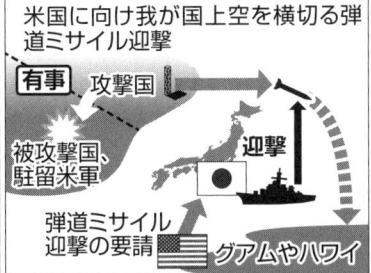

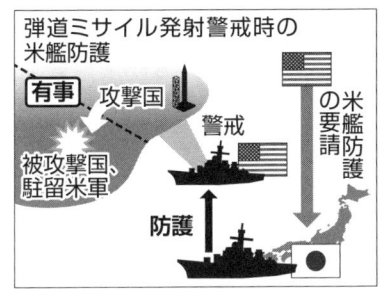

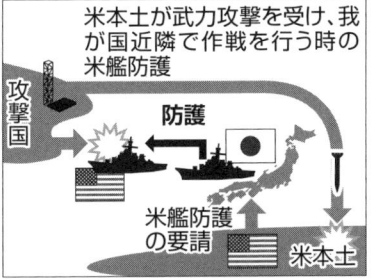

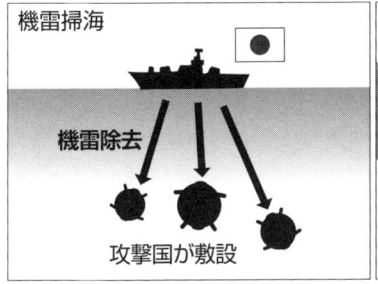

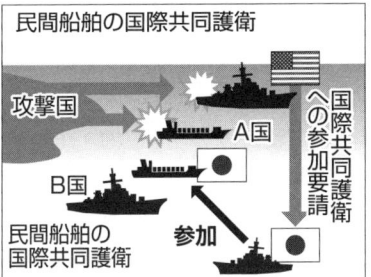

※図は政府の事例集をもとに読売新聞が作成

巻末資料

は，我が国への武力攻撃が発生しない限り，この船舶に対して強制的な停船・立入検査や必要な場合の我が国への回航を実施できない。現行の憲法解釈でこれらの活動が「武力の行使」に当たり得るとされるためだ。
　——また，被攻撃国を支援する米国その他の国々の艦船等が攻撃されている時には，これを排除するよう協力する必要がある。現行の周辺事態法では，自衛隊による後方地域支援は後方地域，すなわち「我が国領域並びに現に戦闘行為が行われておらず，かつ，そこで実施される活動の期間を通じて戦闘行為が行われることがないと認められる我が国周辺の公海及びその上空の範囲」でしか実施できず，米国に対する支援も限定的だ。米国以外の国に対する支援は規定されておらず，不可能だ。
　——そもそも「抑止」を十分に機能させ，我が国有事の可能性を可能な限り低くするためには，法的基盤をしかるべく整備する必要がある。
　事例2　米国が武力攻撃を受けた場合の対米支援
　——仮に米国が弾道ミサイルによる奇襲といった武力攻撃を受け，攻撃国に他の同盟国と共に自衛権を行使している状況で，現行の憲法解釈では，我が国が直接攻撃されたわけではないので，できることに大きな制約がある。
　——米国が攻撃を受けているのに，必要な場合にも我が国が十分に対応できないのであれば，米国の日本に対する信頼は失われ，日米同盟に甚大な影響が及ぶおそれがある。日米同盟が揺らげば我が国の存立自体に影響を与えることになる。
　——我が国近傍の国家から米国が弾道ミサイルによる武力攻撃を受けた場合，米国防衛のための米軍の軍事行動に自衛隊が参加することはおろか，攻撃国に武器を供給するために航行している船舶の強制的な停船・立入検査や我が国への回航さえ，「武力の行使」に当たり得るとして実施できない。船舶の検査等は，陸上の戦闘のような活動とは明らかに異なる一方で，攻撃国への武器の移転を阻む洋上における重要な活動であり，こうしたことを実施できるようにすべきである。また，場合によっては，米国以外の国々とも連携する必要があり，こうした国々をも支援することができるようにすべきだ。
　事例3　我が国の船舶の航行に重大な影響を及ぼす海域（海峡等）における機雷の除去
　——我が国が輸入する原油の大部分が通過する重要な海峡等で武力攻撃が発生し，攻撃国が敷設した機雷で海上交通路が封鎖されれば，我が国への原油供給の大部分が止まる。放置されれば，経済及び国民生活に死活的な影響

6 「安全保障の法的基盤の再構築に関する懇談会」報告書（2014年5月15日）の要旨

があり，我が国の存立に影響を与えることになる。
　——現行の憲法解釈では，我が国は停戦協定が正式に署名される等により機雷が「遺棄機雷」と評価されるようになるまで掃海活動に参加できない。そのような現状は改める必要がある。
　事例4　イラクのクウェート侵攻のような国際秩序の維持に重大な影響を及ぼす武力攻撃が発生した際の国連の決定に基づく活動への参加
　——クウェート侵攻のような国際秩序の維持に重大な影響を及ぼす武力攻撃が発生し，国際正義が蹂躙（じゅうりん）され国際秩序が不安定になれば，我が国の平和と安全に無関係ではあり得ない。
　——我が国は，国連安保理常任理事国が一国も拒否権を行使せず，軍事的措置を容認する安保理決議が採択された場合ですら，支援国の海軍艦船の防護措置を採れず，支援活動も，後方地域における限られた範囲のものしかできない。その都度特別措置法のような立法も必要だ。
　——国際の平和と安全の維持・回復のための国連安保理の措置に協力することは，国連憲章に明記された国連加盟国の責務である。国際社会全体の秩序を守るために必要な貢献をしなければ，それは，自らのよって立つ安全の土台を掘り崩すことになる。
　事例5　我が国領海で潜没航行する外国潜水艦が退去の要求に応じず徘徊を継続する場合の対応
　——04年11月，先島群島周辺の我が国領海内を潜没航行している中国原子力潜水艦を海上自衛隊のP3Cが確認した。13年5月には，接続水域内を航行する潜没潜水艦をP3Cが相次いで確認した。現行法上，我が国に対する「武力攻撃」（＝一般に組織的・計画的な武力の行使）がなければ，防衛出動に伴う武力の行使はできない。潜水艦が執拗（しつよう）に徘徊を継続するような場合に「武力攻撃事態」と認定されなければ，自衛隊が実力を行使してその潜水艦を強制的に退去させることは認められていない。このような現状を放置してはならない。
　事例6　海上保安庁等が速やかに対処することが困難な海域や離島等において，船舶や民間人に対し武装集団が不法行為を行う場合の対応
　——海上における事案については，自衛隊法82条に該当すると判断される場合は，首相の承認を得て防衛相が命令することで，自衛隊が海上警備行動を採ることができる。陸上事案については，当該事案が自衛隊法78条に該当すると判断される場合，首相の命令で自衛隊が治安出動することができ

271

る。
　――このような発令手続きを経る間に，対応の時機を逸するのは避けなければならないが，部隊が適時に展開する上での手続き的な敷居が高いため，より迅速な対応を可能にする手当てが必要だ。
　――事例5及び6のような場合を含め，武力攻撃に至らない侵害を含む各種の事態に応じた対応を可能とすべく，どのような実力の行使が可能か，国際法の基準に照らし検討する必要がある。
　――現在の法制度では，防衛出動との間に権限の隙間が生じ得ることから，結果として相手を抑止できなくなるおそれがある。

〈Ⅱ〉　あるべき憲法解釈
　上記1で述べた認識を踏まえ，あるべき憲法解釈として，以下を提言する。

1　憲法9条第1項及び第2項
　(1)　憲法9条は，自衛権や集団安全保障については何ら言及していない。しかし，我が国が主権を回復した1952年4月発効のサンフランシスコ平和条約においても，我が国が個別的または集団的自衛の固有の権利を有することや集団安全保障措置への参加は認められており，我が国が56年9月に国連に加盟した際も，国連憲章に規定される集団安全保障措置や，個別的または集団的自衛の固有の権利を認める規定について何ら留保は付さなかった。
　戦争違法化の流れをくんで作成された国連憲章は，加盟国の「武力の行使」を原則として禁止したが，国連の集団安全保障措置としての軍事的措置及び個別的または集団的自衛の固有の権利（51条）の行使としての「武力の行使」を実施することは例外的に許可している。
　これらの経緯を踏まえれば，憲法9条第1項の規定は，我が国が当事国である国際紛争の解決のために武力による威嚇または武力の行使を行うことを禁止したものと解すべきで，自衛のための武力の行使は禁じられておらず，PKO（国連平和維持活動）等や集団安全保障措置への参加といった国際法上合法的な活動への憲法上の制約はないと解すべきだ。
　PKO等における武器使用を，9条第1項を理由に制限することは，国連の活動への参加に制約を課している点と，「武器の使用」を「武力の行使」と混同している点で，二重に適切でない解釈だ。
　(2)　憲法9条第2項は，第1項を受け，「前項の目的を達するため」に戦

力を保持しないと定めたものだ。したがって，我が国が当事国である国際紛争を解決するための武力による威嚇や武力の行使に用いる戦力の保持は禁止されているが，それ以外の，個別的または集団的を問わず自衛のための実力の保持や国際貢献のための実力の保持は禁止されていないと解すべきだ。

(3) 前回報告書の立場，特に(2)で述べた個別的または集団的を問わず自衛のための実力の保持や，国際貢献のための実力の保持は合憲という考え方は，憲法9条の起草過程において，第2項冒頭に「前項の目的を達するため」という文言が後から挿入された（いわゆる「芦田修正」）との経緯に着目した解釈だが，政府はこれまでこのような解釈をとってこなかった。政府は憲法上認められる必要最小限度の自衛権の中に個別的自衛権は入るが，集団的自衛権は入らないという解釈を打ち出し，今もってこれに縛られている。なぜ個別的自衛権だけで我が国の国家及び国民の安全を確保できるのかという死活的に重要な論点についての論証は，ほとんどなされてこなかった。

集団的自衛権の行使を可能とすることは，他の信頼できる国家との関係を強固にし，抑止力を高めることで紛争の可能性を未然に減らすものだ。仮に一国が個別的自衛権だけで安全を守ろうとすれば，巨大な軍事力を持たざるを得ず，大規模な軍拡競争を招来する可能性があり，集団的自衛権は全体として軍備のレベルを低く抑えることを可能とする。一国のみで自国を守ろうとすることは，国際社会の現実に鑑みればむしろ危険な孤立主義にほかならない。

国連憲章では，51条に従って個別的または集団的自衛のために武力を行使する権利は妨げられない。国連の集団安全保障体制が十分に機能するまでの間，中小国は自己に対する攻撃を独力で排除することだけを念頭に置いていたら自衛は全うできないのであって，他国が攻撃された場合にも同様にあたかも自国が攻撃されているとみなして，集団で自衛権が行使できることになっている。今日の日本の安全が個別的自衛権の行使だけで確保されるとは考え難い。したがって，「必要最小限度」の中に集団的自衛権の行使も含まれると解釈し，集団的自衛権の行使を認めるべきだ。

(4) 上記(3)のような解釈を採る場合，憲法9条第2項にいう「戦力」及び「交戦権」については，次のように考えるべきだ。

「戦力」は，自衛のための必要最小限度の実力を超えるものとされ，現在では，具体的な限度は防衛力整備を巡る国会論議の中で国民の支持を得つつ考査されるべきものとされている。客観的な国際情勢に照らして，憲法が許

容する武力の行使に必要な実力の保持が許容されるという考え方は，今後も踏襲されるべきと考える。

「交戦権」については，自衛のための武力の行使は憲法の禁ずる交戦権とは「別の観念のもの」との答弁がなされてきた。国際法に合致し，かつ，憲法の許容する武力の行使は，憲法9条の禁止する交戦権の行使とは「別の観念のもの」と引き続き観念すべきだ。

2 憲法上認められる自衛権

(1) 個別的自衛権の行使に関する見解として，政府は従来，憲法9条下で認められる自衛権の発動としての武力の行使について，⟨1⟩我が国に対する急迫不正の侵害があること⟨2⟩これを排除するために他の適当な手段がないこと⟨3⟩必要最小限度の実力行使にとどまるべきこと——という3要件に該当する場合に限られるとしている。3要件を満たす限り行使に制限はないが，その実際の行使に当たっては，その必要性と均衡性を慎重かつ迅速に判断して，決定しなければならない。

(2) 我が国では集団的自衛権について，我が国と密接な関係にある外国に対して武力攻撃が行われ，その事態が我が国の安全に重大な影響を及ぼす可能性があるときには，我が国が直接攻撃されていない場合でも，その国の明示の要請または同意を得て，必要最小限の実力を行使してこの攻撃の排除に参加し，国際の平和及び安全の維持・回復に貢献することができることとすべきだ。そのような場合に該当するかについては，我が国への直接攻撃に結びつく蓋然性が高いか，日米同盟の信頼が著しく傷つきその抑止力が大きく損なわれ得るか，国際秩序そのものが大きく揺らぎ得るかといった点を政府が総合的に勘案し責任を持って判断すべきだ。また，我が国が集団的自衛権を行使するに当たり第三国の領域を通過する場合には，我が国の方針として，その国の同意を得るものとすべきだ。集団的自衛権行使に当たっては，個別的自衛権と同様に，事前または事後に国会の承認を得る必要があるものとすべきだ。

なお，集団的自衛権の行使を認めれば，果てしなく米国の戦争に巻き込まれるという議論が一部にあるが，そもそも集団的自衛権の行使は義務ではなく権利なので，その行使はあくまで我が国が主体的に判断すべき問題だ。この関連で，個別的または集団的自衛権を行使する自衛隊の活動の場所について，憲法解釈上，地理的な限定を設けることは適切でない。

(3) 本来集団的自衛権の行使の対象となるべき事例について、個別的自衛権や警察権を我が国独自の考え方で「拡張」して説明することは、国際法違反のおそれがある。各国が独自に個別的自衛権の「拡張」を主張すれば、国際法に基づかない各国独自の「正義」が横行することとなり、実質的にも危険な考えだ。

(4) サイバー空間は、インターネットの発達により形成された仮想空間で、安全保障上も陸・海・空・宇宙に続く新しい領域だと言えるが、その法的側面については議論が続いている。

日進月歩の技術進歩を背景とするサイバー攻撃は、攻撃の予測や攻撃者の特定が困難であったり、手法が多様だといった特徴を有し、従来の典型的な武力攻撃と異なる点も少なくない。外部からのサイバー攻撃に対処するための制度的な枠組みの必要性等について、引き続き検討が必要だ。

3 軍事的措置を伴う国連の集団安全保障措置への参加

憲法9条が国連の集団安全保障措置への我が国の参加までも禁じていると解釈することは適当ではなく、憲法上の制約はないと解釈すべきだ。国連安保理決議等による集団安全保障措置への参加は国際社会における責務でもあり、主体的な判断を行うことを前提に積極的に貢献すべきだ。

国連憲章第7章が定める集団安全保障措置には、軍事的措置と非軍事的措置があるが、非軍事的措置を規定した国連憲章41条に基づく経済制裁への参加については、我が国はこれまでも積極的に協力を行ってきている。軍事力を用いた強制措置を伴う場合については一切の協力を行うことができないという現状は改める必要がある。

4 いわゆる「武力の行使との一体化」論

08年報告書でも言及したとおり、「武力の行使との一体化」は我が国特有の概念だ。この議論は、国際法上も国内法上も実定法上に明文の根拠を持たず、最高裁判所による司法判断が行われたこともなく、国会の議論に応じて範囲が拡張され、安全保障上の実務に大きな支障を来たしてきた。

それ自体は武力の行使に当たらない我が国の補給、輸送、医療等の後方支援でも「他国の武力の行使と一体化」する場合には憲法9条の禁ずる武力の行使とみなされるという考え方は論理的に突き詰める場合、日米安全保障条約そのものが違憲だというような不合理な結論になりかねない。

国際平和協力活動の経験を積んだ今日においては、いわゆる「武力の行使との一体化」論はその役割を終えたものだ。政策的妥当性の問題として位置付けるべきだ。

5　PKO等への協力と武器使用

(1)　我が国のより積極的な国際平和協力を可能とするためには何が必要かとの観点から、いわゆるPKO参加5原則についても見直しを視野に入れ、検討する必要がある。

(2)　PKO活動の性格は、「武力の行使」のような強制措置ではないが、停戦合意を維持し、領域国の新しい国づくりを助けるため、国連の権威の下で各国が協力する活動だ。このような活動における駆け付け警護や妨害排除に際しての武器使用は、そもそも「武力の行使」に当たらず、憲法上の制約はないと解釈すべきだ。

自衛隊がPKO等の一員として、駆け付け警護や妨害排除のために国際基準に従って行う武器使用は、相手方が単なる犯罪集団であるか「国家または国家に準ずる組織」であるかどうかにかかわらず、憲法9条の禁ずる武力の行使には当たらないと解すべきだ。

6　在外自国民の保護・救出等

13年1月の在アルジェリア邦人に対するテロ事件を受けて、政府は同年11月、外国における様々な緊急事態に際してより適切に対応できるよう、自衛隊による在外邦人等輸送について輸送対象者を拡大し、車両による輸送を可能とすること等を内容とする自衛隊法の改正を行った。しかし、この職務に従事する自衛官の武器使用権限については、救出活動や妨害排除のための武器使用を認めるには至らなかった。

在外自国民の保護・救出の一環としての救出活動や妨害排除に際しての武器使用も、領域国の同意がある場合には、そもそも「武力の行使」に当たらず、当該領域国の治安活動を補完・代替するものにすぎず、憲法上の制約はないと解釈すべきだ。多くの日本人が海外で活躍し、13年1月のアルジェリアでのテロ事件のような事態が生じる可能性がある中、国際法上許容される範囲の在外自国民の保護・救出を可能とすべきだ。

7　国際治安協力

　普遍的な管轄権に基づいて海賊等に対処する活動，すなわち国際的な治安協力については，国際法上は，国連の集団安全保障措置ではなく，国連憲章2条4で禁止されている国際関係における「武力の行使」にも当たらない。憲法上の制約はないと解釈すべきだ。

8　武力攻撃に至らない侵害への対応

　「武力攻撃」に至らない侵害への対応は，自衛権の行使ではなく「警察権」の行使にとどまることとなる。しかし，事態発生に際し「組織的計画的な武力の行使」かどうか判別がつかない場合，突発的な状況が生起したり，急激に事態が推移することも否定できない。「組織的計画的な武力の行使」かどうか判別がつかない侵害であっても，そのような侵害を排除する自衛隊の必要最小限度の行動は憲法上容認されるべきだ。

　現行の自衛隊法の規定では，平素の段階からそれぞれの行動や防衛出動に至る間において権限上の，あるいは時間的な隙間が生じ得る可能性があり，結果として事態収拾が困難となるおそれがある。自衛隊法に切れ目のない対応を講ずるための包括的な措置を講ずる必要がある。

　問題となる事例としては，我が国領海で潜没航行する外国潜水艦が退去の要求に応じず徘徊を継続する場合，国境の離島等に対して特殊部隊等の不意急襲的な上陸があった場合がある。原子力発電所等の重要施設の防護を例にとってみても，テロリスト・武装工作員等による警察力を超える襲撃・破壊行動が生起した場合は，治安出動の下令を待って初めて自衛隊が対応することにならざるを得ない。

　各種の事態に応じた実力行使も含む切れ目のない対応を可能とする法制度を国際法上許容される範囲で充実させていく必要がある。

〈Ⅲ〉　国内法制の在り方

　国内法の整備に当たっては，まず，集団的自衛権の行使，軍事的措置を伴う国連の集団安全保障措置への参加，一層積極的なPKOへの貢献を憲法に従って可能とするように整備しなければならない。また，いかなる事態においても切れ目のない対応が確保されることと合わせ，文民統制の確保を含めた手続き面での適正さが十分に確保され，事態の態様に応じ手続きに軽重を設け，特に行動を迅速に命令すべき事態にも十分に対応できるようにする必

要がある。

　このため，自衛隊の行動を定めている自衛隊法や武力攻撃事態対処法，周辺事態法，船舶検査活動法，捕虜取り扱い法，PKO協力法等について広く検討しなければならない。

　自衛隊法については，任務や行動，権限等の整備が考えられ，手続き面での適正さを確保しつつ，これまで以上により迅速かつ十分な対応を可能とするための制度的余地がないか再検討する必要がある。国際法上許容される「部隊防護」や任務遂行のための武器使用権限を包括的に付与できないか検討を行う必要がある。

〈Ⅳ〉　おわりに

　憲法9条の解釈は長年の議論の積み重ねで確立し，変更は許されず，変更する必要があるなら憲法改正による必要があるという意見もある。しかし，本懇談会による憲法解釈の整理は，憲法の規定の文理解釈として導き出されるものだ。すなわち，憲法9条は第1項で，自衛のための武力の行使は禁じられておらず，国際法上合法な活動への憲法上の制約はないと解すべきだ。第2項は，自衛やいわゆる国際貢献のための実力の保持は禁止されていないと解すべきだ。「（自衛のための）措置は，必要最小限度の範囲にとどまるべき」だというこれまでの政府の憲法解釈に立ったとしても，「必要最小限度」の中に集団的自衛権の行使も含まれると解すべきだ。

　そもそも憲法には個別的自衛権や集団的自衛権についての明文の規定はなく，個別的自衛権の行使についても，政府は憲法改正ではなく解釈を整理することによって，認められるとした経緯がある。

　必要最小限度の範囲の自衛権の行使には個別的自衛権に加えて集団的自衛権の行使が認められるという判断も，政府が適切な形で新しい解釈を明らかにすることによって可能であり，憲法改正が必要だという指摘は当たらない。また，国連の集団安全保障措置等への我が国の参加についても同様に，政府が新しい解釈を明らかにすることによって可能だ。

　懇談会としては，政府が本報告書を真剣に検討し，しかるべき立法措置に進まれることを強く期待する。

安全保障関連年表

1945年 8月15日		終戦
9月 2日		米戦艦ミズーリ号艦上で降伏文書調印
1947年 5月 3日		日本国憲法施行
1950年 6月25日		朝鮮戦争勃発
1951年 9月 8日		サンフランシスコ講和条約，日米安全保障条約調印
1954年 7月 1日		自衛隊発足
1956年10月19日		日ソ共同宣言の調印
12月18日		日本が国連に加盟
1959年12月16日		砂川事件の最高裁判決
1960年 1月19日		改定日米安保条約に調印
1965年 2月 7日		米軍が北ベトナム爆撃開始
1972年 5月15日		沖縄が日本に返還
9月29日		日中国交正常化
1973年 3月29日		米軍がベトナム撤兵完了
1978年11月27日		日米防衛協力の指針（ガイドライン）決定
1989年12月 3日		米ソ首脳が「冷戦終結」を表明
1991年 1月17日		湾岸戦争勃発
4月26日		海上自衛隊の掃海艇がペルシャ湾に出発
12月25日		ソ連崩壊
1992年 6月15日		国連平和維持活動（PKO）協力法成立
9月17日		自衛隊部隊をカンボジアPKOに派遣
1996年 3月 8日		中国が台湾近海にミサイルを発射
4月12日		日米両政府が沖縄の米軍普天間飛行場全面返還で合意
1997年 9月23日		朝鮮半島有事を想定し，日米ガイドラインを改定
1998年 8月31日		北朝鮮が日本上空を越える弾道ミサイル・テポドンを発射
1999年 5月24日		周辺事態法成立
2001年 9月11日		米同時テロ
10月 8日		米軍，アフガニスタン攻撃開始
10月29日		テロ対策特別措置法成立
11月 9日		インド洋での給油活動に向け海自艦船を派遣

巻末資料

2003年 1月10日		北朝鮮が核拡散防止条約（NPT）から脱退を宣言
2003年 3月20日		米軍，イラク空爆開始
6月 6日		武力攻撃事態法など有事関連3法が成立
7月26日		イラク復興支援特別措置法成立
2004年 1月16日		イラク南部サマワに向け陸上自衛隊先遣隊が出発
6月14日		国民保護法など有事関連7法が成立
2006年10月 9日		北朝鮮が地下核実験に成功したと表明
2007年 5月18日		第1次安倍政権で政府の有識者会議「安全保障の法的基盤の再構築に関する懇談会（安保法制懇）」が初会合
2008年 6月24日		安保法制懇が集団的自衛権の行使容認を盛り込んだ報告書を福田首相に提出
2010年 9月 7日		尖閣諸島沖の領海で中国漁船が海上保安庁の巡視船に衝突
2011年 3月11日		東日本大震災が発生，米軍が「トモダチ作戦」を展開
12月19日		北朝鮮が金正日総書記の死去を発表
2013年 2月 8日		第2次安倍政権で安保法制懇が議論を再開
11月23日		中国が沖縄県・尖閣諸島を含む東シナ海に一方的に防空識別圏（ADIZ）を設定
12月 4日		国家安全保障会議（日本版NSC）が発足
2014年 5月15日		安保法制懇が集団的自衛権の限定的行使の容認を盛り込んだ報告書を安倍首相に提出
5月20日		集団的自衛権行使などをめぐる与党協議が始まる
7月 1日		集団的自衛権の限定的行使を容認する政府見解を閣議決定
2015年 1月20日		イスラム過激派組織「イスラム国」による邦人人質の拘束動画が公開される
3月20日		自民，公明両党が安全保障関連法案の全体像で正式合意
4月27日		日米両政府が新ガイドラインで合意
5月14日		政府が安全保障関連法案を閣議決定
5月26日		安全保障関連法案が衆院本会議で審議入り
7月16日		安全保障関連法案が衆院通過
7月27日		安全保障関連法案が参院本会議で審議入り
9月19日		安全保障関連法が成立

安全保障関連法
変わる安保体制

2015（平成27）年9月30日　第1版第1刷発行

編　著	読売新聞政治部
発行者	今井　貴　稲葉文子
発行所	株式会社 信山社

総合監理／編集第2部

〒113-0033　東京都文京区本郷 6-2-9-102
Tel 03-3818-1019　Fax 03-3818-0344
info@shinzansha.co.jp
笠間才木支店　〒309-1611　茨城県笠間市笠間 515-3
Tel 0296-71-9081　Fax 0296-71-9082
笠間来栖支店　〒309-1625　茨城県笠間市来栖 2345-1
Tel 0296-71-0215　Fax 0296-72-5410
出版契約 No.2015-3402-2-01011　Printed in Japan

Ⓒ読売新聞政治部, 2015　印刷・製本／ワイズ書籍M・渋谷文泉閣
ISBN978-4-7972-3402-2 C3332　分類311.400 政治・外交
p.296:022-020-002

JCOPY 〈(社)出版者著作権管理機構 委託出版物〉

本書の無断複写は著作権法上での例外を除き禁じられています。複写される場合は，
そのつど事前に，(社)出版者著作権管理機構（電話03-3513-6969，FAX03-3513-6979，
e-mail: info@jcopy.or.jp）の許諾を得てください。

◆小松一郎大使追悼 **国際法の実践**
柳井俊二・村瀬信也 編

学術論文が集う〈第一部:国際社会における法の支配〉と、
公私の思い出が綴られる〈第二部:追想―小松一郎の思想と行動〉の二部構成。
小松一郎大使の問題提起を受け止め、発展させるために。

◆**実践国際法(第2版)**
小松一郎 著

最新情報を織り込んだ、待望の改訂。
御巫智洋・大平真嗣・有光大地・渋谷尚久・加藤正宙の
外務省国際法局関係者5名の有志による補訂版。

◆**国際法実践論集**
小松一郎 著
御巫智洋 編・解題

好評体系書『実践国際法』と表裏をなす、
小松一郎大使による貴重な論稿の数々を
読みやすく集成した研究書。

信山社 好評の立法資料全集シリーズ

日本国憲法制定資料全集
芦部信喜・高橋和之・高見勝利・日比野勤 編著

議院法 大石眞 編著

不戦条約 上・下 柳原正治 編著

信山社